2015 **最新版**（第四版）

全国二级建造师执业资格考试用书

"**学**"方法掌技巧"**练**"习题记考点"**测**"效果得高分

建筑工程
管理与实务

速成宝典

■ 全国二级建造师执业资格考试命题研究中心　编

严格依据最新二级建造师执业资格考试大纲编写

中国建材工业出版社

图书在版编目（CIP）数据

建筑工程管理与实务 / 全国二级建造师执业资格考试命题研究中心编 .—北京：中国建材工业出版社，2014. 11

全国二级建造师执业资格考试用书

ISBN 978-7-5160-0654-2

Ⅰ. ①建… Ⅱ. ①全… Ⅲ. ①建筑工程—施工管理—建筑师—资格考试—自学参考资料 Ⅳ. ①TU71

中国版本图书馆 CIP 数据核字（2013）第 284047 号

建筑工程管理与实务

全国二级建造师执业资格考试命题研究中心　编

出版发行：中国建材工业出版社

地　　址：北京市西城区车公庄大街 6 号

邮　　编：100044

经　　销：全国各地新华书店

印　　刷：唐山新苑印务有限公司

开　　本：787mm×1092mm　1/16

印　　张：15. 25

字　　数：420 千字

版　　次：2014 年 11 月第 1 版

印　　次：2014 年 11 月第 1 次

定　　价：40. 00 元

本社网址：www. jccbs. com. cn　　微信公众号：zgjcgycbs

本书如出现印装质量问题，负责调换。联系电话：（010）65505810

FOREWORD 前言

《中华人民共和国建筑法》第 14 条规定："从事建筑活动的专业技术人员，应当依法取得相应的执业资格证书，并在执业证书许可的范围内从事建筑活动。"

◎2002 年 12 月 5 日，人事部、建设部联合印发了《建造师执业资格制度暂行规定》（人发［2002］111 号）（以下简称《规定》），规定必须取得建造师资格并经注册，方能担任建设工程项目总承包及施工管理的项目施工负责人。这标志着我国建造师执业资格制度的正式建立。该《规定》明确指出，我国的建造师是指从事建设工程项目总承包和施工管理关键岗位的专业技术人员。

建造师分为一级注册建造师和二级注册建造师。英文分别译为：Constructor 和 Associate Constructor。一级建造师具有较高的标准、较高的素质和管理水平，有利于开展国际互认。同时，考虑到我国建设工程项目量大面广，工程项目的规模差异悬殊，各地经济、文化和社会发展水平有较大差异，以及不同工程项目对管理人员的要求也不尽相同，设立了二级建造师，以适应施工管理的实际需求。实行建造师执业资格制度后，大中型项目的建筑业企业项目经理须逐步由取得注册建造师资格的人员担任。

二级建造师（Associate Constructor）执业资格实行全国统一大纲，各省、自治区、直辖市命题并组织考试的制度。考试内容分为综合知识与能力和专业知识与能力两部分。二级建造师考试设《建设工程施工管理》、《建设工程法规及相关知识》、《专业工程管理与实务》3 个科目。《专业工程管理与实务》科目分为：建筑工程、公路工程、水利水电工程、市政公用工程、矿业工程和机电工程。

为了更好地为广大考生服务，全国二级建造师执业资格考试命题研究中心特组织资深专家从真题出发，深入剖析多年真题，参透命题规律，依据最新全国二级建造师执业资格考试大纲对所涉及的备考知识进行梳理，并广泛听取和采纳命题工作人员的意见和建议，组织编写了这套全国二级建造师执业资格考试辅导用书，全书重点难点一目了然，是考生备考的必备法宝。

内容框架

栏目	简介
考纲要求	内容紧扣最新考试大纲和考试教材，对近五年考题进行分析，总结出命题规律，划分考核要点等级
考点精讲	准确把握命题规律，全面解析考点内容，有针对性地设置例题，使考生全面了解考试内容
历年真题回顾	精选历年真题，进行全面解析，明确试题考查知识点，使考生能够快速找出突破点
经典例题训练	所选试题具有针对性、精准性、创新性与综合性等特点，科学地引导考生进行高效学习，全面提升考生的综合运用能力

本书具有以下鲜明特色：

✎ 内容紧贴大纲，提炼浓缩知识精华

作为二级建造师考试的辅导用书，本书根据最新考试大纲和指定教材进行编写，并对指定教材各章内容的最新变化进行了分析和阐述，让考生精准掌握最新的考试动态。在内容设置上，我们将相互关联而又散落的知识点融合在一起进行讲解，让考生可以进行系统的记忆和复习。

✎ 深入分析命题特点，科学预测命题趋势

本书对全国二级建造师执业资格考试的命题特点进行了深入分析，归纳总结命题趋势，使考生从整体上了解考试情况，从而制定科目学习的备考计划，对考点精讲中涉及的知识点加强复习力度，让备考真正做到"有章可循"。

✎ 习题查漏补缺，实现解题能力的飞跃

本书针对考点内容，精选大量习题进行巩固练习，让考生在熟练掌握和反复演练之后，对知识点有比较准确的把握，并借此了解自身知识的缺漏，同时让考生形成系统有效的解题思路，进而掌握解题技巧，实现解题能力的飞跃。为了帮助考生加深对相关专业知识的掌握，我们还组织编写了与辅导教材配套的"历年真题详解＆押题密卷"供大家参考。

✎ 体例新颖独特，彰显宏章图书创新精神

本书在各章设置了诸多版块，每一个版块都各具特色，真正做到了独树一帜。"考点提炼"部分，对大纲内容进行等级划分，从整体上对知识点进行归纳总结，使考生能够构建出明确的知识体系；"考点精讲"部分，对考试大纲规定的考点进行全面剖析，加深考生对知识点的理解并增强记忆；"历年真题回顾"和"经典例题训练"是针对各章知识进行的强化测试，可以检验考生对知识的掌握程度，让考生在讲练结合中实现对知识点的巩固。

一直以来，宏章教育秉承"诚信为根，质量为本，知难而进，开拓创新"的工作理念，以"志在高远，品质铸就辉煌；情系考生，成就万千学子"为核心价值观，致力于为考生提供更好、更合适的教材，全力为考生服务，并凭借自身凝聚的力量不断发展壮大，出版了一系列的精品图书。

全国二级建造师执业资格证书的取得是实力的体现，考生只有刻苦复习，精心准备，并讲求方法，提高效率，才能在职场的考验中取得最终的胜利！

全国二级建造师执业资格考试命题研究中心

CONTENTS 目录

第一部分　应试指南

第二部分　同步考点解读与强训

2A320000　建筑工程项目施工管理

2A330000　建筑工程项目施工相关法规与标准

第三部分　最新真题

1

DI YI BU FEN

应试指南

考试相关情况说明

一、考试信息概况

（一）考试性质

二级建造师执业资格考试是注册前，判定申请人是否符合法定条件的一种审查程序。通过各地组织考试，成绩合格者，由省、自治区、直辖市人事部门颁发由人事部、建设部统一式样的《中华人民共和国二级建造师执业资格证书》，经注册后，可以二级建造师名义担任中型及以下规模的工程施工项目负责人，可从事其他施工活动的管理工作，也可从事法律、行政法规或国务院建设行政主管部门规定的其他业务。二级建造师执业资格考试由各省、自治区、直辖市人事厅（局）、建设厅（委）共同组织实施。

（二）考试科目及考试时间

二级建造师执业资格考试分综合考试和专业考试，综合考试包括《建设工程施工管理》、《建设工程法规及相关知识》两个科目，这两个科目为各专业考生统考科目。专业考试为《专业工程管理与实务》一个科目，该科目分为6个专业，即：建筑工程、公路工程、水利水电工程、矿业工程、机电工程和市政公用工程。考生在报名时根据工作需要和自身条件选择一个专业进行考试。

考试科目	考试时间
建设工程施工管理	9：00～12：00
建设工程法规及相关知识	15：00～17：00
专业工程管理与实务	9：00～12：00

（三）报考条件

1. 凡遵纪守法，具备工程类或工程经济类中专及以上学历并从事建设工程项目施工管理工作满2年者，即可报名参加二级建造师执业资格考试。

2. 符合二级建造师报名条件，取得一级、二级建造师临时执业证书或建筑业企业二级以上项目经理证书，并符合下列条件之一的人员，可免试相应科目：

（1）具有中级以上专业技术职称，从事建设项目施工管理工作满15年，可免试《建设工程施工管理》科目。

（2）取得一级建造师临时执业证书或一级项目经理资质证书，并具有中级及以上技术职称；取得一级建造师临时执业证书或一级项目经理资质证书，并从事建设项目施工管理工作满15年，均可免试《建设工程施工管理》和《建设工程法规及相关知识》2个科目。

（3）已取得某一专业二级建造师执业资格的人员，可根据工作实际需要，选择另一个专业二级建造师的《专业工程管理与实务》科目考试（考第二专业），考试合格后核发相应专业合格证明。

上述报名条件中有关学历或学位的要求是指经国家教育行政主管部门承认的正规学历或学位；从事建设工程项目施工管理工作年限的截止日期为考试当年年底。

二、考试题型、题量

综合科目试题的题型分为单项选择题和多项选择题。

专业科目试题的题型分为单项选择题、多项选择题和案例分析题。

二级建造师考试时间分为 3 个半天，以纸笔作答方式进行。各科考试题型、题量、分值见下表：

科目名称	题型	题量	满分
建设工程法规及相关知识	单项选择题	60	100
	多项选择题	20	
建设工程施工管理	单项选择题	70	120
	多项选择题	25	
专业工程管理与实务	单项选择题	20	120
	多项选择题	10	（其中案例分析题80分）
	案例分析题	4	

三、考试成绩管理

考试成绩实行两年为一个周期的滚动管理办法，参加全部 3 个科目考试的人员必须在连续的两个考试年度内通过全部科目；免试部分科目的人员必须在一个考试年度内通过应试科目。

四、新旧大纲内容对比及其变化

大纲编码说明

《二级建造师执业资格考试大纲》对专业、级别以及章、节、目、条用编码的形式表示，编码长度为8位。具体说明如下：

编码示例：

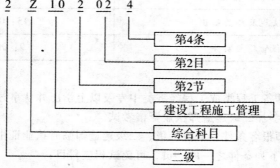

第三、四位为章代码，分别用"10、20、31、32、33"表示。

"10" ——《建设工程施工管理》

"20" ——《建设工程法规及相关知识》

"31" —— ××工程施工技术

"32" —— ××工程项目施工管理

"33" —— ××工程项目施工相关法规与标准

新旧大纲内容对比变化表

2013 年教材（第三版） 章节	2014 年教材（第四版） 章节	变化之处
2A300000 建筑工程管理与实务 2A310000 建筑工程技术 2A311000 建筑工程技术要求 2A311010 建筑结构技术要求 2A311020 建筑构造要求 2A311030 建筑材料	2A300000 建筑工程管理与实务 2A310000 建筑工程施工技术 2A311000 建筑工程技术要求 2A311010 建筑构造要求 2A311020 建筑结构技术要求 2A311030 建筑材料	第一章将旧版的建筑结构技术要求调整到了新版的第二节，将旧版的建筑构造要求调整到了新版的第二节，提高了系统性；在建筑结构技术要求中增加了不同荷载的代表值及既有建筑的可靠度评定，简化了砌体结构的特点及技术要求；在建筑材料中增加了防水材料的特性和应用。
2A312000 建筑工程施工技术 2A312010 施工测量 2A312020 地基与基础工程施工技术 2A312030 主体结构工程施工技术 2A312040 防水工程施工技术 2A312050 装饰装修工程施工技术 2A312060 幕墙工程施工技术	2A312000 建筑工程专业施工技术 2A312010 施工测量技术 2A312020 地基与基础工程施工技术 2A312030 主体结构工程施工技术 2A312040 防水工程施工技术 2A312050 装饰装修工程施工技术 2A312060 建筑工程季节性施工技术	第二章将旧版的"施工测量"改为新版的"施工测量技术"，增加了"结构施工测量"；主体结构工程施工技术中的"模版工程"增加内容较多，将旧版的"幕墙工程施工技术"知识点并入装饰装修工程施工技术；增加了建筑工程季节性施工技术，包括冬期施工、雨期施工和高温天气施工技术，更加贴近了工程现场实际。
2A320000 建筑工程施工管理实务 2A320010 单位工程施工组织设计 2A320020 施工进度控制 2A320030 施工质量控制 2A320040 施工安全控制 2A320050 建筑工程造价控制 2A320060 施工合同管理 2A320070 建筑工程施工现场管理 2A320080 建筑工程的竣工验收 2A320090 建筑工程保修	2A320000 建筑工程项目施工管理 2A320010 单位工程施工组织设计 2A320020 建筑工程施工进度管理 2A320030 建筑工程施工质量管理 2A320040 建筑工程施工安全管理 2A320050 建筑工程施工招标投标管理 2A320060 建筑工程造价与成本管理 2A320070 建设工程施工合同管理 2A320080 建筑工程施工现场管理 2A320090 建筑工程验收管理	第二大部分在知识体系上均发生了变化。 删除了"建筑工程保修"知识点，并入到建筑工程管理相关法规中，增加了"建筑工程施工招标投标管理"，并扩充了建筑工程造价与成本管理、施工合同管理、建筑工程施工现场管理等部分的具体内容，更新了2013版新清单计价规范，合同示范文本等知识点。44号文完全替代了原先的206号文，建筑安装工程费用的组成及计价方式发生了根本性的变化。增加了大量工程实践与项目管理运用方面的知识点。

续表

2013 年教材（第三版）	2014 年教材（第四版）	变化之处
章节	章节	
2A330000　建筑工程法规及相关知识 2A331000　建筑工程法规 2A331010　施工管理有关法规	2A330000 建筑工程项目施工相关法规与标准 2A331000 建筑工程相关法规 2A331010 建筑工程管理相关法规	第三大部分，建筑工程项目施工相关法规与标准，这一大部分的知识体系完全重新组织，删除了废止的、与施工项目管理无关的规范标准。增加并补充了其他分部分项工程有关基础性规范的解读，以及国家近期颁布的有关项目管理、建筑节能等方面的法规，内容变化十分巨大，与一级建造师建筑工程实务中的法规知识体系相差无几。
2A332000　建筑工程标准 2A332010　《建设工程项目管理规范》（GB/T50326）的有关规定 2A332020　《建筑工程施工质量验收统一标准》（GB50300）的有关规定 2A332030　建筑装饰装修工程中有关防火的规定 2A332040　《民用建筑工程室内环境污染控制规范》（GB50325）的有关规定 2A332050　地基基础及主体结构工程相关技术标准 2A332060　建筑装饰装修工程相关技术标准	2A332000 建筑工程标准 2A332010 建筑工程管理相关标准 2A332020 建筑地基基础及主体结构工程相关技术标准 2A332030 建筑装饰装修工程相关技术标准 2A332040 建筑工程节能相关技术标准 2A332050 建筑工程室内环境控制相关技术标准	
—	2A333000 二级建造师（建筑工程）注册执业管理规定及相关要求	—

五、近五年命题分值统计及复习难度

命题点	题型	2010 年	2011 年	2012 年	2013 年	2014 年	复习难度
建筑工程技术要求	单项选择题	7	4	2	3	6	2
	多项选择题	4	2	2	4	2	
	案例分析题			4			
建筑工程专业施工技术（原名称为：建筑工程施工技术）	单项选择题	7	5	5	5	7	3
	多项选择题	8	4	4	8	6	
	案例分析题	10	6	14		20	
建筑工程施工管理实务	单项选择题	1	8	9	9	5	3
	多项选择题		12	10	8	8	
	案例分析题	70	71	60	65	60	
建筑工程法规	单项选择题	2	1	1		1	1
	多项选择题					2	
	案例分析题						

续表

命题点	题型	2010 年	2011 年	2012 年	2013 年	2014 年	复习难度
建筑工程标准	单项选择题	3	2	3	3	1	1
	多项选择题	8	2	4		2	
	案例分析题		3	2	15		
总计		120	120	120	120	120	

注："复习难度"用"1"、"2"、"3"表示，数值越大，表示难度越大。

六、应试技巧点拨

（一）单项选择题答题技巧

单选题由题干和 4 个备选项组成。

例：下列指标中，属于常用水泥技术指标的是(　　)。

A. 和易性　　　　　B. 可泵性　　　　　C. 安定性　　　　　D. 保水性

（1）备选项中有 1 个最符合题意，其余都是干扰项，如果选择正确得 1 分，否则不得分。

（2）单选题大部分来自考试用书中的基本概念、原理和方法，一般比较简单，应全面复习，争取在单选题作答时得高分。

（3）在作答选择题时，可以考虑采用以下几种方法：

直接选择法：考试内容熟悉，直接从备选项中选出正确项，节约时间。

逻辑推理法：当无法直接选出正确项时，可采用逻辑推理法进行判断，选出正确项。

排除法：当无法直接选出正确项时，也可以逐个排除不正确的干扰项。

猜测法：在排除仍不能确定正确项时，可以凭感觉进行猜测，排除备选项越多，猜中概率越大。

【注意事项】单选题一定要作答，不要空缺。

（二）多项选择题答题技巧

多选题由题干和五个备选项组成。

例：关于混凝土条形基础施工的说法，正确的有(　　)。

A. 宜分段分层连续浇筑　　　　　B. 一般不留施工缝

C. 各段层间应相互衔接　　　　　D. 每段浇筑长度应控制在 4～5m

E. 不宜逐段逐层呈阶梯形向前推进

（1）备选项中至少有 2 个，最多有 4 个符合题意，至少有 1 个是干扰项，全部选择正确得 2 分，选错一个不得分，如果答案中无错误选项，但选项不全，选择的每 1 个选项得 0.5 分。

（2）多选题作答有难度，成绩高低以及能否通过考试，关键是此项的得分，在无绝对把握的情况下，可以少选备选项。

（3）一定要选择有把握的选项，对无把握的选项最好不选，"宁缺勿滥"，对所有选项均没有把握时，可使用猜测法选择一个备选项，得 0.5 分总比不得分强。

（三）案例分析题答题技巧

例：背景资料

某工程基坑深 8m，支护采用桩锚体系，桩数共计 200 根，基础采用桩筏形式，桩数共计 400 根，毗邻基坑东侧 12m 处即有密集居民区，居民区和基坑之间的道路下 1.8m 处埋设有市政管道。

项目实施过程中发生如下事件：

事件一：在基坑施工前，施工总承包单位要求专业分包单位组织召开深基坑专项施工方案专家论证会，本工程勘察单位项目技术负责人作为专家之一，对专项方案提出了不少合理化建议。

事件二：工程地质条件复杂，设计要求对支护结构和周围环境进行监测，对工程桩采用不少于总数1%的静载荷试验方法进行承载力检验。

事件三：基坑施工过程中，因为工期较紧，专业分包单位夜间连续施工，挖掘机、打桩机等施工机械噪音较大，附近居民意见很大，到有关部门投诉，有关部门责成总承包单位严格遵守文明施工作业时间段规定，现场噪音不得超过国家标准《建筑施工场界噪声限值》的规定。

问题：

（1）事件一中存在哪些不妥？并分别说明理由。

（2）事件二中，工程支护结构和周围环境监测分别包含哪些内容？最少需多少根桩做静载荷试验？

（3）根据《建筑施工场界噪声限值》的规定，挖掘机、打桩机昼间和夜间施工噪声限值分别是多少？

（4）根据文明施工的要求，在居民密集区进行强噪音施工，作业时间段有什么具体规定？特殊情况需要昼夜连续施工，需做好哪些工作？

案例分析题由背景资料和若干问题组成，答题时仔细阅读背景资料，理解题意。分析试题中所要回答的问题，确定问题的要点以及可能运用的相关知识。

根据背景材料中所提供的前提条件，针对问题的提法，运用所掌握的知识分层次回答问题，做到"问什么答什么"。例如：问题是"××是否正确？说明理由"在回答时就应该先回答"正确与否"，然后阐述正确与不正确的理由。试题答案要严谨，层次要清晰，内容要完整，有分析过程的一定要详细写出分析过程，有计算要求的一定要写出计算过程。一道题20～30分，分值会分配于分析过程或计算过程及答案，不会只落在最后的答案上。

案例分析题答案要点的最小评分值为0.5分，答案要点评分值最多不会超过2分，在作答时可根据此决定分析过程或计算过程的详细程度。此外在作答时一定要注意内容的完整性。很多情况下自己认为考得不错，很多问题都已经正确回答，但成绩并不理想，主要原因就是回答不完整。

（四）试卷答题注意事项

字不能离密封线太近，密封后评卷人不容易看；字不能写太粗太密太乱，最好买支极细笔，字稍微写大点工整点，这样看起来舒服，阅卷老师也愿意给多点分；当本页不够答题要占用其他页时，在下面注明：转第×页；因为每个评卷人仅改一题，你转到另一页他可能看不到；要答对得分点，否则，字再多也不得分。不明确用到什么规范的情况就用"强制性条文"或者"有关法规"代替，在回答问题时，只要有可能，就在答题的内容前加上这样一句话：根据有关法规，或根据强制性条文，通常这些是得分点之一。主观题答题的时候，如果发现错误，请不要使用涂改液等修改，因为阅卷老师可能会认为你是在卷子上刻意做记号，会算作弊的。如果发现错误，请用笔画个框圈起来，打个"×"即可，然后再找一块干净的地方重新写，千万不要在原地改得乱七八糟！

最后，预祝广大考生顺利通过考试！

2

DI ER BU FEN

同步考点解读与强训

2A310000 建筑工程技术

2A320000 建筑工程项目施工管理

2A330000 建筑工程项目施工相关法规与标准

2A310000 建筑工程施工技术

名师导学

　　该部分主要介绍了建筑工程专业二级建造师应具备的专业技术知识，包括建筑工程技术要求和建筑工程施工技术两节。建筑工程技术要求一节需要掌握的重点内容包括：房屋结构平衡的技术要求；钢筋混凝土梁、板、柱的特点和配筋要求；砌体结构的特点及静力计算方案；混凝土的耐久性；建筑混凝土、砂浆、砌块及建筑金属材料、无机胶凝材料、建筑饰面石材、建筑陶瓷、木材及木制品、建筑玻璃、防水材料的特性及应用。本章中主要介绍了施工测量、地基与基础、主体结构工程、防水工程和建筑装饰装修工程等分部工程的施工技术要求。

2A311000　建筑工程技术要求

大纲测试内容及能力等级

章节	大纲要求	能力等级	章节	大纲要求	能力等级
2A311010	建筑构造要求		2A311030	建筑材料	
2A311011	民用建筑构造要求	★★★☆☆	2A311031	常用建筑金属材料的品种、性能及应用	★★★★☆
2A311012	建筑物理环境技术要求	★★★☆☆	2A311032	无机胶凝材料的性能及应用	★★★★☆
2A311013	建筑抗震构造要求	★★★☆☆	2A311033	混凝土（含外加剂）的技术性能和应用	★★★★☆
2A311020	建筑结构技术要求		2A311034	砂浆、砌块的技术性能和应用	★★★★☆
2A311021	房屋结构平衡技术要求	★★★★☆	2A311035	饰面石材、陶瓷的特性和应用	★★★★☆
2A311022	房屋结构的安全性、适用性及耐久性要求	★★★★☆	2A311036	木材、木制品的特性和应用	★★★★☆
2A311023	钢筋混凝土梁、板、柱的特点和配筋要求	★★★★☆	2A311037	玻璃的特性和应用	★★★★☆
2A311024	砌体结构的特点及技术要求	★★★★☆	2A311038	防水材料的特性和应用	★★★★☆
			2A311039	其他常用建筑材料的特性和应用	★★☆☆☆

◆ 本章重难点释义

➤➤ 2A311010 建筑构造要求 ◀◀

2A311011 民用建筑构造要求

☞ **考点1 建筑物的分类及组成**

（1）建筑物通常按其使用性质分为民用建筑和工业建筑两大类。见表1-1。

表1-1   建筑物的分类

项目	释义	分类	举例
民用建筑	供生产使用的建筑物	居住建筑	住宅、公寓、宿舍
		公共建筑	图书馆、车站、办公楼、电影院、宾馆、医院等
工业建筑	供人们从事非生产性活动使用的建筑物		

①住宅建筑按层数分类：一～三层为低层住宅，四～六层为多层住宅，七～九层为中高层住宅，十层及十层以上为高层住宅。

②除住宅建筑之外的民用建筑高度不大于24m者为单层和多层建筑，大于24m者为高层建筑（不包括高度大于24m的单层公共建筑）。人们通常又将建筑高度大于100m的民用建筑称为超高层建筑。

③按建筑物主要结构所使用的材料分类可分为：木结构建筑、砖木结构建筑、砖混结构建筑、钢筋混凝土结构建筑、钢结构建筑。

（2）建筑物由结构体系、围护体系和设备体系组成。

☞ **考点2 建筑构造的影响因素及设计原则**

（1）建筑构造的影响因素包括：荷载因素的影响、环境因素的影响、技术因素的影响和建筑标准的影响。见表1-2。

表1-2   建筑构造的影响因素

影响因素		具体内容
荷载因素		结构自重、使用活荷载、风荷载、雪荷载、地震作用等
环境因素	自然因素	风吹、日晒、雨淋、积雪、冰冻、地下水、地震等
	人为因素	火灾、噪声、化学腐蚀、机械摩擦与振动等
技术因素		建筑材料、建筑结构、施工方法等技术条件
建筑标准		造价标准、装修标准、设备标准等

★建筑构造不能脱离一定的建筑技术条件而存在，它们之间是互相促进、共同发展的。

★一般情况下，民用建筑属于一般标准的建筑。

（2）建筑构造设计的原则包括：①坚固实用；②技术先进；③经济合理；④美观大方。

☞ **考点3 民用建筑的构造要求**

（1）实行建筑高度控制区内建筑高度，应按建筑物室外地面至建筑物和构筑物最高点的高度计算。

（2）非实行建筑高度控制区内建筑高度：平屋顶应按建筑物室外地面至其屋面面层或女儿墙顶点的高度计算；坡屋顶应按建筑物室外地面至屋檐和屋脊的平均高度计算；下列突出物不

计入建筑高度内：局部突出屋面的楼梯间、电梯机房、水箱间等辅助用房占屋顶平面面积不超过1/4者，突出屋面的通风道、烟囱、通信设施和空调冷却塔等。

（3）不允许突出道路和用地红线的建筑突出物；允许突出道路红线的建筑突出物，应符合下列规定：

①在人行道路面上空：

a. 2.50m以上允许突出的凸窗、窗扇、窗罩、空调机位，突出深度不应大于0.50m；

b. 2.50m以上允许突出活动遮阳，突出宽度不应大于人行道宽减1m，并不应大于3m；

c. 3m以上允许突出雨篷、挑檐，突出宽度不应大于2m；

d. 5m以上允许突出雨篷、挑檐，突出深度不宜大于3m。

②在无人行道的道路路面上空，4m以上允许突出空调机位、窗罩，突出深度不应大于0.50m。

（4）建筑物用房的室内净高应符合专用建筑设计规范的规定。地下室、局部夹层、走道等有人员正常活动的最低处的净高不应小于2m。

（5）地下室、半地下室作为主要用房使用时，应符合要求：

严禁将幼儿、老年人生活用房设在地下室或半地下室；居住建筑中的居室不应布置在地下室内；当布置在半地下室时，必须对采光、通风、日照、防潮、排水及安全防护采取措施；建筑物内的歌舞、娱乐、放映、游艺场所不应设置在地下二层及以下；当设置在地下一层时，地下一层地面与室外出入口地坪的高差不应大于10m。

提示 （2014年·单选·第1题）考查此知识点

（6）超高层民用建筑，应设置避难层（间）。有人员正常活动的架空层及避难层的净高不应低于2m。

（7）建筑卫生设备间距应符合下列规定：

①洗脸盆或盥洗槽水嘴中心与侧墙面净距不宜小于0.55m；

②并列洗脸盆或盥洗槽水嘴中心间距不应小于0.70m；

③单侧并列洗脸盆或盥洗槽外沿至对面墙的净距不应小于1.25m；

④双侧并列洗脸盆或盥洗槽外沿之间的净距不应小于1.80m；

⑤浴盆长边至对面墙面的净距不应小于0.65m，无障碍盆浴间短边净宽度不应小于2m；

⑥并列小便器的中心距离不应小于0.65m；

（8）台阶与坡道设置应符合：公共建筑室内外台阶踏步宽度不宜小于0.30m，踏步高度不宜大于0.15m，并不宜小于0.10m，室内台阶踏步数不应少于2级；高差不足2级时，应按坡道设置。室内坡道坡度不宜大于1∶8，室外坡道坡度不宜大于1∶10；供轮椅使用的坡道不应大于1∶12，困难地段不应大于1∶8；自行车推行坡道每段坡长不宜超过6m，坡度不宜大于1∶5。

2A311012 建筑物理环境技术要求

☞ **考点1　室内光环境的技术要求**

室内光来源有自然采光和人工照明两种。

1. 自然采光

每套住宅至少应有一个居住空间能获得冬季日照。需要获得冬季日照的居住空间的窗洞开口宽度不应小于0.60m。卧室、起居室（厅）、厨房应有天然采光。

2. 人工照明的光源

主要分为热辐射光源和气体放电光源。见表1-3。

表1-3　　　　　　　　　　　人工照明光源的分类及优缺点

项目	分类	优点	缺点	使用场所
热辐射光源	白炽灯和卤钨灯	体积小、构造简单、价格便宜	散热量大、发光效率低、寿命短	居住建筑和开关频繁、不允许有频闪现象的场所
气体放电光源	荧光灯、荧光高压汞灯、金属卤化物灯、钠灯、氙灯等	发光效率高、寿命长、灯的表面亮度低、光色好、接近天然光光色	有频闪现象、镇流噪声、开关次数频繁影响灯的寿命	

光源的选择：

（1）开关频繁、要求瞬时启动和连续调光等场所，宜采用热辐射光源。

（2）有高速运转物体的场所宜采用混合光源。

（3）应急照明包括疏散照明、安全照明和备用照明，必须选用能瞬时启动的光源。工作场所内安全照明的照度不宜低于该场所一般照明照度的5%；备用照明（不包括消防控制室、消防水泵房、配电室和自备发电机房等场所）的照度不宜低于一般照明照度的10%。

（4）图书馆存放或阅读珍贵资料的场所，不宜采用具有紫外光、紫光和蓝光等短波辐射的光源。

（5）长时间连续工作的办公室、阅览室、计算机显示屏等工作区域，宜控制光幕反射和反射眩光；在顶棚上的灯具不宜设置在工作位置的正前方，宜设在工作区的两侧，并使灯具的长轴方向与水平视线相平行。

3. 自然通风

每套住宅的自然通风开口面积不应小于地面面积的5%。

公共建筑外窗可开启面积不小于外窗总面积的30%；透明幕墙应具有可开启部分或设有通风换气装置；屋顶透明部分的面积不大于屋顶总面积的20%。

☞ 考点2　室内声环境的技术要求

1. 建筑材料的吸声种类

（1）多孔吸声材料：麻棉毛毡、玻璃棉、岩棉、矿棉等，主要吸中高频声。

（2）穿孔板共振吸声结构：穿孔的各类板材，都可作为穿孔板共振吸声结构，在其结构共振频率附近有较大的吸收。

（3）薄膜吸声结构：皮革、人造革、塑料薄膜等材料，具有不透气、柔软、受张拉时有弹性等特性，吸收其共振频率200~1 000Hz附近的声能。

（4）薄板吸声结构：各类板材固定在框架上，连同板后的封闭空气层，构成振动系统，吸收其共振频率80~300Hz附近的声能。

（5）帘幕：具有多孔材料的吸声特性，离墙面1/4波长的奇数倍距离悬挂时可获得相应频率的高吸声量。

2. 室内允许的噪声级

住宅卧室、起居室（厅）内噪声级：昼间卧室内的等效连续A声级不应大于45dB，夜间卧室内的等效连续A声级不应大于37dB；起居室（厅）的等效连续A声级不应大于45dB。

☞ 考点3　室内热工环境的技术要求

1. 建筑物耗热量指标

包括：体形系数和围护结构的热阻与传热系数。

（1）体形系数，指建筑物与室外大气接触的外表面积 F_0 与其所包围的体积 V_0 的比值。严寒、寒冷地区的公共建筑的体形系数应不大于 0.40。体形系数越大，耗热量比值也越大。

（2）围护结构的热阻与传热系数：围护结构的热阻 R 与其厚度 d 成正比，与围护结构材料的导热系数 λ 成反比；$R = d/\lambda$；围护结构的传热系数 $K = 1/R$。

2. 围护结构外保温的特点

外保温可降低墙或屋顶温度应力的起伏，提高结构的耐久性，可减少防水层的破坏；对结构及房屋的热稳定性和防止或减少保温层内部产生水蒸气凝结有利；使热桥处的热损失减少，防止热桥内表面局部结露。

间歇空调的房间宜采用内保温；连续空调的房间宜采用外保温。旧房改造，外保温的效果最好。

3. 围护结构和地面的保温设计

控制窗墙面积比，公共建筑每个朝向的窗（包括透明幕墙）墙面积比不大于 0.70；提高窗框的保温性能，采用塑料构件或断桥处理；采用双层中空玻璃或双层玻璃窗；结构转角或交角，外墙中钢筋混凝土柱、圈梁、楼板等处是热桥；热桥部分的温度值如果低于室内的露点温度，会造成表面结露；应在热桥部位采取保温措施。

4. 防结露与隔热

防止冬季外墙产生表面冷凝，就要使外墙内表面附近的气流畅通；降低室内湿度，有良好的通风换气设施。

防止夏季结露的方法：将地板架空、通风，用导热系数小的材料装饰室内墙面和地面。

隔热的方法：外表面采用浅色处理，增设墙面遮阳以及绿化；设置通风间层，内设铝箔隔热层。

☞ **考点 4　室内空气质量**

住宅室内装修设计宜进行环境空气质量预评价。住宅室内空气污染物的活度和浓度限值为：氡不大于 200（Bq/m^3），游离甲醛不大于 0.08（mg/m^3），苯不大于 0.09（mg/m^3），氨不大于 0.2（mg/m^3），TVOC 不大于 0.5（mg/m^3）。

2A311013　建筑抗震构造要求

☞ **考点 1　抗震设防的分类及目标**

建筑物的抗震设计根据其使用功能的重要性分为甲、乙、丙、丁类四个抗震设防类别。

我国规范抗震设防的目标简单地说就是"小震不坏、中震可修、大震不倒"。"三个水准"的抗震设防目标是指：当遭受低于本地区抗震设防烈度的多遇地震影响时，主体结构不受损坏或不需修理仍可继续使用；当遭受相当于本地区抗震设防烈度的地震影响时，可能损坏，经一般性修理仍可继续使用；当遭受高于本地区抗震设防烈度的罕遇地震影响时，不致倒塌或发生危及生命的严重破坏。

☞ **考点 2　抗震构造的要求**

1. 框架结构的抗震构造措施

震害调查表明框架结构震害的严重部位多发生在框架梁柱节点和填充墙处；一般是柱的震害重于梁，柱顶的震害重于柱底，角柱的震害重于内柱，短柱的震害重于一般柱。

（1）梁的抗震构造要求。

①梁的截面尺寸。

宜符合下列各项要求：截面宽度不宜小于200mm；截面高宽比不宜大于4；净跨与截面高度

之比不宜小于 4。

②梁内钢筋配置规定：

a. 梁端纵向受拉钢筋的配筋率不宜大于 2.5%。

b. 一、二、三级框架梁内贯通中柱的每根纵向钢筋直径，对框架结构不应大于矩形截面柱在该方向截面尺寸的 1/20，或纵向钢筋所在位置圆形截面柱弦长的 1/20；对其他结构类型的框架不宜大于矩形截面柱在该方向截面尺寸的 1/20，或纵向钢筋所在位置圆形截面柱弦长的 1/20。

c. 梁端加密区的箍筋肢距，一级不宜大于 200mm 和 20 倍箍筋直径的较大值，二、三级不宜大于 250mm 和 20 倍箍筋直径的较大值，四级不宜大于 300mm。

（2）柱的抗震构造要求。

①柱截面尺寸构造要求：

a. 截面的宽度和高度，四级或不超过 2 层时不宜小于 300mm，一、二、三级且超过 2 层时不宜小于 400mm；圆柱的直径，四级或不超过 2 层时不宜小于 350mm，一、二、三级且超过 2 层时不宜小于 450mm。

b. 剪跨比宜大于 2。

c. 截面长边与短边的边长比不宜大于 3。

②柱纵向钢筋配置规定：

a. 柱的纵向钢筋宜对称配置。

b. 截面边长大于 400mm 的柱，纵向钢筋间距不宜大于 200mm。

c. 柱总配筋率不应大于 5%；剪跨比不大于 2 的一级框架的柱，每侧纵向钢筋配筋率不宜大于 1.2%。

d. 边柱、角柱及抗震墙端柱在小偏心受拉时，柱内纵筋总截面面积应比计算值增加 25%。

e. 柱纵向钢筋的绑扎接头应避开柱端的箍筋加密区。

③柱箍筋配置要求：

柱的箍筋加密范围，应按下列规定采用：

a. 柱端，取截面高度（圆柱直径）、柱净高的 1/6 和 500mm 三者的最大值；

b. 底层柱的下端不小于柱净高的 1/3；

c. 刚性地面上下各 500mm；

d. 剪跨比不大于 2 的柱、因设置填充墙等形成的柱净高与柱截面高度之比不大于 4 的柱、框支柱、一级和二级框架的角柱，取全高。

（3）抗震墙的抗震构造要求。

①抗震墙的厚度，一、二级不应小于 160mm 且不宜小于层高或无支长度的 1/20，三、四级不应小于 140mm 且不小于层高或无支长度的 1/25；无端柱或翼墙时，一、二级不宜小于层高或无支长度的 1/16，三、四级不宜小于层高或无支长度的 1/20。

底部加强部位的墙厚，一、二级不应小于 200mm 且不宜小于层高或无支长度的 1/16，三、四级不应小于 160mm 且不宜小于层高或无支长度的 1/20；无端柱或翼墙时，一、二级不宜小于层高或无支长度的 1/12，三、四级不宜小于层高或无支长度的 1/16。

②一、二、三级抗震墙在重力荷载代表值作用下墙肢的轴压比，一级时，9 度不宜大于 0.4，7、8 度不宜大于 0.5；二、三级时不宜大于 0.6。

③抗震墙竖向、横向分布钢筋的配筋，应符合下列要求：

a. 一、二、三级抗震墙的竖向和横向分布钢筋最小配筋率均不应小于 0.25%，四级抗震墙分布钢筋最小配筋率不应小于 0.20%；

b. 部分框支抗震墙结构的落地抗震墙底部加强部位，竖向和横向分布钢筋配筋率均不应小于0.3%。

④抗震墙竖向和横向分布钢筋的配置，尚应符合下列规定：

a. 抗震墙的竖向和横向分布钢筋的间距不宜大于300mm，部分框支抗震墙结构的落地抗震墙底部加强部位，竖向和横向分布钢筋的间距不宜大于200mm；

b. 抗震墙厚度大于140mm时，其竖向和横向分布钢筋应双排布置，双排分布钢筋间拉筋的间距不宜大于600mm，直径不应小于6mm；

c. 抗震墙竖向和横向分布钢筋的直径，均不宜大于墙厚的1/10且不应小于8mm；竖向钢筋直径不宜小于10mm。

2. 多层砌体房屋的抗震构造措施

（1）多层砖砌体房屋的构造柱构造要求。

构造柱最小截面可采用180mm×240mm（墙厚190mm时为180mm×190mm），纵向钢筋宜采用4φ12，箍筋间距不宜大于250mm，且在柱上下端应适当加密；6、7度时超过六层、8度时超过五层和9度时，构造柱纵向钢筋宜采用4φ14，箍筋间距不应大于200mm 房屋四角的构造柱应适当加大截面及配筋。

（2）多层砖砌体房屋现浇混凝土圈梁的构造要求。

①圈梁应闭合，遇有洞口圈梁应上下搭接。圈梁宜与预制板设在同一标高处或紧靠板底。

②圈梁的截面高度不应小于120mm，配筋应符合表1-4的要求；按规范要求增设的基础圈梁，截面高度不应小于180mm，配筋不应少于4φ12。

表1-4　　　　　　　　　　　　　圈梁配筋要求表

配筋	烈度		
	6、7	8	9
最小纵筋	4φ10	4φ12	4φ14
箍筋最大间距（mm）	250	200	150

≫ 2A311020　建筑结构技术要求 ≪

2A311021 房屋结构平衡技术要求

☞ 考点1　荷载的分类

表1-5　　　　　　　　　　　　　荷载的分类

分类方法	内容	举例
按随时间的变异	永久作用 （永久荷载或恒载）	结构自重、土压力、水位不变的水压力、预应力、地基变形、混凝土收缩、钢材焊接变形、引起结构外加变形或约束变形的各种施工因素
	可变作用 （可变荷载或活荷载）	使用时人员和物件等荷载、施工时结构的某些自重、安装荷载、车辆荷载、吊车荷载、风荷载、雪荷载、冰荷载、地震作用、撞击、水位变化的水压力、扬压力、波浪力、温度变化等。
	偶然作用 （偶然荷载、特殊荷载）	撞击、爆炸、地震作用、龙卷风、火灾、极严重的侵蚀、洪水作用
按结构的反应	静态作用或静力作用	结构自重、住宅与办公楼的楼面活荷载、雪荷载等
	动态作用或动力作用	地震作用、吊车设备振动、高空坠物冲击作用等

续表

分类方法	内容	举例
按荷载作用面大小	均布面荷载 Q	计算增加的均布面荷载值，$Q = \gamma \cdot d$，其中，γ 表示可用材料的重度；d 表示乘以面层材料的厚度
	线荷载	——
	集中荷载	——
按荷载作用方向	垂直荷载	结构自重，雪荷载等
	水平荷载	风荷载、水平地震作用等

对永久荷载应采用标准值作为代表值；对可变荷载应根据设计要求采用标准值、组合值、频遇值或准永久值作为代表值；对偶然荷载应按建筑结构使用的特点确定其代表值。确定可变荷载代表值时应采用 50 年设计基准期。

☞ **考点 2　平面力系的平衡条件**

（1）二力的平衡条件：两个力大小相等，方向相反，作用线相重合。

（2）平面汇交力系的平衡条件：$\sum X = 0$ 和 $\sum Y = 0$。

（3）一般平面力系的平衡条件：$\sum X = 0$，$\sum Y = 0$ 和 $\sum M = 0$。

☞ **考点 3　平面力系平衡的应用**

（1）绘制计算时所用的计算简图，应遵循的原则有两点：

①正确反映结构的实际受力情况，使计算结果与实际情况比较吻合；

②略去次要因数，便于分析和计算。

（2）结构的计算简化。

表 1-6　　　　　　　　　　　　　结构的计算简化内容

项目	分类	内容
杆件的简化	——	用轴线来表示，内力只与杆件的长度有关，与截面的宽度和高度无关
结点的简化	铰结点	各杆可以绕结点自由转动，受力不会引起杆端产生弯矩
	刚结点	各杆不能绕结点作相对转动，受力时，杆端有弯矩、剪力和轴力
支座的简化	可动铰支座	约束竖向运动的支座
	固定铰支座	约束竖向和水平和运动的支座
	固定支座	能约束竖向、水平和转动的支座

（3）杆件的受力与稳定。

结构杆件的基本受力形式按其变形特点可归纳为以下五种：拉伸、压缩、弯曲、剪切和扭转，见图 1-3。 提示 （2014年·单选·第2题）考查此知识点

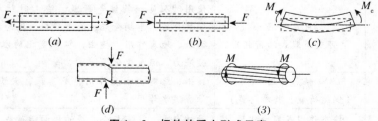

图 1-3　杆件的受力形式示意

（a）拉伸；（b）压缩；（c）弯曲；（d）剪切；（e）扭转

结构杆件所用材料在规定的荷载作用下，材料发生破坏时的应力称为强度。在相同条件下，材料的强度高，则结构的承载力也高。

在工程结构中，受压杆件如果比较细长，受力达到一定的数值时，杆件突然发生弯曲，以致引起整个结构的破坏，这种现象称为失稳。

2A311022 房屋结构的安全性、适用性及耐久性要求

☞ 考点1 结构的功能要求与极限状态

稳定示意图结构应具有以下功能：安全性、适用性、耐久性。安全性、适用性和耐久性概括称为结构的可靠性。 提示 （2014年·多选·第1题）考查此知识点

极限状态通常分为两类：承载力极限状态与正常使用极限状态。

☞ 考点2 房屋结构的安全性要求

（1）建筑结构安全等级。

建筑结构安全等级的划分应符合表1-7的要求。

表1-7　　建筑结构安全等级的划分

安全等级	破坏后果	建筑物类型
一级	很严重	重要的房屋
二级	严重	一般的房屋
三级	不严重	次要的房屋

注：1. 对特殊的建筑物，其安全等级应根据具体情况另行确定。

2. 地基基础设计安全等级及按抗震要求设计时建筑结构的安全等级，尚应符合国家现行有关规范的规定。

（2）建筑装饰装修荷载变动对建筑结构安全性的影响在装饰装修施工过程中，将对建筑结构增加一定数量的施工荷载。装饰装修施工过程中常见的荷载变动主要有：

①在楼面上加铺任何材料属于对楼板增加了面荷载。

②在室内增加隔墙、封闭阳台属于增加的线荷载。

③在室内增加装饰性的柱子，特别是石柱，悬挂较大的吊灯，房间局部增加假山盆景，这些装修做法就是对结构增加了集中荷载。

☞ 考点3 房屋结构的适用性要求

1. 杆件刚度与梁的位移计算

限制结构杆件过大变形的要求即为刚度要求，或称为正常使用下的极限状态要求。

通常我们都是计算梁的最大变形，如图1-4所示的简支梁，其跨中最大位移为：

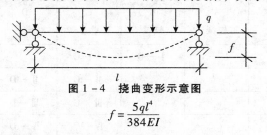

图1-4　挠曲变形示意图

$$f = \frac{5ql^4}{384EI}$$

从公式中可以看出，影响梁变形的因素除荷载外，还有：

（1）材料性能：与材料的弹性模量 E 成反比；

（2）构件的截面：与截面的惯性矩 I 成反比，如矩形截面梁，其截面惯性矩：$I_z = \frac{bh^3}{12}$；

（3）构件的跨度：与跨度 L 的 n 次方成正比，此因素影响最大。

2. 裂缝控制分为三个等级：

（1）构件不出现拉应力。

（2）构件虽有拉应力，但不超过混凝土的抗拉强度。

（3）允许出现裂缝，但裂缝宽度不超过允许值。

对（1）、（2）等级的混凝土构件，一般只有预应力构件才能达到。

☞ **考点 4 房屋结构的耐久性要求**

1. 结构设计使用年限

我国《建筑结构可靠度设计统一标准》GB 50068—2001 给出了建筑结构的设计使用年限，见表 1-8。 **提示** （2014 年·单选·第 3 题）考查此知识点

表 1-8   设计使用年限分类

类别	设计使用年限（年）	示例
1	5	临时性结构
2	25	易于替换的结构构件
3	50	普通房屋和构筑物
4	100	纪念性建筑和特别重要的建筑结构

2. 混凝土结构的环境类别

表 1-9   混凝土结构的环境类别

环境类别	名称	腐蚀机理
I	一般环境	保护层混凝土碳化引起钢筋锈蚀
II	冻融环境	反复冻融导致混凝土损伤
III	海洋氯化物环境	氯盐引起钢筋锈蚀
IV	除冰盐等其他氯化物环境	氯盐引起钢筋锈蚀
V	化学腐蚀环境	硫酸盐等化学物质对混凝土的腐蚀

3. 混凝土结构环境作用等级

根据《混凝土结构耐久性设计规范》GB/T 50476—2008 规定，环境对配筋混凝土结构的作用程度如表 1-10 所示。

表 1-10   环境类别

环境类别 \ 环境作用等级	A 轻微	B 轻度	C 中度	D 严重	E 非常严重	F 极端严重
一般环境	I—A	I—B	I—C			
冻融环境			II—C	II—D	II—E	
海洋氯化物环境			III—C	III—D	III—E	III—F
除冰盐等其他氯化物环境			IV—C	IV—D	IV—E	
化学腐蚀环境			V—C	V—D	V—E	

当结构构件受到多种环境类别共同作用时，应分别满足每种环境类别单独作用下的耐久性要求。

4．混凝土结构耐久性的要求

（1）混凝土最低强度等级。

表 1－11　　　　满足耐久性要求的混凝土最低强度等级

环境类别与作用等级	设计使用年限		
	100 年	50 年	30 年
Ⅰ—A	C30	C25	C25
Ⅰ—B	C35	C30	C25
Ⅰ—C	C40	C35	C30
Ⅱ—C	C35、C45	C30、C45	C30、C40
Ⅱ—D	C40	C35	C35
Ⅱ—E	C45	C40	C40
Ⅲ—C、Ⅳ—C、Ⅴ—C、Ⅲ—D、Ⅳ—D	C45	C40	C40
Ⅴ—D、Ⅲ—E、Ⅳ—E	C50	C45	C45
Ⅴ—E、Ⅲ—F	C55	C50	C50

（2）保护层厚度。

要求设计使用年限为 50 年的钢筋混凝土及预应力混凝土结构，其纵向受力钢筋的混凝土保护层厚度不应小于钢筋的公称直径，且应符合相关规定。

（3）水灰比、水泥用量的要求。

对于一类、二类和三类环境中，设计使用年限为 50 年的结构混凝土，其最大水灰比、最小水泥用量、最低混凝土强度等级、最大氯离子含量以及最大碱含量，按照耐久性的要求应符合有关规定。

☞ 考点5　既有建筑的可靠度评定

表 1－12　　　　既有建筑的可靠度评定

项目	分类	内容
可靠性评定的情况	—	结构的使用时间超过规定的年限；结构的用途或使用要求发生改变；结构的使用环境出现恶化；结构存在较严重的质量缺陷；出现影响结构安全性、适用性或耐久性的材料性能劣化、构件损伤或其他不利状态；对既有结构的可靠性有怀疑或有异议
可靠性评定的分类	安全性评定	①基于结构良好状态的评定方法；②基于分项系数或安全系数的评定方法；③基于可靠指标调整抗力分项系数的评定方法；④基于荷载检验的评定方法；⑤其他适用的评定方法
	适用性评定	对已经存在超过正常使用极限状态限值的结构或构件，应提出进行处理的意见。对未达到正常使用极限状态限值的结构或构件，宜进行评估使用年限内结构适用性的评定
	耐久性评定	既有结构的耐久年限推定，应将环境作用效应和材料性能相同的结构构件作为一个批次。评定批结构构件的耐久年限，可根据结构已经使用的时间、材料相关性能变化的状况、环境作用情况和结构构件材料性能劣化的规律推定

项目	分类	内容
可靠性评定的分类	抗灾害能力评定	既有结构的抗灾害能力宜从结构体系和构件布置、连接和构造、承载力、防灾减灾和防护措施等方面进行综合评定。对可确定作用的地震、台风、雨雪和水灾等自然灾害，宜通过结构安全性校核评定其抗灾害能力。对发生在结构局部的爆炸、撞击、火灾等偶然作用，宜通过评价其减小偶然作用及作用效应的措施，以及结构不发生与起因不相称的破坏和减小偶然作用影响范围措施等来评定其抗灾害能力
评定步骤	—	明确评定的对象、内容和目的；通过调查或检测获得与结构上的作用和结构实际的性能和状况的相关数据和信息；对实际结构的可靠性进行分析；提出评定报告

2A311023 钢筋混凝土梁、板、柱的特点及配筋要求

☞ **考点1 钢筋混凝土结构的特点**

钢筋混凝土结构的优点：就地取材、耐久性好、整体性好、可模性好、耐火性好。

钢筋混凝土缺点：自重大，抗裂性能差，现浇结构模板用量大、工期长等。不过这些缺点可以逐渐克服，例如采用轻质、高强的混凝土，可克服自重大的缺点；采用预应力混凝土，可克服容易开裂的缺点；掺入纤维做成纤维混凝土可克服混凝土的脆性；采用预制构件，可减小模板用量，缩短工期。

☞ **考点2 钢筋混凝土梁的受力特点及配筋要求**

1. 钢筋混凝土梁的受力特点

在房屋建筑中，受弯构件是指截面上通常有弯矩和剪力作用的构件。梁和板为典型的受弯构件。在破坏荷载作用下，构件可能在弯矩较大处沿着与梁轴线垂直的截面（正截面）发生破坏。也可能在支座附近沿着与梁轴线倾斜的截面（斜截面）发生破坏。

> **提示**（2014年·单选·第3题）考查此知识点

梁的正截面破坏形式与配筋率、混凝土强度等级、截面形式等有关，影响最大的是配筋率。

> **提示**（2014年·单选·第2题）考查此知识点

斜截面破坏形式的因素很多，如截面尺寸、混凝土强度等级、荷载形式、箍筋和弯起钢筋的含量等，其中影响较大的是配箍率。

2. 钢筋混凝土梁的配筋要求

梁中一般配制下面几种钢筋：纵向受力钢筋、箍筋、弯起钢筋、架立钢筋、纵向构造钢筋。

（1）纵向受力钢筋。

梁的纵向受力钢筋应符合下列规定：

①伸入梁支座范围内的钢筋不应少于两根。

②梁高不小于300mm时，钢筋直径不应小于10mm；梁高小于300mm时钢筋直径不应小于8mm。

③梁上部钢筋水平方向的净间距不应小于30mm和1.5d；梁下部钢筋水平方向的净间距不应小于25mm和1.0d。当下部钢筋多于两层时，两层以上钢筋水平方向的中距应比下面两层的中距增大一倍；各层钢筋之间的净间距不应小于25mm和1.0d，d为钢筋的最大直径。

④在梁的配筋密集区域宜采用并筋的配筋形式。

（2）箍筋。

箍筋宜采用 HRIM00、HRBF400、HPB300、HRB500、HRBF500 钢筋，也可采用 HRB335、HRBF335 钢筋，其数量（直径和间距）由计算确定。

梁中箍筋的配置应符合下列规定：

①按承载力计算不需要箍筋的梁，当截面高度大于 300mm 时，应沿梁全长设置构造箍筋；当截面高度 h = 150 ~ 300mm 时，可仅在构件端部 1/4 跨度范围内设置构造箍筋。但当在构件中部 1/2 跨度范围内有集中荷载作用时，则应沿梁全长设置箍筋。当截面高度小于 150mm 时，可以不设置箍筋；

②截面高度大于 800mm 的梁，箍筋直径不宜小于 8mm 对截面高度不大于 800mm 的梁，不宜小于 6mm。梁中配有计算需要的纵向受压钢筋时，箍筋直径尚不应小于 0.25d，d 为受压钢筋最大直径；

③梁中箍筋最大间距应符合规范的相关规定。

☞ **考点3 钢筋混凝土板的受力特点及配筋要求**

1. 钢筋混凝土板的受力特点

表1–13   钢筋混凝土板的受力特点

分类方式	分类	适用情况
按其受弯情况	单向板	①当按沿短边方向受力的单向板计算时，应沿长边方向布置足够数量的构造筋； ②当长边与短边长度之比大于或等于 3 时
	双向板	①当长边与短边之比小于或等于 2 时； ②当长边与短边之比大于 2 但小于 3 时
按支承情况	简支板、多跨连续板	连续梁、板的受力特点是，跨中有正弯矩，支座有负弯矩。跨中按最大正弯矩计算正筋，支座按最大负弯矩计算负筋

2. 钢筋混凝土板的配筋构造要求

（1）现浇钢筋混凝土板的最小厚度：单向受力屋面板和民用建筑楼板 60mm，单向受力工业建筑楼板 70mm，双向板 80mm，无梁楼板 150mm，现浇空心楼盖 200mm。

（2）板中受力钢筋的间距，当板厚不大于 150mm 时不宜大于 200mm；当板厚大于 150mm 时不宜大于板厚的 1.5 倍，且不宜大于 250mm。

（3）采用分离式配筋的多跨板，板底钢筋宜全部伸入支座；简支板或连续板下部纵向受力钢筋伸入支座的锚固长度不应小于钢筋直径的 5 倍，且宜伸过支座中心线。

（4）按简支边或非受力边设计的现浇混凝土板，当与混凝土梁、墙整体浇筑或嵌固在砌体墙内时，应设置垂直于板边的板面构造钢筋，并符合下列要求：

①钢筋直径不宜小于 8mm，间距不宜大于 200mm；

②钢筋从混凝土梁边、柱边、墙边伸入板内的长度不宜小于计算跨度的 1/4，砌体墙支座处钢筋伸入板边的长度不宜小于计算跨度的 1/7；

③在楼板角部，宜沿两个方向正交、斜向平行或放射状布置附加钢筋；

④钢筋应在梁内、墙内或柱内可靠锚固。

☞ **考点4 钢筋混凝土柱的配筋要求**

1. 柱中纵向钢筋的配置要求

（1）纵向受力钢筋直径不宜小于 12mm；全部纵向钢筋的配筋率不宜大于 5%。

（2）柱中纵向钢筋的净间距不应小于 50mm，且不宜大于 300mm。

（3）偏心受压柱的截面高度不小于 600mm 时，在柱的侧面上应设置直径不小于 10mm 的纵向构造钢筋，并相应设置复合箍筋或拉筋。

（4）圆柱中纵向钢筋不宜少于 8 根，不应少于 6 根；且宜沿周边均匀布置。

（5）在偏心受压柱中，垂直于弯矩作用平面的侧面上的纵向受力钢筋以及轴心受压柱中各边的纵向受力钢筋，其中距不宜大于 300mm。

2. 柱中的箍筋配置要求

（1）箍筋直径不应小于 $d/4$，且不应小于 6mm，d 为纵向钢筋的最大直径。

（2）箍筋间距不应大于 400mm 及构件截面的短边尺寸，且不应大于 $15d$，d 为纵向钢筋的最小直径。

（3）柱及其他受压构件中的周边箍筋应做成封闭式。

（4）当柱截面短边尺寸大于 400mm 且各边纵向钢筋多于 3 根时，或当柱截面短边尺寸不大于 400mm 但各边纵向钢筋多于 4 根时，应设置复合箍筋。

（5）柱中全部纵向受力钢筋的配筋率大于 3% 时，箍筋直径不应小于 8mm，间距不应大于 $10d$，且不应大于 200mm。箍筋末端应做成 135° 弯钩，且弯钩末端平直段长度不应小于 $10d$，d 为纵向受力钢筋的最小直径。

2A311024　砌体结构的特点及技术要求

☞ **考点 1　砌体结构的特点**

（1）容易就地取材，比使用水泥、钢筋和木材造价低。

（2）具有较好的耐久性、良好的耐火性。

（3）保温隔热性能好，节能效果好。

（4）施工方便，工艺简单。

（5）具有承重与围护双重功能。

（6）自重大，抗拉、抗剪、抗弯能力低。

（7）抗震性能差。

（8）砌筑工程量繁重，生产效率低。

☞ **考点 2　砌体结构的主要技术要求**

（1）预制钢筋混凝土板在混凝土圈梁上的支承长度不应小于 80mm，板端伸出的钢筋应与圈梁可靠连接，且同时浇筑；预制钢筋混凝土板在墙上的支承长度不应小于 100mm。

（2）墙体转角处和纵横墙交接处应沿竖向每隔 400 ~ 500mm 设拉结钢筋，其数量为每 120mm 墙厚不少于 1 根直径 6mm 的钢筋；或采用焊接钢筋网片，埋入长度从墙的转角或交接处算起，对实心砖墙每边不少于 500mm，对多孔砖墙和砌块墙不小于 700mm。

（3）在砌体中埋设管道时，不应在截面长边小于 500mm 的承重墙体、独立柱内埋设管线。

（4）砌块砌体应分皮错缝搭砌，上下皮搭砌长度不得小于 90mm。

（5）混凝土砌块房屋，宜将纵横墙交接处，距墙中心线每边不小于 300mm 范围内的孔洞，采用不低于 Cb20 混凝土沿全墙高灌实。

（6）框架填充墙墙体厚度不应小于 90mm，砌筑砂浆的强度等级不宜低于 M5（Mb5、Ms5）。

▶ 2A311030　建筑材料 ◀

2A311031　常用建筑金属材料的品种、性能和应用

常用的建筑金属材料主要是建筑钢材和铝合金。建筑钢材又可分为钢结构用钢、钢筋混凝土结构用钢和建筑装饰用钢材制品。

☞ **考点 1　常用的建筑钢材**

（1）钢结构用钢。

钢结构用钢主要有型钢、钢板和钢索等，其中型钢是钢结构中采用的主要钢材。

表1-14　　　　　　　　　　　　钢结构用钢的内容

项目	内容	分类
型钢	是钢结构中采用的主要钢材	①热轧型钢，常用的主要有工字钢、H型钢、T型钢、槽钢、等边角钢、不等边角钢等
		②冷弯薄壁型钢，常用的有薄壁型钢、圆钢和小角钢
钢板	钢板分厚板和薄板两种。厚板主要用于结构，薄板主要用于屋面板、楼板和墙板等	钢板、花纹钢板、建筑用压型钢板、彩色涂层钢板
钢索		

（2）钢筋混凝土结构用钢。

钢筋混凝土结构用钢主要品种有热轧钢筋、预应力混凝土用热处理钢筋、预应力混凝土用钢丝和钢绞线等。热轧钢筋是建筑工程中用量最大的钢材品种之一，主要用于钢筋混凝土结构和预应力钢筋混凝土结构的配筋。

热轧光圆钢筋强度较低，与混凝土的粘结强度也较低，主要用作板的受力钢筋、箍筋以及构造钢筋。热轧带肋钢筋与混凝土之间的握裹力大，共同工作性能较好，是钢筋混凝土用的主要受力钢筋。

（3）常用的主要有不锈钢钢板和钢管、彩色不锈钢板、彩色涂层钢板和彩色涂层压型钢板，以及镀锌钢卷帘门板及轻钢龙骨等。

☞ 考点2　建筑钢材的性能

钢材的主要性能包括力学性能和工艺性能。其中力学性能是钢材最重要的使用性能，包括拉伸性能、冲击性能、疲劳性能等。工艺性能表示钢材在各种加工过程中的行为，包括弯曲性能和焊接性能等。

表1-15　　　　　　　　　　　　钢材的力学性能

项目	分类	内容
拉伸性能	屈服强度	结构设计中钢材强度的取值依据。钢材受力超过屈服点工作时的可靠性越大，安全性越高；但强屈比太大，钢材强度利用率偏低，浪费材料
	抗拉强度	评价钢材使用可靠性的一个参数
	伸长率	伸长率越大，说明钢材的塑性越大
冲击性能	—	脆性临界温度的数值愈低，钢材的低温冲击性能愈好
疲劳性能	—	钢材的疲劳极限与其抗拉强度有关，一般抗拉强度高，其疲劳极限也较高

2A311032　无机胶凝材料的性能和应用

无机胶凝材料按其硬化条件的不同又可分为气硬性和水硬性两类。

☞ 考点1　气硬性胶凝材料

只能在空气中硬化，也只能在空气中保持和发展其强度的称气硬性胶凝材料，如石灰、石膏和水玻璃等。

1. 石灰

（1）石灰的技术性质：①保水性好；②硬化较慢、强度低；③耐水性差；④硬化时体积收缩大；⑤生石灰吸湿性强。

（2）石灰的应用。

①石灰乳。主要用于内墙和顶棚的粉刷。

②砂浆。用石灰膏或消石灰粉配成石灰砂浆或水泥混合砂浆，用于抹灰或砌筑。

③硅酸盐制品。常用的有蒸压灰砂砖、粉煤灰砖，蒸压加气混凝土砌块或板材等。

2. 石膏

石膏胶凝材料是一种以硫酸钙（$CaSO_4$）为主要成分的气硬性无机胶凝材料。最常用的是以 β 型半水石膏（$\beta - CsSO_4 \cdot 1/2H_2O$）为主要成分的建筑石膏。

（1）建筑石膏的技术性质：①凝结硬化快；②硬化时体积微膨胀；③硬化后孔隙率高；④防火性能好；⑤耐水性和抗冻性差。

（2）建筑石膏的应用。

建筑石膏的应用很广，除加水、砂及缓凝剂拌合成石膏砂浆用于室内抹面粉刷外，更主要的用途是制成各种石膏制品，如石膏板、石膏砌块及装饰件等。

☞ **考点2 水硬性胶凝材料**

既能在空气中还能更好地在水中硬化、保持和继续发展其强度的称水硬性胶凝材料，如各种水泥。气硬性胶凝材料一般只适用于干燥环境中，而不宜用于潮湿环境，更不可用于水中。

1. 常用水泥的技术要求

常用水泥的技术要求包括：凝结时间、体积安定性、强度及强度等级、其他技术要求。 提示 （2014年·单选·第4题）考查此知识点

水泥的凝结时间分初凝时间和终凝时间。国家标准规定，六大常用水泥的初凝时间均不得短于45min，硅酸盐水泥的终凝时间不得长于6.5h，其他五类常用水泥的终凝时间不得长于10h。 提示 （2013年·单选·第2题）考查此知识点

2. 常用水泥的特性及应用

六大常用水泥的主要特性见表 1–16。

表 1–16 常用水泥的主要特性

硅酸盐水泥	普通水泥	矿渣水泥	火山灰水泥	粉煤灰水泥	复合水泥
①凝结硬化快、早期强度高； ②水化热大； ③抗冻性好； ④耐热性差； ⑤耐蚀性差； ⑥干缩性较小	①凝结硬化较快、早期强度较高； ②水化热较大； ③抗冻性较好； ④耐热性较差； ⑤耐蚀性较差； ⑥干缩性较小	①凝结硬化慢、早期强度低，后期强度增长较快； ②水化热较小； ③抗冻性差； ④耐热性好； ⑤耐蚀性较好； ⑥干缩性较大； ⑦泌水性大、抗渗性差	①凝结硬化慢、早期强度低，后期强度增长较快； ②水化热较小； ③抗冻性差； ④耐热性较差； ⑤耐蚀性较好； ⑥干缩性较大； ⑦抗渗性较好	①凝结硬化慢、早期强度低，后期强度增长较快； ②水化热较小； ③抗冻性差； ④耐热性较差； ⑤耐蚀性较好； ⑥干缩性较小； ⑦抗裂性较高	①凝结硬化慢、早期强度低，后期强度增长较快； ②水化热较小； ③抗冻性差； ④耐蚀性较好； ⑤其他性能与所掺入的两种或两种以上混合材料的种类、掺量有关

2A311033 混凝土（含外加剂）的技术性能和应用

普通混凝土（以下简称混凝土）一般是由水泥、砂、石和水所组成。为改善混凝土的某些

性能，还常加入适量的外加剂和掺合料。

☞ 考点1 混凝土的技术性能

（1）混凝土拌合物的和易性。

和易性又称工作性，是一项综合的技术性质，包括流动性、黏聚性和保水性三方面的含义。

影响混凝土拌合物和易性的主要因素包括单位体积用水量、砂率、组成材料的性质、时间和温度等。单位体积用水量决定水泥浆的数量和稠度，它是影响混凝土和易性的最主要因素。

（2）混凝土的强度。

混凝土强度等级是按混凝土立方体抗压标准强度来划分的，采用符号 C 与立方体抗压强度标准值（单位为 MPa）表示。普通混凝土划分为 C15、C20、C25、C30、C35、C40、C45、C50、C55、C60、C65、C70、C75 和 C80 共 14 个等级，C30 即表示混凝土立方体抗压强度标准值 $30MPa \leqslant f_{cu,k} < 35MPa$。

★混凝土强度等级是混凝土结构设计、施工质量控制和工程验收的重要依据。

影响混凝土强度的因素主要有原材料及生产工艺方面的因素。原材料方面的因素包括：水泥强度与水灰比，骨料的种类、质量和数量，外加剂和掺合料；生产工艺方面的因素包括：搅拌与振捣，养护的温度和湿度，龄期。

（3）混凝土的耐久性。

混凝土的耐久性是一个综合性概念，包括抗渗、抗冻、抗侵蚀、碳化、碱骨料反应及混凝土中的钢筋锈蚀等性能，这些性能均决定着混凝土经久耐用的程度，故称为耐久性。

提示（2013年·多选·第2题）考查此知识点

☞ 考点2 混凝土外加剂的种类与应用

1. 外加剂的分类

（1）改善混凝土拌合物流变性能的外加剂。包括各种减水剂、引气剂和泵送剂等。

（2）调节混凝土凝结时间、硬化性能的外加剂。包括缓凝剂、早强剂和速凝剂等。

（3）改善混凝土耐久性的外加剂。包括引气剂、防水剂和阻锈剂等。

（4）改善混凝土其他性能的外加剂。包括膨胀剂、防冻剂、着色剂、防水剂和泵送剂等。

2. 外加剂的应用

目前建筑工程中应用较多和较成熟的外加剂有减水剂、早强剂、缓凝剂、引气剂、膨胀剂、防冻剂等。

（1）混凝土中掺入减水剂，若不减少拌合用水量，能显著提高拌合物的流动性；当减水而不减少水泥时，可提高混凝土强度；若减水的同时适当减少水泥用量，则可节约水泥。同时，混凝土的耐久性也能得到显著改善。

（2）早强剂可加速混凝土硬化和早期强度发展，缩短养护周期，加快施工进度，提高模板周转率。多用于冬期施工或紧急抢修工程。

（3）缓凝剂主要用于高温季节混凝土、大体积混凝土、泵送与滑模方法施工以及远距离运输的商品混凝土等，不宜用于日最低气温 5℃ 以下施工的混凝土，也不宜用于有早强要求的混凝土和蒸汽养护的混凝土。

（4）引气剂适用于抗冻、防渗、抗硫酸盐、泌水严重的混凝土等。

☞ **考点3　混凝土掺合料的种类与应用**

表 1－17　　　　　　　　　　　混凝土掺合料的种类与应用

掺合料的种类	举例	应用
活性矿物掺合料	粒化高炉矿渣、火山灰质材料、粉煤灰、硅灰等	通常使用的掺合料多为活性矿物掺合料。在掺有减水剂的情况下，能增加新拌混凝土的流动性、黏聚性、保水性、改善混凝土的可泵性。并能提高硬化混凝土的强度和耐久性。
非活性矿物掺合料	磨细石英砂、石灰石、硬矿渣之类材料	常用的混凝土掺合料有粉煤灰、粒化高炉矿渣、火山灰类物质。尤其是粉煤灰、超细粒化电炉矿渣、硅灰等应用效果良好。

2A311034　砂浆、砌块的技术性能和应用

☞ **考点1　砂浆的技术性能和应用**

砂浆是由胶凝材料、细集料、掺合料和水配制而成的材料。在建筑工程中起粘结、衬垫和传递应力的作用，主要用于砌筑、抹面、修补和装饰工程。

1. 建筑砂浆的分类

（1）按所用胶凝材料的不同，可分为水泥砂浆、石灰砂浆、水泥石灰混合砂浆等。

（2）按用途不同可分为砌筑砂浆、抹面砂浆。

2. 砂浆的组成材料

砂浆的组成材料包括胶凝材料、细集料、掺合料、水和外加剂。其中，建筑砂浆常用的胶凝材料有水泥、石灰、石膏等；砌筑砂浆用砂，优先选用中砂。**提示**（2012年·单选·第6题）考查此知识点

3. 砂浆的主要技术性质

砂浆的主要性能包括：①流动性；②保水性；③抗压强度与强度等级。

☞ **考点2　砌块的技术性能和应用**

砖、砌块及石材是建筑工程中常用的块体砌筑材料。其中，砌块的尺寸较大，施工效率较高，在建筑工程中应用越来越广泛。

1. 砌块的分类

（1）砌块按主规格尺寸可分为小砌块、中砌块和大砌块。目前，我国以中小型砌块使用较多。

（2）按其空心率大小砌块又可分为空心砌块和实心砌块两种。

（3）砌块通常又可按其所用主要原料及生产工艺命名，如水泥混凝土砌块、加气混凝土砌块、粉煤灰砌块、石膏砌块、烧结砌块等。常用的砌块有普通混凝土小型空心砌块、轻集料混凝土小型空心砌块和蒸压加气混凝土砌块等。

2. 普通混凝土小型空心砌块

普通混凝土小型空心砌块作为烧结砖的替代材料，可用于承重结构和非承重结构。目前主要用于单层和多层工业与民用建筑的内墙和外墙，如果利用砌块的空心配置钢筋，可用于建造高层砌块建筑。

3. 轻集料混凝土小型空心砌块

轻集料混凝土小型空心砌块与普通混凝土小型空心砌块相比，密度较小、热工性能较好，但干缩值较大，使用时更容易产生裂缝，目前主要用于非承重的隔墙和围护墙。

4. 蒸压加气混凝土砌块

加气混凝土砌块广泛用于一般建筑物墙体，还用于多层建筑物的非承重墙及隔墙，也可用

于低层建筑的承重墙。体积密度级别低的砌块还用于屋面保温。

2A311035 饰面石材、陶瓷的特性和应用

☞ **考点1 饰面石材的特性和应用**

1. 天然花岗石

花岗石构造致密、强度高、密度大、吸水率极低、质地坚硬、耐磨，为酸性石材，因此其耐酸、抗风化、耐久性好，使用年限长。所含石英在高温下会发生晶变，体积膨胀而开裂、剥落，所以不耐火，但因此而适宜制作火烧板。

花岗石板材主要应用于大型公共建筑或装饰等级要求较高的室内外装饰工程。花岗石因不易风化，外观色泽可保持百年以上。所以粗面和细面板材常刚于室外地面、墙面、柱面、勒脚、基座、台阶；镜面板材主要用于室内外地面、墙面、柱面、台面、台阶等。特别适宜做大型公共建筑大厅的地面。

2. 天然大理石

大理石质地较密实、抗压强度较高、吸水率低、质地较软，属中硬石材。天然大理石易加工，开光性好，常被制成抛光板材，其色调丰富、材质细腻、极富装饰性。

天然大理石板材按板材的规格尺寸偏差、平面度公差、角度公差及外观质量分为优等品（A）、一等品（B）、合格品（C）三个等级。

天然大理石板材是装饰工程的常用饰面材料。一般用于宾馆、展览馆、剧院、商场、图书馆、机场、车站等工程的室内墙面、柱面、服务台、栏板、电梯间门口等部位。由于其耐磨性相对较差，用于室内地面，可以采取表面结晶处理，提高表面耐磨性和耐酸腐蚀能力。

★大理石由于耐酸腐蚀能力较差，除个别品种外，一般只适用于室内。

3. 人造饰面石材

聚酯型人造石材和微晶玻璃型人造石材是目前应用较多的人造饰面石材品种。

☞ **考点2 建筑陶瓷的特性和应用**

1. 陶瓷砖的分类

表 1–18   陶瓷砖的分类

分类方法	内 容
按成型方法	挤压砖（称为 A 类砖）、干压砖（称为 B 类砖）和其他方法成型的砖（称为 C 类砖）
按材质特性	瓷质砖（吸水率≤0.5%）和炻瓷砖（0.5% <吸水率≤3%），称为 Ⅰ 类砖；细炻砖（3% <吸水率≤6%）和炻质砖（6% <吸水率≤10%），称为 Ⅱ 类砖（基本属于炻质）；将陶质砖（吸水率>10%）称为 Ⅲ 类砖
按吸水率（E）	低吸水率砖（Ⅰ类）（$E≤3\%$）；中吸水率砖（Ⅱ类）（3% <$E≤10\%$）和高吸水率砖（Ⅲ类）（$E>10\%$）
按应用特性	釉面内墙砖、墙地砖、陶瓷锦砖等
按表面施釉与否	有釉（GL）砖和无釉（UGL）砖

2. 陶瓷砖的性能

陶瓷墙地砖具有强度高、致密坚实、耐磨、吸水率小（小于10%）、抗冻、耐污染、易清洗、耐腐蚀、耐急冷急热、经久耐用等特点。

炻质砖广泛应用于各类建筑物的外墙和柱的饰面及地面装饰，一般用于装饰等级要求较高的工程。

釉面内墙砖通常指有釉陶质砖。釉面内墙砖强度高，表面光亮、防潮、易清洗、耐腐蚀、

变形小、抗急冷急热，表面细腻，色彩和图案丰富，风格典雅，极富装饰性。

釉面内墙砖主要用于民用住宅、宾馆、医院、实验室等要求耐污，耐腐蚀，耐清洗的场所或部位。既有明亮清洁之感，又可保护基体，延长使用年限。用于厨房的墙面装饰，不但清洗方便，还兼有防火功能。

3. 陶瓷卫生产品

陶瓷卫生产品具有质地洁白、色泽柔和、釉面光亮、细腻、造型美观、性能良好等特点。

2A311036　木材、木制品的特性和应用

☞ **考点1　木材的特性和应用**

1. 木材的含水率

木材的含水量用含水率表示，指木材所含水的质量占木材干燥质量的百分比。

影响木材物理力学性质和应用的最主要的含水率指标是纤维饱和点和平衡含水率。

2. 木材的湿胀干缩变形

木材仅当细胞壁内吸附水的含量发生变化时才会引起木材的变形，即湿胀干缩变形。木材在加工或使用前应预先进行干燥，使其含水率达到或接近与环境湿度相适应的平衡含水率。

☞ **考点2　木制品的特性与应用**

1. 实木地板

实木地板可分为平口实木地板、企口实木地板、拼花实木地板、指接地板、集成地板等。条木地板适用于体育馆、练功房、舞台、高级住宅的地面装饰。镶嵌地板则是用于室内地面装饰的一种较高级的饰面木制品。

2. 人造木地板

表1-19　　　　　　　　　　　　人造木地板的内容

项目	分类	特点	适用范围
实木复合地板	三层复合实木地板、多层复合实木地板、细木工板复合实木地板。按质量等级分为优等品、一等品和合格品	—	家庭居室、客厅、办公室、宾馆的中高档地面铺设
浸渍纸层压木质地板	①按材质分为高密度板、中密度板、刨花板为基材的强化木地板；②按用途分为公共场所用、家庭用；③按质量等级分为优等品、一等品和合格品	优点：规格尺寸大、花色品种较多、铺设整体效果好、色泽均匀，视觉效果好；表面耐磨性高，有较高的阻燃性能，耐污染腐蚀能力强，抗压、抗冲击性能好。便于清洁、护理，尺寸稳定性好，不易起拱。铺设方便，可直接铺装在防潮衬垫上。价格较便宜。缺点：密度较大、脚感较生硬、可修复性差	会议室、办公室、高清洁度实验室等，也可用于中、高档宾馆、饭店及民用住宅的地面装修等
软木地板	①以软木颗粒热压切割的软木层表面涂以清漆或光敏清漆耐磨层而制成的地板；②以PVC贴面的软木地板；③天然薄木片和软木复合的软木地板	绝热、隔振、防滑、防潮、阻燃、耐水、不霉变、不易翘曲和开裂、脚感舒适、有弹性。原料为栓树皮，可再生，属于绿色建材	第一类软木地板适用于家庭居室，第二、三类软木地板适用于商店、走廊、图书馆等人流大的地面铺设

3. 胶合板

胶合板亦称层压板。其层数成奇数，一般为 3 ~ 13 层，分别称为三层板、五层板等。

普通胶合板按成品板上可见的材质缺陷和加工缺陷的数量和范围分为三个等级，即优等品、一等品和合格品。按使用环境条件分为Ⅰ类、Ⅱ类、Ⅲ类胶合板。

室内用胶合板按甲醛释放限量分为 E_0（可直接用于室内）、E_1（可直接用于室内）、E_2（必须饰面处理后方可允许用于室内）三个级别。

胶合板常用作隔墙、顶棚、门面板、墙裙等。

4. 纤维板

纤维板构造均匀，完全克服了木材的各种缺陷，不易变形、翘曲和开裂，各向同性，硬质纤维板可代替木材用于室内墙面、顶棚等。软质纤维板可用作保温、吸声材料。

5. 刨花板

刨花板密度小，材质均匀，但易吸湿，强度不高，可用于保温、吸声或室内装饰等。

6. 细木工板

板芯一般采用充分干燥的短小木条，板面采用单层薄木或胶合板。细木工板制得的板材构造均匀、尺寸稳定、幅面较大、厚度较大。除可用作表面装饰外，也可直接兼作构造材料。

2A311037　玻璃的特性和应用

☞ 考点 1　净片玻璃的特性和应用

未经深加工的平板玻璃，也称为白片玻璃。现在普遍采用制造方法是浮法。

净片玻璃有良好的透视、透光性能。对太阳光中热射线的透过率较高，但室内墙、顶、地面和物品产生的长波热射线却能有效阻挡，可产生明显的"暖房效应"，夏季空调能耗加大；太阳光中紫外线对净片玻璃的透过率较低。

3 ~ 5mm 的净片玻璃一般直接用于有框门窗的采光，8 ~ 12mm 的平板玻璃可用于隔断、橱窗、无框门。净片玻璃的另外一个重要用途是作深加工玻璃的原片。

☞ 考点 2　装饰玻璃

装饰玻璃包括以装饰性能为主要特性的彩色平板玻璃、釉面玻璃、压花玻璃、喷花玻璃、乳花玻璃、刻花玻璃、冰花玻璃等。

☞ 考点 3　安全玻璃的特性和应用

安全玻璃包括钢化玻璃、防火玻璃和夹层玻璃。

表 1 – 20　　　　　　　　　　安全玻璃的特性和应用

项目	特点	应用范围
钢化玻璃	机械强度高，抗冲击性也很高，弹性比普通玻璃大得多，热稳定性好，在受急冷急热作用时，不易发生炸裂，碎后不易伤人	大面积玻璃幕墙时要采取必要技术措施，以避免受风荷载引起振动而自爆。常用作建筑物的门窗、隔墙、幕墙及橱窗、家具等
夹层玻璃	透明度好，抗冲击性能高，玻璃破碎不会散落伤人	高层建筑的门窗、天窗、楼梯栏板和有抗冲击作用要求的商店、银行、橱窗、隔断及水下工程等安全性能高的场所或部位等
防火玻璃	按结构可分为复合防火玻璃（FFB）和单片防火玻璃（DFB）；按耐火性能指标分为隔热型防火玻璃（A 类）和非隔热型防火玻璃（C 类）两类	

☞ 考点 4　节能装饰型玻璃

节能装饰型玻璃包括着色玻璃、镀膜玻璃和中空玻璃。

表 1-21 节能装饰型玻璃的特点及应用

项目	特点	应用范围
着色玻璃	可以有效吸收太阳的辐射热，产生"冷室效应"，达到蔽热节能的效果，并使透过的阳光变得柔和。避免眩光，而且还能较强地吸收太阳的紫外线，有效地防止室内物品的褪色和变质起到保持物品色泽鲜丽、经久不变，增加建筑物外形美观的作用	建筑物的门窗或玻璃幕墙
镀膜玻璃	良好的隔热性能，可以避免暖房效应，节约室内降温空调的能源消耗。具有单向透视性，故又称为单反玻璃。	—
中空玻璃	光学性能良好，露点很低，具有良好的隔声性能	宾馆、住宅、医院、商场、写字楼等幕墙工程等

2A311038 防水材料的特性和应用

常用的防水材料有四类：防水卷材、建筑防水涂料、刚性防水材料、建筑密封材料。防水卷材是建筑工程上不可缺少的主要材料。

☞ 考点1 防水卷材的特性和应用

防水卷材分为 SBS、APP 改性沥青防水卷材，聚乙烯丙纶（涤纶）防水卷材，PVC、TPO 高分子防水卷材，自粘复合防水卷材等。见表 1-22。

表 1-22 防水卷材的特性和应用

项目	特点	应用范围
SBS、APP 改性沥青防水卷材	不透水性能强，抗拉强度高，延伸率大，耐高低温性能好，施工方便等	工业与民用建筑的屋面、地下等处的防水防潮以及桥梁、停车场、游泳池、隧道等建筑物的防水
聚乙烯丙纶（涤纶）防水卷材	优良的机械强度、抗渗性能、低温性能、耐腐蚀性和耐候性	各种建筑结构的屋面、墙体、厕浴间、地下室、冷库、桥梁、水池、地下管道等工程的防水、防渗、防潮、隔气等工程
PVC、TPO 高分子防水卷材	拉伸强度大、延伸率高、收缩率小、低温柔性好、使用寿命长	各类工业与民用建筑、地铁、隧道、水利、垃圾掩埋场、化工、冶金等多个领域的防水、防渗、防腐工程
自粘复合防水卷材	强度高、延伸性强，自愈性好，施工简便、安全性高	工业与民用建筑的室内、屋面、地下防水工程，蓄水池、游泳池及地铁隧道防水工程，木结构及金属结构屋面的防水工程

☞ 考点2 建筑防水涂料的特性和应用

防水涂料分为 JS 聚合物水泥基防水涂料、聚氨酯防水涂料、水泥基渗透结晶型防水涂料等。

表 1-23 建筑防水涂料的特性和应用

项目	特点	应用范围
JS 聚合物水泥基防水涂料	较高的断裂伸长率和拉伸强度，优异的耐水、耐碱、耐候、耐老化性能，使用寿命长	应用于屋面、内外墙、厕浴间、水池及地下工程的防水、防渗、防潮

续表

项目	特点	应用范围
聚氨酯防水涂料	有"液体橡胶"的美誉	屋面、地下室、厕浴间、桥梁、冷库、水池等工程的防水、防潮；亦可用于形状复杂、管道纵横部位的防水，也可作为防腐涂料使用
水泥基渗透结晶型防水涂料	独特的呼吸、防腐、耐老化、保护钢筋能力，环保、无毒、无公害。施工简单、节省人工等	隧道、大坝、水库、发电站、核电站、冷却塔、地下铁道、立交桥、桥梁、地下连续墙、机场跑道、桩头桩基、废水处理池、蓄水池、工业与民用建筑地下室、屋面、厕浴间的防水施工，以及混凝土建筑设施等所有混凝土结构弊病的维修堵漏

☞ **考点3 刚性防水材料的特性和应用**

刚性防水材料通常用于地下工程的防水与防渗。

1. 防水混凝土

防水混凝土具有节约材料，成本低廉，渗漏水时易于检查，便于修补，耐久性好等特点。主用适用于一般工业、民用及公共建筑的地下防水工程。

2. 防水砂浆

防水砂浆具有操作简便，造价便宜，易于修补等特点。仅适用于结构刚度大、建筑物变形小、基础埋深小、抗渗要求不高的工程，不适用于有剧烈振动、处于侵蚀性介质及环境温度高于100℃的工程。

☞ **考点4 建筑密封材料的特性和应用**

建筑密封材料是一些能使建筑上的各种接缝或裂缝、变形缝保持水密、气密性能，并且具有一定强度，能连接结构件的填充材料。常用的建筑密封材料有硅酮、聚氨酯、聚硫、丙烯酸酯等密封材料。

2A311039 其他常用建筑材料的特性和应用

☞ **考点1 建筑塑料的特性和应用**

1. 塑料装饰板材

（1）三聚氰胺层压板。

三聚氰胺层压板按其表面的外观特性分为有光型、柔光型、双面型、滞燃型。按用途的不同分为平面板、平衡面板。三聚氰胺层压板耐热性优良、耐烫、耐燃、耐磨、耐污、耐湿、耐擦洗、耐酸、碱、油脂及酒精等溶剂的侵蚀、经久耐用。三聚氰胺层压板常用于墙面、柱面、台面、家具、吊顶等饰面工程。

（2）铝塑板。

铝塑板其重量轻、坚固耐久、比铝合金强得多的抗冲击性和抗凹陷性、可自由弯曲且弯后不反弹、较强的耐候性、较好的可加工性、易保养、易维修。板材表面铝板经阳极氧化和着色处理，色泽鲜艳。广泛用于建筑幕墙、室内外墙面、柱面、顶面的饰面处理。

（3）聚碳酸酯采光板

聚碳酸酯采光板轻、薄、刚性大、抗冲击、色调多、外观美丽、耐水、耐湿、透光性好、隔热保温、阻燃、燃烤不产生有害气体、耐候性好、不老化、不褪色、长期使用的允许温度为－40～120℃。适用于遮阳棚、采光天幕、温室花房的顶罩等。

2. 塑料管道

表 1-24   塑料管道

项目	特点	应用范围
硬聚氯乙烯（PVC-U）管	内壁光滑、阻力小、不结垢，无毒、无污染、耐腐蚀，使用温度不大于40℃，抗老化性能好、难燃，可采用橡胶圈柔性接口安装	给水管道（非饮用水）、排水管道、雨水管道
氯化聚氯乙烯（PVC-C）管	高温、机械强度高，适于受压的场合	冷热水管、消防水管系统、工业管道系统
无规共聚聚丙烯管（PP-R管）	优点：无毒、无害、不生锈、不腐蚀，有高度的耐酸性和耐氯化物性。耐腐蚀性好，不生锈，不腐蚀，不会滋生细菌，无电化学腐蚀。保温性能好，膨胀力小 缺点：抗紫外线能力差，在阳光的长期照射下易老化；属于可燃性材料，不得用于消防给水系统	饮用水管、冷热水管
丁烯管（PB管）	有较高的强度，韧性好、无毒。其长期工作水温为90℃左右，最高使用温度可达110℃。易燃、热胀系数大、价格高	饮用水、冷热水管。特别适用于薄壁小口径压力管道，如地板辐射采暖系统的盘管
交联聚乙烯管（PEX管）	无毒、卫生、透明。有折弯记忆性，不可热熔连接，热蠕动性较小，低温抗脆性较差，原料较便宜	地板辐射采暖系统的盘管
铝塑复合管	安全无毒、耐腐蚀、不结垢、流量大、阻力小、寿命长、柔性好、弯曲后不反弹、安装简单	饮用水管和冷、热水管

☞ **考点2　建筑涂料的特性和应用**

1. 木器涂料

溶剂型涂料用于家具饰面或室内木装修，又常称为油漆。传统的油漆品种有清油、清漆、调合漆、磁漆等；新型木器涂料有聚酯树脂漆、聚氨酯漆等。

2. 内墙涂料

内墙涂料可分为乳液型内墙涂料和其他类型内墙涂料。

3. 外墙涂料

外墙涂料分为溶剂型外墙涂料、乳液型外墙涂料、水溶性外墙涂料、其他类型外墙涂料。

过氯乙烯外墙涂料良好的耐大气稳定性、化学稳定性、耐水性、耐霉性。

丙烯酸酯外墙涂料有良好的抗老化性、保光性、保色性，不粉化，附着力强，施工温度范围（0℃以下仍可干燥成膜）广。但该种涂料耐污性较差。

氟碳涂料又称氟碳漆，属于新型高档高科技全能涂料。常用于金属幕墙、柱面、墙面、铝合金门窗框、栏杆、天窗、金属家具、商业指示牌、户外广告着色及各种装饰板的高档饰面。

本章考核热点

➡ 民用建筑的构造要求。

➡ 抗震构造的要求。

➡ 平面力系的平衡条件。

➡ 结构杆件的受力形式。

➡ 房屋结构的安全性、适用性及耐久性要求。

➡ 钢筋混凝土梁的受力特点及配筋要求。

➡ 建筑钢材的力学性能。

➡ 无机胶凝材料的性能和应用。

➡ 混凝土的技术性能。

➡ 砂浆的技术性能和应用。

➡ 区分天然花岗石、天然大理石的特性。

➡ 安全玻璃的特性。

➡ 六种建筑塑料管道与三种塑料装饰板材的应用范围。

历年真题回顾

2014年真题

（单选·第1题）下列用房通常可以设置在地下室的是（　　）。

A. 游艺厅　　　　　　　　　　　　B. 医院病房

C. 幼儿园　　　　　　　　　　　　D. 老年人生活用房

【答案】A

【考点】民用建筑主要构造要求。

【解析】地下室、半地下室作为主要用房使用时，应符合安全、卫生的要求，并应符合下列要求：严禁将幼儿、老年人生活用房设在地下室或半地下室；居住建筑中的居室不应布置在地下室内；当布置在半地下室时，必须对采光、通风、日照、防潮、排水及安全防护采取措施；建筑物内的歌舞、娱乐、放映、游艺场所不应设置在地下二层及以下；当设置在地下一层时，地下一层地面与室外出入口地坪的高差不应大于10m。

（单选·第2题）某杆件受理形式示意图如下，该杆件的基本受力形式是（　　）。

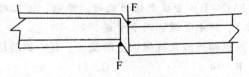

A. 压缩　　　　　B. 弯曲　　　　　C. 剪切　　　　　D. 扭转

【答案】C

【考点】杆件的受力形式。

【解析】结构杆件的基本受力形式按其变形特点可归纳为以下五种：拉伸、压缩、弯曲、剪切和扭转，分别见下图：

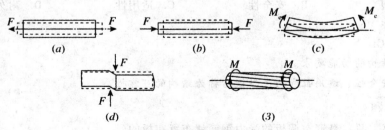

图　杆件的受力形式示意

（a）拉伸；（b）压缩；（c）弯曲；（d）剪切；（e）扭转

（单选·第3题）根据《建筑结构可靠度设计统一标准》（GB50064），普通房屋的设计使用年限通常为（ ）年。

A．40   B．50   C．60   D．70

【答案】B

【考点】结构设计使用年限。

【解析】我国《建筑结构可靠度设计统一标准》GB 50068－2001 给出了建筑结构的设计使用年限，见下表：

类别	设计使用年限（年）	示例
1	5	临时性结构
2	25	易于替换的结构构件
3	50	普通房屋和构筑物
4	100	纪念性建筑和特别重要的建筑结构

（单选·第4题）下列指标中，属于常用水泥技术指标的是（ ）。

A．和易性   B．可泵性   C．安定性   D．保水性

【答案】C

【考点】常用水泥的技术要求。

【解析】常用水泥的技术要求包括：凝结时间、体积安定性、强度及强度等级、其他技术要求。

（单选·第5题）硬聚氯乙烯（PVC－U）管不适用于（ ）。

A．排污管道   B．雨水管道   C．中水管道   D．饮用水管道

【答案】D

【考点】塑料管道的性能。

【解析】硬聚氯乙烯（PVC－U）管抗老化性能好、难燃，可采用橡胶圈柔性接口安装。主要用于给水管道（非饮用水）、排水管道、雨水管道。

（单选·第6题）用于测定砌筑砂浆抗压强度的试块，其养护龄期是（ ）天。

A．7   B．14   C．21   D．28

【答案】D

【考点】砂浆的强度。

【解析】砂浆强度，由边长为7.07cm的正方体试件，经过28d标准养护，测得一组三块试件的抗压强度值来评定。

（多选·第1题）房屋结构的可靠性包括（ ）。

A．经济型   B．安全性   C．适用性   D．耐久性

E．美观性

【答案】BCD

【考点】结构的功能要求。

【解析】安全性、适用性和耐久性概括称为结构的可靠性。

2013年真题

（单选·第1题）悬臂空调板的受力钢筋就布置在板的（ ）。

A．上部   B．中部   C．底部   D．端部

【答案】A

【考点】钢筋混凝土板的配筋要求。

【解析】 受力钢筋沿板的跨度方向设置,位于受拉区,承受由弯矩作用产生的拉力,其数量由计算确定,并满足构造要求。如:单跨板跨中产生正弯矩,受力钢筋应布置在板的下部;悬臂板在支座处产生负弯矩,受力钢筋应布置在板的上部。

【说明】 此知识点最新教材已删除。

(单选·第2题)关于建筑工程中常用水泥性能与技术要求的说法,正确的是( )。

A. 水泥的终凝时间是从水泥加水拌合起至水泥浆开始失去可塑性所需的时间

B. 六大常用水泥的初凝时间均不得长于45分钟

C. 水泥的体积安定性不良是指水泥在凝结硬化过程中产生不均匀的体积变化

D. 水泥中的碱含量太低更容易产生碱骨料反应

【答案】 C

【考点】 建筑工程中常用水泥性能与技术要求。

【解析】 水泥初凝时间是从水泥加水拌合起至水泥浆开始失去可塑性所需的时间,终凝时间是从水泥加水拌合起至水泥浆完全失去可塑性并开始产生强度所需的时间。国家标准规定,六大常用水泥的初凝时间均不得短于45min。水泥体积安定性是指水泥在凝结硬化过程中,体积变化的均匀性。如果水泥硬化后产生不均匀的体积变化,即所谓体积安定性不良,就会使混凝土构件产生膨胀性裂缝。水泥中的碱含量高时,如果配制混凝土的骨料具有碱活性,可能产生碱骨料反应,导致混凝土因不均匀膨胀而破坏。

(单选·第3题)一般情况下,钢筋混凝土梁是典型的受( )构件。

A. 拉   B. 压   C. 弯   D. 扭

【答案】 C

【考点】 受弯构件。

【解析】 在房屋建筑中,受弯构件是指截面上通常有弯矩和剪力作用的构件。梁和板为典型的受弯构件。

(单选·第6题)下列各项中,( )不属于加气混凝土砌块的特点及适用范围。

A. 保温性能好   B. 隔热性能好

C. 可应用于多层建筑物的承重墙   D. 有利于提高建筑物抗震能力

【答案】 C

【考点】 加气混凝土砌块的特点及适用范围。

【解析】 加气混凝土砌块广泛用于一般建筑物墙体,还用于多层建筑物的非承重墙及隔墙,也可用于低层建筑的承重墙。体积密度级别低的砌块还用于屋面保温。

(多选·第1题)关于砌体结构构造措施的说法,正确的有( )。

A. 墙体的构造措施主要有伸缩缝、沉降缝和圈梁

B. 伸缩缝两侧结构的基础可不分开

C. 沉降缝两侧结构的基础可不分开

D. 圈梁可以抵抗基础不均匀沉降引起墙体内产生的拉应力

E. 圈梁可以增加房屋结构的整体性

【答案】 ABDE

【考点】 砌体结构构造措施。

【解析】 砌体结构的主要构造要求:墙体的构造措施主要包括三个方面,即伸缩缝、沉降缝和圈梁。伸缩缝两侧宜设承重墙体,其基础可不分开。设有沉降缝的基础必须分开。墙体的另一构造措施是在墙体内设置钢筋混凝土圈梁。圈梁可以抵抗基础不均匀沉降引起墙体内产生的拉应力,同时可以增加房屋结构的整体性,防止因振动(包括地震)产生的不利影响。因此,

圈梁宜连接地设在同一水平面上，并形成封闭状。

【说明】 此知识点最新教材已删除。

（多选·第2题）混凝土的耐久性包括（   ）等指标。

A. 抗渗性   B. 抗冻性

C. 和易性   D. 碳化性

E. 粘结性

【答案】 ABD

【考点】 混凝土的耐久性。

【解析】 混凝土的耐久性是指混凝土抵抗环境介质作用并长期保持良好的使用性能和外观完整性的能力。它是一个综合性概念，包括抗渗、抗冻、抗侵蚀、碳化、碱骨料反应及混凝土中的钢筋锈蚀等性能，这些性能均决定着混凝土经久耐用的程度，故称为耐久性。

2012年真题

（单选·第2题）下列各项中，对梁的正截面破坏形式影响最大的是（   ）。

A. 混凝土强度等级   B. 截面形式   C. 配箍率   D. 配筋率

【答案】 D

【考点】 钢筋混凝土梁的受力特点。

【解析】 梁的正截面破坏形式与配筋率、混凝土强度等级、截面形式等有关。其中，影响最大的是配筋率。

（单选·第3题）下列元素中，属于钢材有害成分的是（   ）。

A. 碳   B. 硫   C. 硅   D. 锰

【答案】 B

【考点】 钢材有害成分。

【解析】 钢材中的硫、磷、气体是有害成分。

【说明】 此知识点最新教材已删除。

（单选·第6题）下列材料中，不属于常用建筑砂浆胶凝材料的是（   ）。

A. 石灰   B. 水泥   C. 粉煤灰   D. 石膏

【答案】 C

【考点】 常用建筑砂浆胶凝材料。

【解析】 砂浆的组成材料包括胶凝材料、细集料、掺合料、水和外加剂。建筑砂浆常用的胶凝材料有水泥、石灰、石膏等。

（多选·第1题）下列钢筋牌号，属于光圆钢筋的有（   ）。

A. HPB235   B. HPB300   C. HRB335   D. HRB400

E. HRB500

【答案】 AB

【考点】 光圆钢筋。

【解析】 光圆钢筋的牌号包括 HPB235 和 HPB300 两种。

经典例题训练

一、单项选择题

1. 开关频繁、要求瞬时启动和连续调光等场所，宜采用（   ）。

A. 热辐射光源   B. 混合光源

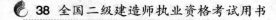

C. 短波辐射的光源　　　　　　　　　　　D. 气体放电光源

2. 下列软木地板中，（　　）适用于家庭居室。

A. 天然薄木片的软木地板

B. 软木复合的软木地板

C. 以 PVC 贴面的软木地板

D. 以软木颗粒热压切割的软木层表面涂以清漆制成的地板

3. 下列选项中，设有（　　）的基础必须分开。

A. 伸缩缝　　　　　　B. 沉降缝　　　　　　C. 圈梁　　　　　　D. 地梁

4. 石灰浆体的硬化过程包括（　　）。

A. 干燥结晶和碳化　　　　　　　　　　　B. 氧化作用

C. 水化作用　　　　　　　　　　　　　　D. 体积增大过程

5. 建筑高度大于（　　）的民用建筑为超高层建筑。

A. 24m　　　　　　　B. 50m　　　　　　C. 100m　　　　　　D. 150m

6. 混凝土的抗渗等级共分为（　　）个等级。

A. 3　　　　　　　　B. 4　　　　　　　C. 5　　　　　　　D. 6

7. 实木复合地板按质量等级分为（　　）。

A. 优等品、一等品、合格品　　　　　　　B. 特等品、优等品、一等品、合格品

C. 优等品、一等品、合格品、次品　　　　D. 特等品、优等品、合格品

8. 钢筋混凝土水池出现裂缝，违反了（　　）要求。

A. 安全性　　　　　　B. 刚性　　　　　　C. 适用性　　　　　　D. 耐久性

9. 在钢筋混凝土梁中，主要承担剪力作用的是（　　）。

A. 上层主筋　　　　　B. 下层主筋　　　　C. 箍筋　　　　　　D. 附加筋

10. 砂浆的保水性用分层度表示，砂浆的分层度不得大于（　　）mm。

A. 20　　　　　　　　B. 25　　　　　　　C. 30　　　　　　　D. 35

11. 实行建筑高度控制区内建筑高度，应按建筑物室外地面至建筑物和构筑物的（　　）计算。

A. 最低点的高度　　　　　　　　　　　　B. 最高点的高度

C. 平均高度　　　　　　　　　　　　　　D. 高度差

12. 国家标准规定，六大常用水泥的初凝时间均不得短于（　　）min。

A. 30　　　　　　　　B. 40　　　　　　　C. 45　　　　　　　D. 60

13. 下列混凝土外加剂中，（　　）适用于抗冻、防渗、抗硫酸盐、泌水严重的混凝土等。

A. 引气剂　　　　　　B. 膨胀剂　　　　　　C. 早强剂　　　　　　D. 防冻剂

14. 下列饰面石材中，（　　）主要应用于大型公共建筑或装饰等级要求较高的室内外装饰工程。

A. 花岗石板材　　　　　　　　　　　　　B. 大理石板材

C. 人造饰面石材　　　　　　　　　　　　D. 微晶玻璃型石材

15. 下列选项中，（　　）mm 的净片玻璃一般直接用于有框门窗的采光。

A. 3～5　　　　　　　B. 5～8　　　　　　C. 8～12　　　　　　D. 10～12

16. 下列塑料管道中，（　　）主要用于给水管道（非饮用水）、排水管道、雨水管道。

A. 硬聚氯乙烯管　　　　　　　　　　　　B. 氯化聚氯乙烯管

C. 无规共聚聚丙烯管　　　　　　　　　　D. 交联聚乙烯管

17. 我国普通商品房的设计使用年限为（　　）年。

A. 5　　　　　　　　B. 25　　　　　　　C. 50　　　　　　　D. 100

18. 水泥的颗粒越细，（　　）。
   A. 早期强度越低
   B. 水化速度越快
   C. 粉磨时能耗小、成本越低
   D. 硬化收缩越小

19. 木材由于其构造不均匀，胀缩变形各方向不同。其变形最大的是（　　）。
   A. 径向
   B. 弦向
   C. 顺纹
   D. 横纹

20. 夹层玻璃是在两片或多片玻璃原片之间，用（　　）树脂胶片经加热、加压粘合而成的平面或曲面的复合安全玻璃制品。
   A. 聚乙烯醇缩丁醛
   B. 聚乙烯醇缩甲醛
   C. 聚乙烯醇
   D. 聚甲烯醇

21. 会展中心大厅要求使用发光效率高、寿命长、光色好、接近天然光光色的光源，应选择（　　）。
   A. 白炽灯
   B. 卤钨灯
   C. 荧光灯
   D. 红外线灯（石英管形卤钨灯）

22. 下列荷载中，属于水平荷载的是（　　）。
   A. 结构自重
   B. 雪荷载
   C. 风荷载
   D. 积灰荷载

23. 混凝土立方体抗压强度是由混凝土立方体试块测得的。关于龄期和保证率，下列表述正确的是（　　）。
   A. 龄期为 21d，保证率为 90%
   B. 龄期为 21d，保证率为 95%
   C. 龄期为 28d，保证率为 95%
   D. 龄期为 28d，保证率为 93%

24. 一道梁最适合的破坏形式为（　　）。
   A. 刚性
   B. 塑性
   C. 超筋
   D. 少筋

二、多项选择题

1. 荷载按照作用面大小可以分为（　　）。
   A. 均布面荷载
   B. 线荷载
   C. 集中荷载
   D. 垂直荷载
   E. 水平荷载

2. 为防止钢筋混凝土梁的斜截面破坏，可采取的措施有（　　）。
   A. 限制最小截面尺寸
   B. 配置弯起钢筋
   C. 配置箍筋
   D. 增大主筋截面
   E. 做成双筋梁

3. 混凝土中掺入减水剂可带来的技术经济效益包括（　　）。
   A. 提高拌合物的流动性
   B. 提高强度
   C. 节省水泥
   D. 缩短拌合物凝结时间
   E. 提高水泥水化放热速度

4. 钢筋混凝土梁中一般配有（　　）。
   A. 纵向受力钢筋
   B. 箍筋
   C. 架立钢筋
   D. 螺旋筋
   E. 弯起钢筋

5. 砌体结构是由块材和砂浆砌筑而成的墙、柱作为建筑物主要受力构件的结构，是砖砌体、砌块砌体和石砌体结构的统称。砌体结构具有的特点包括（　　）。
   A. 容易就地取材，比使用水泥、钢筋和木材造价低
   B. 具有较好的耐久性、良好的耐火性
   C. 保温隔热性能好，节能效果好
   D. 自重大，抗拉、抗剪、抗弯能力高
   E. 抗震性能强

6. 最适合使用大理石的位置包括( )。

A. 宾馆墙面   B. 电梯间门口   C. 商场柱面   D. 展览馆大厅

E. 室外广场

7. 中空玻璃的主要性能特点有( )。

A. 降低噪声   B. 保温隔热   C. 安全   D. 采光

E. 防结露

8. 下列对常用水泥凝结时间技术要求的说法中，符合规范要求的有( )。

A. 初凝时间是从水泥加水拌和起至水泥浆开始失去可塑性所需的时间

B. 终凝时间是从水泥加水拌和起至水泥浆完全失去可塑性并开始产生强度所需的时间

C. 六大常用水泥的初凝时间均不得短于45min

D. 硅酸盐水泥的终凝时间不得长于10h

E. 矿渣水泥的终凝时间不得长于15h

9. 混凝土结构的裂缝控制等级主要包括( )。

A. 构件有拉伸力，可以超过混凝土的抗拉强度

B. 构件虽有拉应力，但不超过混凝土的抗拉强度

C. 构件不允许出现裂缝

D. 构件不出现拉应力

E. 允许出现裂缝，但裂缝宽度不超过允许值

10. 按照固化温度的不同，外墙涂料可分为( )。

A. 极温固化型   B. 超温固化型   C. 高温固化型   D. 中温固化型

E. 常温固化型

11. 下列各项中，属于浸渍纸层压木质地板特性的有( )。

A. 铺设整体效果好、色泽均匀，视觉效果好

B. 尺寸稳定性好，不易起拱

C. 密度较大、脚感较生硬

D. 便于清洁、护理

E. 铺设方便，可直接铺装在防潮衬垫上，可修复性好

12. 在常用水泥中，耐蚀性较好的有( )。

A. 粉煤灰水泥   B. 矿渣水泥   C. 硅酸盐水泥   D. 复合水泥

E. 火山灰水泥

13. 钢材的力学性能包括( )。

A. 弯曲性能   B. 拉伸性能   C. 冲击性能   D. 疲劳性能

E. 焊接性能

14. 下列玻璃中属于安全玻璃的有( )。

A. 钢化玻璃   B. 净片玻璃   C. 防火玻璃   D. 白片玻璃

E. 夹层玻璃

15. 下列各项中，属于节能装饰型玻璃的有( )。

A. 夹层玻璃   B. 着色玻璃

C. 阳光控制镀膜玻璃   D. 钢化玻璃

E. 中空玻璃

16. 下列属于建筑钢材力学性能的有( )。

A. 冷弯性能   B. 可焊性   C. 耐疲劳性   D. 拉伸性能

E. 冲击性能

参考答案及解析

一、单项选择题

1. A【解析】①开关频繁、要求瞬时启动和连续调光等场所，宜采用热辐射光源；②有高速运转物体的场所宜采用混合光源；③应急照明包括疏散照明、安全照明和备用照明，必须选用能瞬时启动的光源；④图书馆存放或阅读珍贵资料的场所，不宜采用具有紫外光、紫光和蓝光等短波辐射的光源。

2. D【解析】软木地板中，以软木颗粒热压切割的软木层表面涂以清漆或光敏清漆耐磨层而制成的地板，适用于家庭居室；以PVC贴面的软木地板和天然薄木片的软木地板适用于商店、走廊、图书馆等人流大的场所的地面的铺设。此外，实木复合地板可用于家庭居室，而不是软木复合的软木地板。

3. B【解析】当地基土质不均匀，房屋将引起过大不均匀沉降造成房屋开裂，严重影响建筑物的正常使用，甚至危及其安全。为防止沉降裂缝的产生，可用沉降缝在适当部位将房屋分成若干刚度较好的单元，设有沉降缝的基础必须分开。

4. A【解析】石灰浆体的硬化包括干燥结晶和碳化两个同时进行的过程。在大气环境中，石灰浆体中的氢氧化钙在潮湿状态下会与空气中的二氧化碳反应生成碳酸钙，并释放出水分，即发生碳化。但是，石灰浆体的碳化过程很缓慢。

5. C【解析】除住房建筑之外的民用建筑高度不大于24m者为单层和多层建筑，大于24m者为高层建筑（不包括高度大于24m的单层公共建筑）；建筑高度大于100m的民用建筑为超高层建筑。

6. C【解析】混凝土的抗渗性直接影响到混凝土的抗冻性和抗侵蚀性。混凝土的抗渗性用抗渗等级表示，分P4、P6、P8、P10、P12共五个等级。混凝土的抗渗性主要与其密实度及内部孔隙的大小和构造有关。

7. A【解析】实木复合地板，由三层实木交错层压形成，实木复合地板可分为三层复合实木地板、多层复合实木地板、细木工板复合实木地板。按质量等级分为优等品、一等品、合格品。

8. C【解析】结构设计的主要目的是要保证所建造的结构安全适用，能够在规定的期限内满足各种预期的功能要求，并且要经济合理。在正常使用时，结构应具有良好的工作性能。如吊车梁变形过大会使吊车无法正常运行，水池出现裂缝便不能蓄水等，都影响正常使用，需要对变形、裂缝等进行必要的控制。

9. C【解析】箍筋主要是承担剪力的，在结构上还能固定受力钢筋的位置，以便绑扎成钢筋骨架。箍筋常采用HPB235钢筋，其数量（直径和间距）由计算确定。

10. C【解析】砂浆的保水性用分层度表示，砌筑砂浆的分层度不得大于30mm。保水性指砂浆拌合物保持水分的能力，保水性良好的砂浆，其分层度应为10~20mm。

11. B【解析】实行建筑高度控制区内建筑高度，应按建筑物室外地面至建筑物和构筑物最高点的高度计算。非实行建筑高度控制区内建筑高度：①平屋顶应按建筑物室外地面至其屋面面层或女儿墙顶点的高度计算；②坡屋顶应按建筑物室外地面至屋檐和屋脊的平均高度计算。

12. C【解析】水泥的凝结时间分初凝时间和终凝时间。国家标准规定，六大常用水泥的初凝时间均不得短于45min，硅酸盐水泥的终凝时间不得长于6.5h，其他五类常用水泥的终凝时间不得长于10h。

13. A【解析】引气剂是在搅拌混凝土过程中能引入大量均匀分布、稳定而封闭的微小气泡的外加剂。引气剂适用于抗冻、防渗、抗硫酸盐、泌水严重的混凝土等。

14. A【解析】建筑装饰工程上所指的花岗石是指以花岗石为代表的一类装饰石材，花岗石板材主要应用于大型公共建筑或装饰等级要求较高的室内外装饰工程。

15. A【解析】净片玻璃是指未经深加工的平板玻璃，也称为白片玻璃。现在普遍采用的制造方法是浮法。3~5mm 的净片玻璃一般直接用于有框门窗的采光，8~12mm 的平板玻璃可用于隔断、橱窗、无框门。

16. A【解析】选项A，硬聚氯乙烯管主要用于给水管道（非饮用水）、排水管道、雨水管道；选项B，氯化聚氯乙烯管主要用于冷热水管、消防水管系统、工业管道系统；选项C，无规共聚聚丙烯管主要用于饮水水管、冷热水管；选项D，交联聚乙烯管主要用于地板辐射采暖系统的盘管。

17. C【解析】设计使用年限是设计规定的一个时期，在这一时期内，只需正常维修（不需大修）就能完成预定功能，即房屋建筑在正常设计、正常施工、正常使用和维护下所应达到的使用年限。临时性结构的设计使用年限为5年，普通房屋和构筑物的设计使用年限为50年，纪念性建筑和特别重要的建筑结构的设计使用年限为100年。

18. B【解析】水化是指建筑石膏加水拌合后，其主要成分半水石膏将与水发生化学反应生成二水石膏，放出热量。水泥的颗粒越细，与水的接触面积越大，水化速度越快。

19. B【解析】木材仅当细胞壁内吸附水的含量发生变化时才会引起木材的变形，即湿胀干缩变形。由于木材构造的不均匀性，木材的变形在各个方向上不同，顺纹方向最小，径向较大，弦向最大。因此，湿材干燥后，其截面尺寸和形状会发生明显的变化。

20. A【解析】夹层玻璃是在两片或多片玻璃原片（浮法玻璃、钢化玻璃、彩色玻璃、吸热玻璃或热反射玻璃等）之间，用PVB（聚乙烯醇缩丁醛）树脂胶片经加热、加压粘合而成的平面或曲面的复合玻璃制品。

21. C【解析】气体放电光源有荧光灯、荧光高压汞灯、金属卤化物灯、钠灯、氙灯等。优点为发光效率高、寿命长、灯的表面亮度低、光色好、接近天然光光色。

22. C【解析】荷载按荷载作用方向分为：①垂直荷载：如结构自重、雪荷载等；②水平荷载：如风荷载、水平地震作用等。

23. C【解析】混凝土立方体抗压标准强度是指按标准方法制作和养护的边长为150mm 的立方体试件；在28d 龄期，用标准试验方法测得的抗压强度总体分布中具有不低于95%保证率的抗压强度值。

24. B【解析】塑性破坏又称为适筋破坏，适筋梁钢筋和混凝土均能充分利用，既安全又经济，是受弯构件正截面承载力极限状态验算的依据。此时钢筋和混凝土同时达到破坏临界值，最经济、最合理。

二、多项选择题

1. ABC【解析】引起结构失去平衡或破坏的外部作用主要有：直接施加在结构上的各种力，习惯上亦称为荷载。荷载按荷载作用面大小分为均布面荷载、线荷载、集中荷载；按荷载作用方向分为垂直荷载和水平荷载。

2. ABC【解析】在一般情况下，受弯构件既受弯矩又受剪力，剪力和弯矩共同作用引起的主拉应力将使梁产生斜裂缝。影响斜截面破坏形式的因素很多，如截面尺寸、混凝土强度等级、荷载形式、箍筋和弯起钢筋的含量等，其中影响较大的是配箍率。

3. ABC【解析】混凝土中掺入减水剂后，若不减少拌合物用水量，能显著提高拌合物的流动性；当减水而不减少水泥时，可提高混凝土强度；若减水同时适当减少水泥用量，则可节约水泥。同时，混凝土的耐久性也能得到显著改善。

4. ABCE【解析】在房屋建筑中，受弯构件是指截面上通常有弯矩和剪力作用的构件。梁和板为典型的受弯构件。梁中一般配有纵向受力钢筋、箍筋、弯起钢筋、架立钢筋、纵向构造钢筋。

5. ABC【解析】砌体结构具有如下特点：①容易就地取材，比使用水泥、钢筋和木材造价低；②具有较好的耐久性、良好的耐火性；③保温隔热性能好，节能效果好；④施工方便，工艺简单；⑤具有承重与围护双重功能；⑥自重大，抗拉、抗剪、抗弯能力低；⑦抗震性能差；⑧砌筑工程量繁重，生产效率低。

6. ABC【解析】天然大理石板材是装饰工程的常用饰面材料。由于其耐磨性相对较差，虽也可用于室内地面，但不宜用于人流较多场所的地面。大理石由于耐酸腐蚀能力较差，除个别品种外，一般只适用于室内。

7. ABE【解析】中空玻璃的性能特点为：①光学性能良好；②玻璃层间干燥气体导热系数极小，故起着良好的隔热作用，有效保温隔热、降低能耗；③露点很低，在露点满足的前提下，不会结露；④具有良好的隔声性能。

8. ABC【解析】选项 A，初凝时间是从水泥加水拌合起至水泥浆开始失去可塑性所需的时间；选项 B，终凝时间是从水泥加水拌合起至水泥浆完全失去可塑性并开始产生强度所需的时间；选项 C，国家标准规定，六大常用水泥的初凝时间均不得短于 45min；选项 D，硅酸盐水泥的终凝时间不得长于 6.5h，其他五类常用水泥的终凝时间不得长于 10h。

9. BDE【解析】混凝土结构的裂缝控制的三个等级为：①构件不出现拉应力；②构件虽有拉应力，但不超过混凝土的抗拉强度；③允许出现裂缝，但裂缝宽度不超过允许值。

10. CDE【解析】外墙涂料按固化温度的不同，可分为高温固化型（主要指 PVDF，即聚偏氟乙烯涂料，180℃固化）、中温固化型、常温固化型。

11. ABCD【解析】浸渍纸层压木质地板的特性有：①规格尺寸大、花色品种较多、铺设整体效果好、色泽均匀，视觉效果好；②表面耐磨性高，有较高的阻燃性能，耐污染腐蚀能力强，抗压、抗冲击性能好；③便于清洁、护理，尺寸稳定性好，不易起拱；④铺设方便，可直接铺装在防潮衬垫上；⑤价格较便宜，但密度较大、脚感较生硬、可修复性差。

12. ABDE【解析】选项 C，硅酸盐水泥的特征有：凝结硬化快，早期强度高；水化热大；抗冻性好；耐热性差；干缩性较小；抗渗性较好，但耐蚀性差。

13. BCD【解析】钢材的主要性能包括力学性能和工艺性能。其中力学性能是钢材最重要的使用性能，包括拉伸性能、冲击性能、疲劳性能等。工艺性能表示钢材在各种加工过程中的行为，包括弯曲性能和焊接性能等。

14. ACE【解析】安全玻璃包括钢化玻璃、防火玻璃和夹层玻璃。

15. BCE【解析】节能装饰型玻璃包括着色玻璃、阳光控制镀膜玻璃、中空玻璃。夹层玻璃、钢化玻璃都属于安全玻璃。

16. CDE【解析】钢材的主要性能包括力学性能和工艺性能。其中力学性能是钢材最重要的使用性能，包括拉伸性能、冲击性能、疲劳性能等。工艺性能表示钢材在各种加工过程中的行为，包括弯曲性能和焊接性能等。

2A312000 建筑工程专业施工技术

大纲测试内容及能力等级

章节	大纲要求	能力等级	章节	大纲要求	能力等级
2A312010	施工测量技术		2A312040	防水工程施工技术	
2A312011	常用测量仪器的性能与应用	★★☆☆☆	2A312041	屋面与室内防水工程施工技术	★★★★☆
2A312012	施工测量的内容与方法	★★★☆☆	2A312042	地下防水工程施工技术	★★☆☆☆
2A312020	地基与基础工程施工技术		2A312050	装饰装修工程施工技术	
2A312021	土方工程施工技术	★★★★☆	2A312051	吊顶工程施工技术	★★★★☆
2A312022	基坑验槽与局部不良地基处理方法	★★★★☆	2A312052	轻质隔墙工程施工技术	★★★★☆
2A312023	砖、石基础施工技术	★★★★☆	2A312053	地面工程施工技术	★★★★☆
2A312024	混凝土基础与桩基施工技术	★★★☆☆	2A312054	饰面板（砖）工程施工技术	★★★★☆
2A312025	人工降排地下水施工技术	★★★☆☆	2A312055	门窗工程施工技术	★★★☆☆
2A312026	岩土工程与基坑监测技术	★★★☆☆	2A312056	涂料涂饰、裱糊、软包与细部工程施工技术	★★☆☆☆
2A312030	主体结构工程施工技术		2A312057	建筑幕墙工程施工技术	★★★☆☆
2A312031	钢筋混凝土结构工程施工技术	★★★★☆	2A312060	建筑工程季节性施工技术	
2A312032	砌体结构工程施工技术	★★★★☆	2A312061	冬期施工技术	★★★★☆
2A312033	钢结构工程施工技术	★★★☆☆	2A312062	雨期施工技术	★★★★☆
2A312034	预应力混凝土工程施工技术	★★★☆☆	2A312063	高温天气施工技术	★★★★☆

▶ 2A312010 施工测量技术 ◀

2A312011 常用测量仪器的性能与应用

表 2-1 常用测量仪器的性能与应用

项目	分类	应用范围
钢尺	通常有20m、30m和50m等几种，按零点位置分为端点尺和刻线尺	距离测量，钢尺量距是目前楼层测量放线最常用的距离测量方法
水准仪	分DS05、DS1、DS3等几个等级，由望远镜、水准器和基座三个部分组成	①测量两点间的高差；②利用视距测量原理，测量两点间的大致水平距离
经纬仪	①光学经纬仪，采用读数光路来读取刻度盘上的角度值；②电子经纬仪，采用光敏元件来读取数字编码度盘上的角度值，并显示到屏幕上	进行水平角和竖直角的测量
激光铅直仪	按技术指标分1/（4万）、1/（10万）、1/（20万）等几个级别	进行点位的竖向传递
全站仪（全站型电子速测仪）	由电子测距仪、电子经纬仪和电子记录装置三部分组成	操作方便、快捷、测量功能全等特点，可在同一时间测得平距、高差、点的坐标和高程

2A312012 施工测量的内容与方法

☞ **考点1 施工测量的内容**

施工测量现场主要工作有，对已知长度的测设、已知角度的测设、建筑物细部点平面位置的测设、建筑物细部点高程位置及倾斜线的测设等。

☞ **考点2 施工测量的方法**

（1）建筑物施工平面控制网的测量方法。

平面控制网的主要测量方法有直角坐标法、极坐标法、角度交会法、距离交会法等。随着全站仪的普及，一般采用极坐标法建立平面控制网。

> **提示**（2012年·案例分析题·第1题第1问）考查此知识点。

（2）建筑物施工高程控制网的测量方法。

高程控制点的高程值一般采用工程 ±0.000 高程值。如下图：

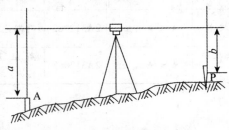

图 2-1 水准测量原理示意图

某点 P（工程 ±0.000）的设计高程为 $H_P = 81.500m$，附近一水准点 A 的高程为 $H_A = 81.345m$，现要将 P 点的设计高程测设在一个木桩上，其测设步骤如下：

①在水准点 A 和 P 点木桩之间安置水准仪，后视立于水准点 A 上的水准尺，读中线读数 a

为"1.458m"。

②计算水准仪前视 P 点木桩水准尺的应读读数 b。根据图 2-2 可列出下式：

$$b = H_A + a - H_P$$

将有关的各数据代入上式得：$b = 81.345 + 1.458 - 81.500 = 1.303m$。

③前视靠在木桩一侧的水准尺，上下移动水准尺，当读数恰好为 $b = 1.303m$ 时，在木桩侧面沿水准尺底边画一横线，此线就是 P 点的设计高程 81.500m。

☞ **考点3　结构施工测量的内容**

结构施工测量的主要内容包括：主轴线内控基准点的设置、施工层的放线与抄平、建筑物主轴线的竖向投测、施工层标高的竖向传递等。

建筑物主轴线的竖向投测，主要有外控法和内控法两类。多层建筑可采用外控法或内控法，高层建筑一般采用内控法。

采用外控法进行轴线竖向投测时，应将控制轴线引测至首层结构外立面上，作为各施工层主轴线竖向投测的基准。采用内控法进行轴线竖向投测时，应在首层或最底层底板上预埋钢板，划"十"字线，并在"十"字线中心钻孔，作为基准点，且在各层楼板对应位置预留 200mm × 200mm 孔洞，以便传递轴线。

≫ 2A312020　地基与基础工程施工技术 ≪

2A312021　土方工程施工技术

土方工程施工主要包括土方开挖、土方回填和填土的压实等工序。

☞ **考点1　土方开挖施工技术**

（1）开挖前，应根据支护结构形式、挖深、地质条件、施工方法、周围环境、工期、气候和地面载荷等资料制定施工方案、环境保护措施、监测方案，经审批后方可施工。

（2）围护结构的施工质量验收，验收合格后方可进行土方开挖。

（3）无支护土方工程采用放坡挖土，有支护土方工程可采用中心岛式（也称墩式）挖土、盆式挖土和逆作法挖土等方法。

（4）基坑边缘堆置土方和建筑材料，或沿挖方边缘移动运输工具和机械，一般应距基坑上部边缘不少于 2m，堆置高度不应超过 1.5m。软土地区不宜在基坑边堆置弃土。

☞ **考点2　土方回填施工技术**

（1）土料要求与含水量控制。

填方土料一般不能选用淤泥、淤泥质土、膨胀土、有机质大于 8% 的土、含水溶性硫酸盐大于 5% 的土、含水量不符合压实要求的黏性土。

（2）基底处理。

①清除基底上的垃圾、草皮、树根、杂物，排除坑穴中积水、淤泥和种植土，将基底充分夯实和碾压密实；

②应采取措施防止地表滞水流入填方区，浸泡地基，造成基土下陷；

③当填土场地地面陡于 1/5 时，应先将斜坡挖成阶梯形，阶高 0.2~0.3m，阶宽大于 1m，然后分层填土，以利结合和防止滑动。

（3）土方填筑与压实。

①填方的边坡坡度应根据填方高度、土的种类和其重要性确定；

②填土应从场地最低处开始，由下而上整个宽度分层铺填；

③填方应在相对两侧或周围同时进行回填和夯实；

④填土应尽量采用同类土填筑，填方的密实度要求和质量指标通常以压实系数 λ_c 表示。

2A312022 基坑验槽与局部不良地基处理方法

☞ 考点1 基坑验槽的处理方法

1. 验槽程序

（1）在施工单位自检合格的基础上进行。施工单位确认自检合格后提出验收申请。

（2）由总监理工程师或建设单位项目负责人组织建设、监理、勘察、设计及施工单位的项目负责人、技术质量负责人，共同按设计要求和有关规定进行。

提示 （2013年·单选·第4题）考查此知识点

2. 验槽方法

验槽方法有：观察法、钎探法和轻型动力触探。

遇到下列情况之一时，应在基底进行轻型动力触探：

（1）持力层明显不均匀；

（2）浅部有软弱下卧层；

（3）有浅埋的坑穴、古墓、古井等，直接观察难以发现时；

（4）勘察报告或设计文件规定应进行轻型动力触探时。

☞ 考点2 局部不良地基的处理方法

（1）局部硬土的处理：挖掉硬土部分，以免造成不均匀沉降。

（2）局部软土的处理：在地基土中由于外界因素的影响、地层的差异或含水量的变化，造成地基局部土质软硬差异较大。如软土厚度不大时，通常采取清除软土的换土垫层法处理，一般采用级配砂石垫层，压实系数不小于0.94；当厚度较大时，一般采用现场钻孔灌注桩、混凝土或砌块石支撑墙（或支墩）至基岩进行局部地基处理。

2A312023 砖、石基础施工技术

砖、石基础的特点是抗压性能好，整体性、抗拉、抗弯、抗剪性能较差，材料易得，施工操作简便，造价较低。适用于地基坚实、均匀，上部荷载较小，7层和7层以下的一般民用建筑和墙承重的轻型厂房基础工程。

☞ 考点1 砖基础施工技术要求

（1）砖基础的下部为大放脚，上部为基础墙。

（2）大放脚有等高式和间隔式。

（3）砖基础大放脚一般采用一顺一丁砌筑形式。

（4）砖基础的转角处、交接处，为错缝需要应加砌配砖（3/4砖、半砖或1/4砖）。

（5）砖基础的水平灰缝厚度和垂直灰缝宽度宜为10mm。水平灰缝的砂浆饱满度不得小于80%。

（6）砖基础底标高不同时，应从低处砌起，并应由高处向低处搭砌。当设计无要求时，搭砌长度不应小于砖基础大放脚的高度。

（7）砖基础的转角处和交接处应同时砌筑，当不能同时砌筑时，应留置斜槎。

（8）基础墙的防潮层，当设计无具体要求时，宜用1:2水泥砂浆加适量防水剂铺设，其厚度宜为20mm。防潮层位置宜在室内地面标高以下一皮砖处。

☞ 考点2 石基础施工技术要求

根据石材加工后的外形规则程度，石基础分为毛石基础、料石（毛料石、粗料石、细料石）

基础。

（1）毛石基础截面形状有矩形、阶梯形、梯形等。基础上部宽一般比墙厚大20cm以上。

（2）为保证毛石基础的整体刚度和传力均匀，每一台阶应不少于2~3皮毛石，每阶宽度应不小于20cm，每阶高度不小于40cm。

（3）毛石基础的扩大部分做成阶梯形时，上级阶梯的石块应至少压砌下级阶梯石块的1/2，相邻阶梯的毛石应相互错缝搭砌。

（4）砌筑毛石基础的第一皮石块坐浆，并将石块的大面向下。

（5）砌筑时应双挂线，分层砌筑，每层高度为30~40cm，大体砌平。

（6）大、中、小毛石应搭配使用，使砌体平稳。形状不规则的石块，应将其棱角适当加工后使用，灰缝要饱满密实，厚度一般控制在30~40mm之间，石块上下皮竖缝必须错开（不少于10cm，角石不少于15cm），做到丁顺交错排列。

（7）毛石基础必须设置拉结石。

（8）墙基需留槎时，不得留在外墙转角或纵墙与横墙的交接处，至少应离开1.0~1.5m的距离。接槎应作成阶梯式，不得留直槎或斜槎。沉降缝应分成两段砌筑，不得搭接。

2A312024 混凝土基础与桩基施工技术

☞ **考点1 混凝土基础施工技术**

混凝土基础的主要形式有条形基础、单独基础、筏形基础和箱形基础等。

1．条形基础浇筑

根据基础深度宜分段分层连续浇筑混凝土，一般不留施工缝。各段层间应相互衔接，每段间浇筑长度控制在2 000~3 000mm距离，做到逐段逐层呈阶梯形向前推进。

> 提示（2014年·多选·第2题）考查此知识点

2．单独基础浇筑

①台阶式基础施工，可按台阶分层一次浇筑完毕，不允许留设施工缝。每层混凝土要一次灌足，顺序是先边角后中间，务使混凝土充满模板。

②浇筑台阶式柱基时，为防止垂直交角处可能出现吊脚现象，在第一级混凝土捣固下沉2~3cm后暂不填平，继续浇筑第二级，先用铁锹沿第二级模板底圈做成内外坡，然后再分层浇筑。

③为保证杯形基础杯口底标高的正确性，宜先将杯口底混凝土振实并稍停片刻，再浇筑振捣杯口模四周的混凝土，振动时间尽可能缩短。

④高杯口基础，可采用后安装杯口模的方法，即当混凝土浇捣到接近杯口底时，再按杯口模板后继续浇捣。

⑤锥式基础，应注意斜坡部位混凝土的捣固质量，在振捣器振捣完毕后，用人工将斜坡表面拍平，使其符合设计要求。

3．设备基础浇筑

一般应分层浇筑，并保证上下层之间不留施工缝，每层混凝土的厚度为200~300mm。

4．基础底板大体积混凝土工程

①大体积混凝土浇筑时，为保证结构的整体性和施工的连续性，采用分层浇筑时，应保证在下层混凝土初凝前将上层混凝土浇筑完毕。

> 提示（2012年·单选·第10题）考查此知识点

②混凝土应采取振捣棒振捣。

③大体积混凝土浇筑完毕后，应在12h内加以覆盖和浇水。对有抗渗要求的混凝土，采用普通硅酸盐水泥拌制的混凝土养护时间不得少于14d；采用矿渣水泥、火山灰水泥等拌制的混凝

土养护时间不得少于21d。

④大体积混凝土裂缝的控制。

a. 优先选用低水化热的矿渣水泥拌制混凝土，并适当使用缓凝减水剂。

b. 在保证混凝土设计强度等级前提下，适当降低水灰比，减少水泥用量。

c. 降低混凝土的入模温度，控制混凝土内外的温差（当设计无要求时，控制在25℃以内）。如降低拌合水温度（拌合水中加冰屑或用地下水）；骨料用水冲洗降温，避免暴晒。

d. 及时对混凝土覆盖保温、保湿材料。

e. 可在基础内预埋冷却水管，通入循环水，强制降低混凝土水化热产生的温度。

f. 在拌合混凝土时，还可掺入适量的微膨胀剂或膨胀水泥，使混凝土得到补偿收缩，减少混凝土的收缩变形。

g. 设置后浇缝。当大体积混凝土平面尺寸过大时，可以适当设置后浇缝，以减小外应力和温度应力；同时，也有利于散热，降低混凝土的内部温度。

h. 大体积混凝土可采用二次抹面工艺，减少表面收缩裂缝。

提示 （2013年·多选·第3题）考查此知识点

☞ **考点2 混凝土桩基施工技术**

表2-2 混凝土桩基施工技术

项目	分类	施工程序
钢筋混凝土预制桩施工技术	锤击沉桩法	确定桩位和沉桩顺序→桩机就位→吊桩喂桩→校正→锤击沉桩→接桩→再锤击沉桩→送桩→收锤→切割桩头
	静力压桩法	测量定位→桩机就位→吊桩、插桩→桩身对中调直→静压沉桩→接桩→再静压沉桩→送桩→终止压桩→检查验收→转移桩机
	振动法	—
钢筋混凝土灌注桩施工技术	钻孔灌注桩	分为：干作业法钻孔灌注桩、泥浆护壁法钻孔灌注桩及套管护壁法钻孔灌注桩
	沉管灌注桩	桩机就位→锤击（振动）沉管→上料→边锤击（振动）边拔管，并继续浇筑混凝土→下钢筋笼，继续浇筑混凝土及拔管→成桩
	人工挖孔灌注桩	采用人工挖掘方法进行成孔→安放钢筋笼→浇筑混凝土→成桩

提示 （2014年·案例分析题·第2题第1问）考查此知识点

2A312025 人工降排地下水施工技术

基坑开挖深度浅，基坑涌水量不大时，可边开挖边用排水沟和集水井进行集水明排。在软土地区基坑开挖深度超过3m，一般就要采用井点降水。

☞ **考点1 明沟、集水井排水施工技术**

排水明沟宜布置在拟建建筑基础边0.4m以外，沟边缘离开边坡坡脚应不小于0.3m。排水明沟的底面应比挖土面低0.3m~0.4m。集水井底面应比沟底面低0.5m以上，并随基坑的挖深而加深，以保持水流畅通。集水明排水常用水泵有潜水泵、离心式水泵和泥浆泵。

☞ **考点2 降水的施工技术**

（1）基坑降水应编制降水施工方案，其主要内容为：井点降水方法；井点管长度、构造和数量；降水设备的型号和数量；井点系统布置图；井孔施工方法及设备；质量和安全技术措施；降水对周围环境影响的估计及预防措施等。

（2）降水设备的管道、部件和附件等，在组装前必须经过检查和清洗。

（3）井孔应垂直，孔径上下一致。

（4）井点管安装完毕应进行试运转，全面检查管路接头、出水状况和机械运转情况。

（5）降水系统运转过程中应随时检查观测孔中的水位。

（6）基坑内明排水应设置排水沟及集水井，排水沟纵坡宜控制在1‰～2‰。

（7）降水施工完毕，根据结构施工情况和土方回填进度，陆续关闭和逐根拔出井点管。土中所留孔洞应立即用砂土填实。

（8）如基坑坑底进行压密注浆加固时，要待注浆初凝后再进行降水施工。

☞ **考点3 防止或减少降水影响周围环境的技术措施**

为防止或减少降水对周围环境的影响，避免产生过大的地面沉降，可采取的技术措施有：

（1）采用回灌技术。

（2）采用砂沟、砂井回灌。

（3）减缓降水速度。

2A312026 岩土工程与基坑监测技术

☞ **考点1 岩土工程技术**

（1）土的工程分类见表2-3，其中一～四类为土，五～八类为石。

表2-3
土的工程分类

土的分类	土的级别	土的名称	坚实系数 f	密度（t/m³）
一类土（松软土）	I	砂土、粉土、冲积砂土层、疏松的种植土、淤泥（泥炭）	0.5～0.6	0.6～1.5
二类土（普通土）	II	粉质黏土；潮湿的黄土；夹有碎石、卵石的砂；粉土混卵（碎）石；种植土、填土	0.6～0.8	1.1～1.6
三类土（坚土）	III	软及中等密实黏土；重粉质黏土、砾石土；干黄土、含有碎石卵石的黄土、粉质黏土；压实的填土	0.8～1.0	1.75～1.9
四类土（砂砾坚土）	IV	坚硬密实的黏性土或黄土；含碎石卵石的中等密实的黏性土或黄土；粗卵石；天然级配砂石；软泥灰岩	1.0～1.5	1.9
五类土（软石）	V～VI	硬质黏土；中密的页岩、泥灰岩、白奎土；胶结不紧的砾岩；软石灰及贝壳石灰石	1.5～4.0	1.1～2.7
六类土（次坚石）	VII～IX	泥岩、砂岩、砾岩；坚实的页岩、泥灰岩，密实的石灰岩；风化花岗岩、片麻岩和正长岩	4.0～10.0	2.2～2.9
七类土（坚石）	X～XII	大理石；辉绿岩；粉岩；粗、中粒花岗岩；坚实的白云岩、砂岩、砾岩、片麻岩、石灰岩；微风化安山岩；玄武岩	10.0～18.0	2.5～3.1
八类土（特坚石）	XI～XVI	安山岩；玄武岩；花岗片麻岩；坚实的细粒花岗岩、闪长岩、石英岩、辉长岩、辉绿岩、粉岩、角闪岩	18.0～25.0	2.7～3.3

（2）土按颗粒级配或塑性指数一般分为碎石土、砂土、粉土、黏性土、特殊性土。特殊性土通常指湿陷性黄土、膨胀土、软土、盐渍土等。

（3）《建筑基坑支护技术规程》JGJ 120—2012规定，其坑侧壁的安全等级分为三级，不同等级采用相对应的重要性系数%，基坑侧壁的安全等级分级如表2-4所示。

表 2 - 4 基坑侧壁的安全等级及重要性系数

安全等级	破坏后果	重要性系数 γ_0
一级	支护结构破坏、土体失稳或过大变形对基坑周边环境及地下结构施工影响很严重	1.10
二级	支护结构破坏、土体失稳或过大变形对基坑周边环境及地下结构施工影响严重	1.00
三级	支护结构破坏、土体失稳或过大变形对基坑周边环境及地下结构施工影响不严重	0.90

☞ **考点 2　基坑监测技术**

（1）挖深度大于等于 5m 或开挖深度小于 5m 但现场地质情况和周围环境较复杂的基坑工程以及其他需要检测的基坑工程应实施基坑工程监测。

（2）基坑工程施工前，应由建设方委托具备相应资质第三方对基坑工程实施现场检测。 **提示** （2014年·单选·第7题）考查此知识点

（3）监测单位应及时处理、分析监测数据，并将监测数据向建设方及相关单位作信息反馈。

（4）基坑围护墙或基坑边坡顶部的水平和竖向位移监测点应沿基坑周边布置，周边中部、阳角处应布置监测点。监测点水平间距不宜大于 20m，每边监测点数不宜少于 3 个。

（5）基坑内采用深井降水时水位监测点宜布置在基坑中央和两相邻降水井的中间部位；采用轻型井点、喷射井点降水时，水位监测点宜布置在基坑中央和周边拐角处。

（6）水位观测管管底埋置深度应在最低水位或最低允许地下水位之下 3～5m。

（7）监测项目初始值应在相关施工工序之前测定，并取至少连续观测 3 次的稳定值的平均值。

（8）地下水位量测精度不宜低于 10mm。

≫ 2A312030　主体结构工程施工技术 ≪

2A312031　钢筋混凝土结构工程施工技术

混凝土结构的优点：强度较高；整体性好；可塑性好；耐久性和耐火性好；同时防振性和防辐射性能较好，适用于防护结构；工程造价和维护费用低；易于就地取材。

混凝土结构的缺点：结构自重大，抗裂性差，施工过程复杂、受环境影响大，施工工期较长。

☞ **考点 1　模板工程施工技术**

模板工程：由面板、支架和连接件三部分系统组成的体系，可简称为"模板"。

模板工程设计的主要原则为：

①实用性：模板要保证构件形状尺寸和相互位置的正确，且构造简单、支拆方便、表面平整、接缝严密不漏浆等；

②安全性：要具有足够的强度、刚度和稳定性，保证施工中不变形、不破坏、不倒塌； **提示** （2012年·多选·第2题）考查此知识点

③经济性：在确保工程质量、安全和工期的前提下，尽量减少一次性投入，增加模板周转次数，减少支拆用工，实现文明施工。

1. 常见模板体系及其特性

表 2 - 5 　　　　　　　　　　　常见模板体系及其特性

项目	优点	缺点
木模板体系	制作、拼装灵活，外形复杂或异形混凝土构件，以及冬期施工的混凝土工程	制作量大，木材资源浪费大
组合钢模板体系	轻便灵活、拆装方便、通用性强、周转率高等	接缝多且严密性差，导致混凝土成型后外观质量差
钢框木（竹）胶合板模板体系	自重轻、用钢量少、面积大、模板拼缝少、维修方便等	—
大模板体系	模板整体性好、抗震性强、无拼缝等	模板重量大，移动安装需起重机械吊运
散支散拆胶合板模板体系	自重轻、板幅大、板面平整、施工安装方便简单等	—
早拆模板体系	部分模板可早拆，加快周转，节约成本	—

其他还有滑升模板、爬升模板、飞模、模壳模板、胎模及永久性压型钢板模板和各种配筋的混凝土薄板模板等。

2. 模板工程安装要点

（1）模板安装应按设计与施工说明书顺序拼装。木杆、钢管、门架等支架立柱不得混用。

（2）对跨度不小于4m的现浇钢筋混凝土梁、板，其模板应按设计要求起拱；当设计无具体要求时，起拱高度应为跨度的 1/1 000 ~ 3/1 000。

提示 （2014年·多选·第3题）考查此知识点

（3）采用扣件式钢管作高大模板支架的立杆时，支架搭设应完整。

（4）安装现浇结构的上层模板及其支架时，下层楼板应具有承受上层荷载的承载能力，或加设支架；上、下层支架的立柱应对准，并铺设垫板；模板及支架钢管等应分散堆放。

3. 模板的拆除

拆模的顺序和方法应按模板的设计规定进行。当设计无规定时，可采取先支的后拆、后支的先拆，先拆非承重模板、后拆承重模板的顺序，并应从上而下进行拆除。

☞ **考点2　钢筋工程技术**

混凝土结构用的普通钢筋，可分为热轧钢筋和冷加工钢筋两类。

热轧钢筋按屈服强度（MPa）分为 335 级、400 级和 500 级。

冷加工钢筋可分为冷轧带肋钢筋、冷轧扭钢筋和冷拔螺旋钢筋等。

1. 钢筋配料

各种钢筋下料长度计算如下：

直钢筋下料长度 = 构件长度 - 保护层厚度 + 弯钩增加长度

弯起钢筋下料长度 = 直段长度 + 斜段长度 - 弯曲调整值 + 弯钩增加长度

箍筋下料长度 = 箍筋周长 + 箍筋调整值

上述钢筋如需要搭接，还要增加钢筋搭接长度。

2. 钢筋的连接方法

钢筋的连接方法有：焊接、机械连接和绑扎连接三种。

提示 （2012年·单选·第5题）考查此知识点

表2-6 钢筋的连接方法

项目	方法	适用范围
焊接	电阻点焊、闪光对焊、电弧焊、电渣压力焊、气压焊、埋弧压力焊等	电渣压力焊适用于现浇钢筋混凝土结构中竖向或斜向（倾斜度在4：1范围内）钢筋的连接。直接承受动力荷载的结构构件中，纵向钢筋不宜采用焊接接头
机械连接	有钢筋套筒挤压连接、钢筋直螺纹套筒连接（包括钢筋镦粗直螺纹套筒连接、钢筋剥肋滚压直螺纹套筒连接）等三种方法	目前最常见、采用最多的方式是钢筋剥肋滚压直螺纹套筒连接。其通常适用的钢筋级别为 HRB335、HRB400、RRIM00；适用的钢筋直径范围通常为 16～50mm
绑扎连接（或搭接）	—	不宜采用绑扎搭接接头的情况：①当受拉钢筋直径大于 28mm、受压钢筋直径大于 32mm 时；②轴心受拉及小偏心受拉杆件的纵向受力钢筋和直接承受动力荷载结构中的纵向受力钢筋 **提示** （2014年·单选·第8题）考查此知识点

★钢筋接头位置宜设置在受力较小处。同一纵向受力钢筋不宜设置两个或两个以上接头。

3．钢筋加工

（1）钢筋加工包括调直、除锈、下料切断、接长、弯曲成型等。

（2）钢筋调直可采用机械调直和冷拉调直。当采用冷拉调直时，必须控制钢筋的伸长率。

（3）钢筋除锈：一是在钢筋冷拉或调直过程中除锈；二是可采用机械除锈机除锈、喷砂除锈、酸洗除锈和手工除锈等。

（4）钢筋下料切断可采用钢筋切断机或手动液压切断器进行。钢筋的切断口不得有马蹄形或起弯等现象。

提示 （2013年·单选·第5题）考查此知识点

（5）钢筋弯曲成型可采用钢筋弯曲机、四头弯筋机及手工弯曲工具等进行。

☞ **考点3 混凝土工程技术**

（1）混凝土所用原材料、外加剂、掺合料等必须按国家现行标准进行检验，合格后方可使用。

（2）混凝土配合比应采用重量比。

（3）混凝土搅拌一般宜由场外商品混凝土搅拌站或现场搅拌站搅拌；混凝土在运输中不应发生分层、离析现象，否则应在浇筑前二次搅拌；尽量减少混凝土的运输时间和转运次数，确保混凝土在初凝前运至现场并浇筑完毕。

（4）混凝土浇筑。

①混凝土浇筑前应对模板、支撑、钢筋、预埋件等认真细致检查，合格并做好相关隐蔽验收后，才可浇筑混凝土。

②浇筑中混凝土不能有离析现象。

③浇筑混凝土应连续进行。

④混凝土宜分层浇筑，分层振捣。

⑤在混凝土浇筑过程中，应经常观察模板、支架、钢筋、预埋件和预留孔洞的情况，当发

现有变形、移位时，应及时采取措施进行处理。

⑥梁和板宜同时浇筑混凝土，有主次梁的楼板宜顺着次梁方向浇筑，单向板宜沿着板的长边方向浇筑；拱和高度大于1m时的梁等结构，可单独浇筑混凝土。

（5）施工缝。

在施工缝处继续浇筑混凝土时，应符合下列规定：

①已浇筑的混凝土，其抗压强度不应小于1.2N/mm²；

②在已硬化的混凝土表面上，应清除水泥薄膜和松动石子以及软弱混凝土层，并加以充分湿润和冲洗干净，且不得积水；

③在浇筑混凝土前，宜先在施工缝处铺一层水泥浆（可掺适量界面剂）或与混凝土内成分相同的水泥砂浆；

④混凝土应细致捣实，使新旧混凝土紧密结合。

（6）后浇带的设置和处理。

①后浇带通常根据设计要求留设，并保留一段时间（若设计无要求，则至少保留28d）后再浇筑，将结构连成整体； **提示** （2012年·单选·第4题）考查此知识点。

②填充后浇带，可采用微膨胀混凝土，强度等级比原结构强度提高一级，并保持至少14d的湿润养护。

（7）混凝土的养护。

①混凝土的养护时间，应符合下列规定：

a. 采用硅酸盐水泥、普通硅酸盐水泥或矿渣硅酸盐水泥配制的混凝土，不应少于7d；采用其他品种水泥时，养护时间应根据水泥性能确定；

b. 采用缓凝型外加剂、大掺量矿物掺合料配制的混凝土，不应少于14d；

c. 抗渗混凝土、强度等级C60及以上的混凝土，不应少于14d；

d. 后浇带混凝土的养护时间不应少于14d；

e. 地下室底层墙、柱和上部结构首层墙、柱宜适当增加养护时间；

f. 基础大体积混凝土养护时间应根据施工方案及相关规范确定。

②混凝土洒水次数应能保持混凝土处于润湿状态，混凝土的养护用水应与拌制用水相同。

③当采用塑料薄膜布覆盖包裹养护时，其外表面全部应覆盖包裹严密，并应保证塑料布内有凝结水。

④采用养生液养护时，应按产品使用要求，均匀喷刷在混凝土外表面，不得漏喷刷。

（8）大体积混凝土施工。

①大体积混凝土施工应编制施工组织设计或施工技术方案。

②温控指标宜符合下列规定：

a. 混凝土浇筑体在入模温度基础上的温升值不宜大于50℃；

b. 混凝土浇筑块体的里表温差（不含混凝土收缩的当量温度）不宜大于25℃；

c. 混凝土浇筑体的降温速率不宜大于2.0℃/d；

d. 混凝土浇筑体表面与大气温差不宜大于20℃。

③超长大体积混凝土施工，应选用下列方法控制结构不出现有害裂缝：留置变形缝；后浇带施工；跳仓法施工。

④大体积混凝土施工采取分层间歇浇筑混凝土时，水平施工缝的处理应符合下列规定：

a. 清除浇筑表面的浮浆、软弱混凝土层及松动的石子，并均匀的露出粗骨料；

b. 在上层混凝土浇筑前，应用压力水冲洗混凝土表面的污物，充分润湿，但不得有积水；

c. 对非泵送及低流动度混凝土，在浇筑上层混凝土时，应采取接浆措施。

2A312032 砌体结构工程施工技术

☞ 考点1 砌筑砂浆施工技术

1. 砂浆原材料要求

（1）水泥砂浆宜采用砌筑水泥；当采用其他品种水泥时，其强度等级不宜大于32.5级；水泥混合砂浆采用的水泥，其强度等级不宜大于42.5级。

（2）砂：宜用过筛中砂，砂中不得含有有害杂物。当采用人工砂、山砂及特细砂时，应经试配能满足砌筑砂浆技术条件要求。 **提示**（2014年·单选·第9题）考查此知识点

（3）拌制水泥混合砂浆的建筑生石灰、建筑生石灰粉熟化为石灰膏，其熟化时间分别不得少于7d和2d。

（4）水：宜采用自来水。

（5）在砂浆中掺入的砌筑砂浆增塑剂、早强剂、缓凝剂、防冻剂、防水剂等砂浆外加剂，其品种和用量应经有资质的检测单位检验和试配确定。

2. 砂浆配合比

（1）砌筑砂浆的稠度通常为30~90mm，在砌筑材料为粗糙多孔且吸水较大的块料或在干热条件下砌筑时，应选用较大稠度值的砂浆，反之应选用稠度值较小的砂浆。

（2）砌筑砂浆的分层度不得大于30mm，确保砂浆具有良好的保水性。

3. 砂浆的拌制及使用

（1）砂浆现场拌制时，各组分材料应采用重量计量。

（2）砂浆应采用机械搅拌，搅拌时间自投料完算起，应为：

①水泥砂浆和水泥混合砂浆，不得少于120s；

②水泥粉煤灰砂浆和掺用外加剂的砂浆，不得少于180s。

（3）砂浆应随拌随用，水泥砂浆和水泥混合砂浆应分别在3h内使用完毕；当施工期间最高气温超过30℃时，应分别在拌成后2h内使用完毕。

4. 砂浆强度

每检验一批不超过250m³砌体的各种类型及强度等级的砌筑砂浆，每台搅拌机应至少抽验一次。

☞ 考点2 砖砌体工程施工技术

（1）砌筑烧结普通砖、烧结多孔砖、蒸压灰砂砖、蒸压粉煤灰砖砌体时，砖应提前1~2d适度湿润，严禁采用干砖或处于吸水饱和状态的砖砌筑。

（2）砌筑方法有"三一"砌筑法、挤浆法（铺浆法）、刮浆法和满口灰法四种。通常宜采用"三一"砌筑法，即一铲灰、一块砖、一揉压的砌筑方法。

（3）设置皮数杆：皮数杆间距不应大于15m。在相对两皮数杆上砖上边线处拉水准线。

（4）240mm厚承重墙的每层墙的最上一皮砖，砖砌体的阶台水平面上及挑出层的外皮砖，应整砖丁砌。

（5）弧拱式及平拱式过梁的灰缝应砌成楔形缝，拱底灰缝宽度不宜小于5mm，拱顶灰缝宽度不应大于15mm，拱体的纵向及横向灰缝应填实砂浆；平拱式过梁拱脚下面应伸入墙内不小于20mm 砖砌平拱过梁底应有1%的起拱。

（6）砖过梁底部的模板及其支架拆除时，灰缝砂浆强度不应低于设计强度的75%。

（7）砖墙灰缝宽度宜为10mm，且不应小于8mm，也不应大于12mm。砖墙的水平灰缝砂

饱满度不得小于80%；垂直灰缝宜采用挤浆或加浆方法，不得出现透明缝、瞎缝和假缝。

（8）在砖墙上留置临时施工洞口，其侧边离交接处墙面不应小于500mm，洞口净宽不应超过1m。抗震设防烈度为9度地区建筑物的施工洞口位置，应会同设计单位确定。

（9）砖砌体的转角处和交接处应同时砌筑，严禁无可靠措施的内外墙分砌施工。在抗震设防烈度为8度及以上地区，对不能同时砌筑而又必须留置的临时间断处应砌成斜槎，普通砖砌体斜槎水平投影长度不应小于高度的2/3，多孔砖砌体的斜槎长高比不应小于1/2。斜槎高度不得超过一步脚手架的高度。**提示**（2012年·单选·第7题）考查此知识点

（10）相邻工作段的砌筑高度不得超过一个楼层高度，也不宜大于4m。

☞ **考点3　混凝土小型空心砌块砌体工程**

混凝土小型空心砌块分普通混凝土小型空心砌块和轻骨料混凝土小型空心砌块（简称小砌块）两种。

施工采用的小砌块的产品龄期不应小于28d。

☞ **考点4　填充墙砌体工程**

填充墙砌体工程通常采用烧结空心砖、蒸压加气混凝土砌块、轻骨料混凝土小型空心砌块等。

砌筑填充墙时，轻骨料混凝土小型空心砌块和蒸压加气混凝土砌块的产品龄期不应小于28d，蒸压加气混凝土砌块的含水率宜小于30%。

砌筑填充墙时应错缝搭砌，蒸压加气混凝土砌块搭砌长度不应小于砌块长度的1/3。轻骨料混凝土小型空心砌块搭砌长度不应小于90mm。竖向通缝不应大于2皮。

2A312033　钢结构工程施工技术

☞ **考点1　钢结构构件生产的工艺流程**

放样→号料→切割下料→平直矫正→边缘及端部加工→滚圆→煨弯→制孔→钢结构组装→焊接→摩擦面的处理→涂装。

☞ **考点2　钢结构构件的连接方法**

钢结构的连接方法有焊接、普通螺栓连接、高强度螺栓连接和铆接，具体如下：

（1）焊接。

①按焊接的自动化程度焊接一般分为手工焊接、半自动焊接和全自动化焊接三种。

②根据焊接接头的连接部位，可以将熔化焊接头分为：对接接头、角接接头、T形及十字接头、搭接接头和塞焊接头等。

③焊缝缺陷通常分为：裂纹、孔穴、固体夹杂、未熔合、未焊透、形状缺陷和上述以外的其他缺陷。其主要产生原因和处理方法为：裂纹；孔穴；固体夹杂；未熔合、未焊透；形状缺陷；其他缺陷。

（2）螺栓连接。

钢结构中使用的连接螺栓一般分为：①普通螺栓；②高强度螺栓。

☞ **考点3　钢结构涂装**

（1）防腐涂料涂装的施工流程：基面处理→调配涂料→涂装施工→检查验收。

（2）防火涂料涂装的施工流程：基层处理→调配涂料→涂装施工→检查验收。

防火涂料按涂层厚度可分B、H两类。**提示**（2014年·单选·第10题）考查此知识点

①B类：薄涂型钢结构防火涂料，又称钢结构膨胀防火涂料，具有一定的装饰效果，涂层

厚度一般为2~7mm，高温时涂层膨胀增厚，具有耐火隔热作用，耐火极限可达0.5~2h。

②H类：厚涂型钢结构防火涂料，又称钢结构防火隔热涂料。涂层厚度一般为8~50mm，粒状表面，密度较小，热导率低，耐火极限可达0.5~3h。

（3）其他要求。

①防腐涂料和防火涂料的涂装油漆工属于特殊工种。施涂时，操作者必须有特殊工种作业操作证（上岗证）。

②施涂环境温度、湿度，应按产品说明书和规范规定执行，要做好施工操作面的通风，并做好防火、防毒、防爆措施。

2A312034　预应力混凝土工程施工技术

☞ **考点1　预应力混凝土的分类**

按预加应力的方式可分为先张法预应力混凝土和后张法预应力混凝土。

1. 先张法预应力施工

先张法的特点是：先张拉预应力筋后，再浇筑混凝土；预应力是靠预应力筋与混凝土之间的粘结力传递给混凝土，并使其产生预压应力。

当采用单根张拉时，其张拉顺序宜由下向上，由中到边（对称）进行。

2. 后张法预应力（有粘结）施工

后张法的特点是：先浇筑混凝土，达到一定强度后，再在其上张拉预应力筋；预应力是靠锚具传递给混凝土，并使其产生预压应力。在后张法中，按预应力筋粘结状态又可分为：有粘结预应力混凝土和无粘结预应力混凝土。

预应力筋孔道形状有直线、曲线和折线三种类型。

通常预应力筋张拉方式有一端张拉、两端张拉、分批张拉、分阶段张拉、分段张拉和补偿张拉等方式。张拉顺序：采用对称张拉的原则。

☞ **考点2　预应力筋**

按材料可分为：钢丝、钢绞线、钢筋、非金属预应力筋等。金属类预应力筋下料应采用砂轮锯或切断机切断，不得采用电弧切割。

☞ **考点3　预应力筋用锚具、夹具和连接器及张拉设备**

按锚固方式不同，预应力筋用锚具、夹具和连接器可分为夹片式（单孔与多孔夹片锚具）、支撑式（墩头锚具、螺母锚具等）、锥塞式（钢质锥形锚具等）和握裹式（挤压锚具、压花锚具等）四类。

预应力筋用张拉设备有液压张拉设备和电动简易张拉设备两种。较常用的是液压张拉设备。液压张拉千斤顶按机型不同可分为：拉杆式、穿心式、锥锚式和台座式等几种。

☞ **考点4　无粘结预应力施工**

在无粘结预应力施工中，主要工作是无粘结预应力筋的铺设、张拉和锚固区的处理。

（1）无粘结预应力筋的铺设：一般在普通钢筋绑扎后期开始铺设无粘结预应力筋，并与普通钢筋绑扎穿插进行。

（2）预应力混凝土楼盖的张拉顺序是先张拉楼板、后张拉楼面梁。

张拉验收合格后，按图纸设计要求及时做好封锚处理工作。确保锚固区密封，严防水汽进入，锈蚀预应力筋和锚具等。

2A312040 防水工程施工技术

2A312041 屋面与室内防水工程施工技术

☞ **考点1 屋面防水工程施工技术**

1. 屋面防水等级和设防要求

表 2-7 屋面防水等级和设防要求

防水等级	建筑类别	设防要求
1级	重要建筑和高层建筑	两道防水设防
Ⅱ级	一般建筑	一道防水设防

2. 屋面防水基本要求

（1）屋面防水应以防为主，以排为辅。

（2）保温层上的找平层应在水泥初凝前压实抹平，并应留设分格缝。缝宽宜为 5~20mm，纵横缝的间距不宜大于 6m。

（3）严寒和寒冷地区屋面热桥部位，应按设计要求采取节能保温等隔断热桥措施。

3. 卷材防水层屋面施工

（1）卷材防水层铺贴顺序和方向的相关规定：

①卷材防水层施工时，应先进行细部构造处理，然后由屋面最低标高向上铺贴；

②檐沟、天沟卷材施工时，宜顺檐沟、天沟方向铺贴，搭接缝应顺流水方向；

③卷材宜平行屋脊铺贴，上下层卷材不得相互垂直铺贴。

提示 （2012年·多选·第3题）考查此知识点

（2）立面或大坡面铺贴卷材时，应采用满粘法，并宜减少卷材短边搭接。

（3）厚度小于 3mm 的高聚物改性沥青防水卷材，严禁采用热熔法施工。

4. 保护层和隔离层施工

（1）块体材料保护层铺设应符合下列规定：

①在砂结合层上铺设块体时，砂结合层应平整，块体间应预留 10mm 的缝隙，缝内应填砂，并应用 1:2 水泥砂浆勾缝；

②在水泥砂浆结合层上铺设块体时，应先在防水层上做隔离层，块体间应预留 10mm 的缝隙，缝内应用 1:2 水泥砂浆勾缝；

③块体表面应洁净、色泽一致，应无裂纹、掉角和缺楞等缺陷。

（2）水泥砂浆及细石混凝土保护层铺设应符合下列规定：

①水泥砂浆及细石混凝土保护层铺设前，应在防水层上做隔离层。

②细石混凝土铺设不宜留施工缝；当施工间隙超过时间规定时，应对接搓进行处理。

③水泥砂浆及细石混凝土表面应抹平压光，不得有裂纹、脱皮、麻面、起砂等缺陷。

☞ **考点2 室内防水工程施工技术**

1. 施工流程

防水材料进场复试→技术交底→清理基层→结合层→细部附加层→防水层→试水试验。

2. 防水混凝土施工

防水混凝土应采用高频机械分层振捣密实，振捣时间宜为 10~30s；当采用自密实混凝土时，可不进行机械振捣。

防水混凝土终凝后应立即进行养护，养护时间不得少于 14d；冬期施工时，其入模温度不应低于 5℃。

3．防水水泥砂浆施工

防水砂浆施工环境温度不应低于5℃。终凝后应及时进行养护，养护温度不应低于5℃，养护时间不应小于14d。

4．涂膜防水层施工

施工环境温度：溶剂型涂料宜为0～35℃，水乳型涂料宜为5～35℃。

5．卷材防水层施工

卷材铺贴施工环境温度：采用冷粘法施工不应低于5℃，热熔法施工不应低于-10℃。

防水卷材施工宜先铺立面，后铺平面。

2A312042　地下防水工程施工技术

☞ **考点1　地下防水工程的一般要求**

（1）地下工程的防水等级分为四级。

（2）地下防水工程施工前，施工单位应进行图纸会审，掌握工程主体及细部构造的防水技术要求，编制防水工程施工方案。

（3）地下防水工程必须由有相应资质的专业防水施工队伍进行施工，主要施工人员应持有建设行政主管部门或其指定单位颁发的执业资格证书。

☞ **考点2　防水混凝土施工**

（1）用于防水混凝土的水泥品种宜采用硅酸盐水泥、普通硅酸盐水泥，采用其他品种水泥时应经试验确定。宜选用坚固耐久、粒形良好的洁净石子，其最大粒径不宜大于40mm。砂宜选用坚硬、抗风化性强、洁净的中粗砂，不宜使用海砂。

（2）防水混凝土拌合物应采用机械搅拌，搅拌时间不宜小于2min。

（3）防水混凝土应分层连续浇筑，分层厚度不得大于500mm。并应采用机械振捣，避免漏振、欠振和超振。

（4）防水混凝土应连续浇筑，宜少留施工缝。

☞ **考点3　水泥砂浆防水层施工**

（1）水泥砂浆防水层可用于地下工程主体结构的迎水面或背水面，不应用于受持续振动或温度高于80℃的地下工程防水。

（2）聚合物水泥防水厚度单层施工宜为6～8mm，双层施工宜为10～12mm；掺外加剂或掺合料的水泥防水砂浆厚度宜为18～20mm。

（3）水泥砂浆应使用硅酸盐水泥、普通硅酸盐水泥或特种水泥。砂宜采用中砂，含泥量不应大于1%。拌制用水、聚合物乳液、外加剂等的质量要求应符合现行标准的规定。

（4）防水砂浆宜采用多层抹压法施工。

☞ **考点4　卷材防水层施工**

（1）铺贴卷材严禁在雨天、雪天、五级及以上大风中施工；冷粘法、自粘法施工的环境气温不宜低于5℃，热熔法、焊接法施工的环境气温不宜低于-10℃。

（2）结构底板垫层混凝土部位的卷材可采用空铺法或点粘法施工，侧墙采用外防外贴法的卷材及顶板部位的卷材应采用满粘法施工。

（3）铺贴双层卷材时，上下两层和相邻两幅卷材的接缝应错开1/3～1/2幅宽，且两层卷材不得相互垂直铺贴。

（4）采用外防外贴法铺贴卷材防水层时，应符合下列规定：

①先铺平面，后铺立面，交接处应交叉搭接。

②临时性保护墙宜采用石灰砂浆砌筑，内表面宜做找平层。

③从底面折向立面的卷材与永久性保护墙的接触部位，应采用空铺法施工；卷材与临时性保护墙或围护结构模板的接触部位，应将卷材临时贴附在该墙上或模板上，并应将顶端临时固定。

④混凝土结构完成，铺贴立面卷材时，应先将接槎部位的各层卷材揭开，并将其表面清理干净，如卷材有操作应及时修补。

（5）采用外防内贴法铺贴卷材防水层时，应符合下列规定：

①混凝土结构的保护墙内表面应抹厚度为20mm的1:3水泥砂浆找平层，然后铺贴卷材。

②卷材宜先铺立面，后铺平面；铺贴立面时，应先铺转角，后铺大面。

☞ **考点5 涂料防水层施工**

（1）无机防水涂料宜用于结构主体的背水面，有机防水涂料宜用于地下工程主体结构的迎水面，用于背水面的有机防水涂料应具有较高的抗渗性，且与基层有较好的粘结性。

（2）涂料防水层严禁在雨天、雾天、五级及以上大风时施工，不得在施工环境温度低于5℃及高于35℃或烈日暴晒时施工。

➤ 2A312050 装饰装修工程施工技术 ◄

2A312051 吊顶工程施工技术

吊顶又称顶棚、天花板。它具有保温、隔热、隔声和吸声的作用，也是电气、暖卫、通风空调、通信和防火、报警管线设备等工程的隐蔽层。按施工工艺和采用材料的不同，分为暗龙骨吊顶（又称隐蔽式吊顶）和明龙骨吊顶（又称活动式吊顶）。吊顶工程由支承部分（吊杆和主龙骨）、基层（次龙骨）和面层三部分组成。

☞ **考点1 吊顶工程施工技术要求**

（1）安装龙骨前，应按设计要求对房间净高、洞口标高和吊顶管道、设备及其支架的标高进行交接检验。

（2）吊顶工程的木吊杆、木龙骨和木饰面板必须进行防火处理，并应符合有关设计防火规范的规定。

（3）吊顶工程中的预埋件、钢筋吊杆和型钢吊杆应进行防锈处理。

（4）安装面板前应完成吊顶内管道和设备的调试及验收。

（5）吊杆距主龙骨端部距离不得大于300mm。 **提示** *(2013年·单选·第7题) 考查此知识点*

☞ **考点2 吊顶工程施工的工艺流程**

弹吊顶标高水平线→画主龙骨分档线→吊顶内管道、设备的安装、调试及隐蔽验收→吊杆安装→龙骨安装（边龙骨安装、主龙骨安装、次龙骨安装）→填充材料的设置→安装饰面板→安装收口、收边压条。

☞ **考点3 吊顶工程施工方法**

吊顶工程施工方法包括：①测量放线；②吊杆安装；③龙骨安装；④饰面板安装。

其中饰面板安装分为：

①明龙骨吊顶饰面板安装。安装方法有：搁置法、嵌入法、卡固法等。

②暗龙骨吊顶饰面板安装。安装方法有：钉固法、粘贴法、嵌入法、卡固法等。

☞ **考点4 吊顶工程应对下列隐蔽工程项目进行验收**

（1）吊顶内管道、设备的安装及水管试压。

（2）木龙骨防火、防腐处理。

（3）预埋件或拉结筋。

（4）吊杆安装。

（5）龙骨安装。

（6）填充材料的设置。

2A312052 轻质隔墙工程施工技术

轻质隔墙的特点：自重轻、墙身薄、拆装方便、节能环保、有利于建筑工业化施工。

按构造方式和所用材料不同分为：板材隔墙、骨架隔墙、活动隔墙、玻璃隔墙。

表 2 – 8   轻质隔墙工程施工技术

项目		工艺流程	施工方法
板材隔墙		结构墙面、地面、顶棚清理找平→墙位放线→配板→配置胶结材料→安装固定卡→安装门窗框→安装隔墙板→机电配合安装、板缝处理	①墙位放线； ②组装顺序； ③配板； ④安装隔墙板
骨架隔墙		墙位放线→安装沿顶龙骨、沿地龙骨→安装门洞口框的龙骨→竖向龙骨分档→安装竖向龙骨→安装横向贯通龙骨、横撑、卡档龙骨→水电暖等专业工程安装→安装一侧的饰面板→墙体填充材料→安装另一侧的饰面板→板缝处理	①墙位放线； ②龙骨安装； ③饰面板安装
活动隔墙		墙位放线→预制隔扇（帷幕）→安装轨道→安装隔扇（帷幕）	①预制隔扇（帷幕）； ②安装轨道； ③安装隔扇（帷幕）
玻璃隔墙	玻璃砖隔墙	墙位放线→制作隔墙框架→安装隔墙框架→砌筑玻璃砖或安装玻璃板→嵌缝→边框装饰→保洁	—
	玻璃板隔墙	墙位放线→制作隔墙框架→安装隔墙框架→安装玻璃→嵌缝打胶→边框装饰→保洁	①框架制作、安装； ②安装玻璃； ③嵌缝打胶

2A312053 地面工程施工技术

☞ **考点1 地面工程施工技术要求**

（1）建筑地面下的沟槽、暗管等工程完工后，经检验合格并作隐蔽记录，方可进行建筑地面工程施工。

（2）建筑地面工程基层（各构造层）和面层的铺设，均应待其下一层检验合格后方可施工上一层。

（3）各层环境温度及其所铺设材料温度的控制应符合下列要求：

①采用掺有水泥、石灰的拌合料铺设以及用石油沥青胶结料铺贴时，不应低于5℃；

②采用有机胶粘剂粘贴时，不宜低于10℃；

③采用砂、石材料铺设时，不应低于0℃；

④采用自流平、涂料铺设时，不应低于5℃，也不应高于30℃。

☞ 考点2　施工工艺流程

表2-9　　　　　　　　　　　　　地面工程施工工艺流程

项目	分类	流程
整体面层地面施工工艺流程	混凝土、水泥砂浆、水磨石地面	清理基层→找面层标高、弹线→设标志（打灰饼、冲筋）→镶嵌分格条→结合层（刷水泥浆或涂刷界面处理剂）→铺水泥类等面层→养护（保护成品）→磨光、打蜡、抛光（适用于水磨石类）
	自流平地面	清理基层→抄平设置控制点→设置分段条→涂刷界面剂→滚涂底层→批涂批刮层→研磨清洁批补层→漫涂面层→养护（保护成品）
板、块面层施工工艺流程	—	清理基层→找面层标高、弹线→设标志→天然石材"防碱背涂"处理→板、块试拼、编号→分格条镶嵌（设计有时）、板材浸湿、晾干→分段铺设结合层、板材→铺设楼梯踏步和台阶板材、安装踢脚线→勾缝、压缝或填缝→养护（保护成品）→竣工清理
木、竹面层施工工艺流程	空铺方式	清理基层→找面层标高、弹线（面层标高线、安装木格栅位置线）→安装木搁栅（木龙骨）→铺设毛地板→铺设面层板→镶边→面层磨光→油漆、打蜡→保护成品
	实铺方式	清理基层→找面层标高、弹线→安装木格栅（木龙骨）→可填充轻质材料（单层条式面板含此项，双层条式面板不含此项）→铺设毛地板（双层条式面板含此项，单层条式面板不含此项）→铺设衬垫→铺设面层板→安装踢脚线→保护成品
	粘贴法	清理基层→找面层标高、弹线→铺设衬垫→满粘或（和）点粘面层板→安装踢脚线→保护成品

2A312054　饰面板（砖）工程施工技术

☞ 考点1　饰面板安装工程的分类

表2-10　　　　　　　　　　　　饰面板安装工程的分类

项目	分类
石材饰面板安装	湿作业法、粘贴法和干挂法
金属饰面板安装	木衬板粘贴、有龙骨固定面板
木饰面板安装	有龙骨钉固法、粘接法
镜面玻璃饰面板安装	有（木）龙骨安装法、无龙骨安装法。其中，有龙骨安装法有紧固件镶钉法和大力胶粘贴法两种方式

☞ 考点2　饰面砖粘贴工程

饰面砖工程是指内墙饰面砖和高度不大于100m、抗震设防烈度不大于8度、满粘法施工方法的外墙饰面砖工程。饰面砖粘贴排列方式主要有"对缝排列"和"错缝排列"两种。

饰面砖粘贴的工艺流程：清理基层→抄平放线→设标志（打灰饼）→基层抹灰→面砖检验、排砖、做样板→样板件粘结强度检测→孔洞整砖套割→结合层（刷水泥浆或涂刷界面处理剂）→饰面砖粘贴→养护（保护成品）→饰面砖缝填嵌。

☞ 考点3　检验批的划分和抽检数量

（1）相同材料、工艺和施工条件的室内饰面板（砖）工程每50间（大面积房间和走廊按施工面积30m²为一间）应划分为一个检验批，不足50间也应划分为一个检验批。

（2）相同材料、工艺和施工条件的室外饰面板（砖）工程每500～1 000m²应划分为一个检验批，不足500m²也应划分为一个检验批。

（3）室内每个检验批应至少抽查10%，并不得少于3间；不足3间时应全数检查。

（4）室外每个检验批每100m²应至少抽查一处，每处不得小于10m²。

2A312055 门窗工程施工技术

门窗安装工程是指木门窗安装、金属门窗安装、塑料门窗安装、特种门安装和门窗玻璃安装工程。

表2－11　　　　　　　　门窗工程施工技术

项目	施工工艺	施工方法
木门窗	定位放线→安装门、窗框→安装门、窗扇→安装门、窗玻璃→安装门、窗配件→框与墙体之间的缝隙、框与扇之间填嵌、密封→清理→保护成品	①门窗框安装；②木门窗扇安装；③配件安装
金属门窗	定位放线→安装门、窗框（包括金属门窗的副框）→校正门、窗框→固定门、窗框（与主体结构连接）→安装门、窗扇→安装门、窗玻璃→安装门、窗配件→框与墙体之间的缝隙填嵌、密封→清理→保护成品	金属门窗安装应采用预留洞口的方法施工，不得采用边安装边砌口或先安装后砌口的方法施工。金属门窗的固定方法应符合设计要求，在砌体上安装金属门窗严禁用射钉固定。提示 （2014年·单选·第13题）考查此知识点
塑料门窗	洞口找中线→补贴保护膜→框上找中线→安装固定片→框进洞口→调整定位→门窗框固定→框与洞口之间填缝→装玻璃（或门窗扇）→配件安装→清理→成品保护	塑料门窗应采用预留洞口的方法安装，不得采用边安装边砌口或先安装后砌口的方法
门窗玻璃	清理门窗框→量尺寸→下料→裁割→安装	①玻璃品种、规格应符合设计要求。单块玻璃大于1.5m²时应使用安全玻璃②门窗玻璃不应直接接触型材。中空玻璃的单面镀膜玻璃应在最外层，镀膜层应朝向室内

2A312056 涂料涂饰、裱糊、软包与细部工程施工技术

☞ **考点1　涂饰工程施工技术**

水性涂料涂饰工程施工的环境温度应在5~35℃之间，并注意通风换气和防尘。

涂饰方法为：混凝土及抹灰面涂饰方法；木质基层涂刷方法。

☞ **考点2　裱糊工程施工技术**

墙、柱面裱糊常用的方法有搭接法裱糊、拼接法裱糊。顶棚裱糊一般采用推贴法裱糊。

裱糊施工技术要求：

（1）裱糊前，应按壁纸、墙布的品种、花色、规格进行选配、拼花、裁切、编号，裱糊时应按编号顺序粘贴。

（2）裱糊使用的胶粘剂应按壁纸或墙布的品种选配，应具备防霉、耐久等性能。如有防火要求，则应有耐高温、不起层性能。

（3）裱糊后各幅拼接应横平竖直，拼接处花纹、图案应吻合，不离缝，不搭接，不显拼缝。

（4）裱糊时，阳角处应无接缝，应包角压实，阴处应断开，并应顺光搭接。

（5）壁纸、墙布应粘贴牢固，不得有漏贴、补贴、脱层、空鼓和翘边。

☞ **考点3　软包工程施工技术**

（1）软包工程的面料常见的有皮革、人造革以及锦缎等饰面织物。

（2）软包面料、内衬材料及边框的材质、颜色、图案、燃烧性能等级和木材的含水率应符合设计要求及国家现行标准的有关规定。

（3）软包工程的安装位置及构造做法应符合设计要求。

（4）软包工程的龙骨、衬板、边框应安装牢固，无翘曲，拼缝应平直。

（5）单块软包面料不应有接缝，四周应绷压严密。

☞ **考点4　细部工程施工技术**

（1）细部工程包括橱柜制作与安装，窗帘盒、窗台板、散热器罩制作与安装，门窗套制作与安装，护栏和扶手制作与安装，花饰制作与安装五个分项工程。

（2）护栏、扶手的技术要求。

①护栏高度、栏杆间距、安装位置必须符合设计要求。具体内容见下表：

表 2 - 12　各类建筑专门设计的要求

	项目	要求	依据
托儿所、幼儿园建筑	护栏	阳台、屋顶平台的护栏净高不应小于 1.20m，内侧不应设有支撑	《托儿所、幼儿园建筑设计规范》JGJ 39—1987
	栏杆	楼梯栏杆垂直杆件间的净距不应大于 0.11m。当楼梯井净宽度大于 0.20m 时，必须采取安全措施	
	扶手	楼梯除设成人扶手外，并应在靠墙一侧设幼儿扶手，其高度不应大于 0.60m	
中小学校建筑	栏杆	室内楼梯栏杆（或栏板）的高度不应小于 0.90m。室外楼梯及水平栏杆（或栏板）的高度不应小于 1.10m	《中小学校设计规范》GB 50099—2011
居住建筑	护栏（阳台栏杆，外廊、内天井及上人屋面等临空处栏杆）	低层、多层住宅的栏杆净高不应低于 1.05m	《住宅设计规范》GB 50096—2011
		中高层、高层住宅的栏杆净高不应低于 1.10m	
		栏杆的垂直杆件间净距不应大于 0.11m，并应防止儿童攀登	
	栏杆	楼梯栏杆垂直杆件间净空不应大于 0.11m。楼梯井净宽大于 0.11m 时，必须采取防止儿童攀滑的措施	
	扶手	扶手高度不应小于 0.90m。楼梯水平段栏杆长度大于 0.50m 时，其扶手高度不应小于 1.05m	

②护栏玻璃应使用公称厚度不小于 12mm 的钢化玻璃或钢化夹层玻璃；当护栏一侧距楼地面高度为 5m 及以上时，应使用钢化夹层玻璃。

③护栏和扶手安装必须牢固。

2A312057　建筑幕墙工程施工技术

☞ **考点1　建筑幕墙工程的分类**

（1）按建筑幕墙的面板材料分类：

①玻璃幕墙。分为：框支承玻璃幕墙；全玻幕墙；点支承玻璃幕墙。

②金属幕墙。面板为金属板材的建筑幕墙，主要包括：单层铝板幕墙、铝塑复合板幕墙、蜂窝铝板幕墙、不锈钢板幕墙、搪瓷板幕墙等。

③石材幕墙。面板为建筑石材板的建筑幕墙。

（2）按幕墙施工方法分为：单元式幕墙；构件式幕墙。

☞ **考点2　建筑幕墙预埋件制作的技术要求**

常用建筑幕墙预埋件有平板形和槽形两种，其中平板形预埋件应用最为广泛。

（1）锚板宜采用 Q235 级钢，锚筋应采用 HPB300、HRB335 或 HRB400 级热轧钢筋，严禁使用冷加工钢筋。

（2）直锚筋与锚板应采用 T 形焊。当锚筋直径不大于 20mm 时，宜采用压力埋弧焊；当锚筋直径大于 20mm 时，宜采用穿孔塞焊。不允许把锚筋弯成 Ⅱ 形或 L 形与锚板焊接。

（3）预埋件都应采取有效的防腐处理，当采用热镀锌防腐处理时，锌膜厚度应大于 40mm。

提示（2014年·单选·第14题）考查此知识点

☞ **考点3　建筑幕墙防火构造要求**

（1）防火层应采用厚度不小于 1.5mm 的镀锌钢板承托，不得采用铝板。承托板与主体结构、幕墙结构及承托板之间的缝隙应采用防火密封胶密封；防火密封胶应有法定检测机构的防火检验报告。

（2）无窗槛墙的幕墙，应在每层楼板的外沿设置耐火极限不低于 1.0h、高度不低于 0.8m 的不燃烧实体裙墙或防火玻璃墙。

（3）当建筑设计要求防火分区分隔有通透效果时，可采用单片防火玻璃或由其加工成的中空、夹层防火玻璃。

（4）防火层不应与幕墙玻璃直接接触，防火材料朝玻璃面处宜采用装饰材料覆盖。

（5）同一幕墙玻璃单元不应跨越两个防火分区。

☞ **考点4　建筑幕墙的防雷构造要求**

（1）幕墙的金属框架应与主体结构的防雷体系可靠连接。

（2）幕墙的铝合金立柱，在不大于 10m 范围内宜有一根立柱采用柔性导线，把每个上柱与下柱的连接处连通。导线截面积铜质不宜小于 25mm²，铝质不宜小于 30mm²。

（3）镀锌圆钢直径不宜小于 12mm，镀锌扁钢截面不宜小于 5mm × 40mm。避雷接地一般每三层与均压环连接。

（4）兼有防雷功能的幕墙压顶板宜采用厚度不小于 3mm 的铝合金板制造，与主体结构屋顶的防雷系统应有效连通。

（5）在有镀膜层的构件上进行防雷连接，应除去其镀膜层。

（6）使用不同材料的防雷连接应避免产生双金属腐蚀。

（7）防雷连接的钢构件在完成后都应进行防锈油漆处理。

☞ **考点5　建筑幕墙的保护和清洗**

（1）幕墙框架安装后，不得作为操作人员和物料进出的通道；操作人员不得踩在框架上操作。

（2）玻璃面板安装后，在易撞、易碎部位都应有醒目的警示标识或安全装置。

（3）有保护膜的铝合金型材和面板，在不妨碍下道工序施工的前提下，不应提前撕除，待竣工验收前撕去。

（4）对幕墙的框架、面板等应采取措施进行保护，使其不发生变形、污染和被刻划等现象。

幕墙施工中表面的黏附物，都应随时清除。

（5）幕墙工程安装完成后，应制订清洁方案。

（6）幕墙外表面的检查、清洗作业不得在4级以上风力和大雨（雪）天气下进行；作业机具设备（提升机、擦窗机、吊篮等）应安全可靠。

2A312060　建筑工程季节性施工技术

2A312061　冬期施工技术

冬期施工期限划分原则是：根据当地多年气象资料统计，当室外日平均气温连续5d稳定低于5℃即进入冬期施工，当室外日平均气温连续5d高于5℃即解除冬期施工。

☞ **考点1　建筑地基基础工程**

（1）室内的基槽（坑）或管沟不得采用含有冻土块的土回填，室内地面垫层下回填的土方，填料中不得含有冻土块。

（2）桩基施工时。当冻土层厚度超过500mm，冻土层宜采用钻孔机引孔，引孔直径不宜大于桩径20mm。振动沉管成孔施工有间歇时，宜将桩管埋入桩孔中进行保温。

☞ **考点2　砌体工程**

（1）冬期施工所用材料应符合下列规定：

①砖、砌块在砌筑前，应清除表面污物、冰雪等，不得使用遭水浸和受冻后表面结冰、污染的砖或砌块。

②砌筑砂浆宜采用普通硅酸盐水泥配制，不得使用无水泥拌制的砂浆。

③现场拌制砂浆所用砂中不得含有直径大于10mm的冻结块或冰块。

④石灰膏、电石渣膏等材料应有保温措施，遭冻结时应经融化后方可使用。

⑤砂浆拌合水温不宜超过80℃，砂加热温度不宜超过40℃，且水泥不得与80℃以上热水直接接触；砂浆稠度宜较常温适当增大，且不得二次加水调整砂浆和易性。

（2）施工日记中应记录大气温度、暖棚内温度、砌筑时砂浆温度、外加剂掺量等有关资料。

（3）砌筑施工时，砂浆温度不应低于5℃。当设计无要求，且最低气温等于或低于 -15℃时。砌体砂浆强度等级应较常温施工提高一级。

（4）砌体采用氯盐砂浆施工，每日砌筑高度不宜超过1.2m，墙体留置的洞口，距交接墙处不应小于500mm。

（5）下列情况不得采用掺氯盐的砂浆砌筑砌体：

①对装饰工程有特殊要求的建筑物；

②配筋、钢埋件无可靠防腐处理措施的砌体；

③接近高压电线的建筑物（如变电所、发电站等）；

④经常处于地下水位变化范围内，以及在地下未设防水层的结构。

（6）暖棚法施工时，暖棚内的最低温度不应低于5℃。

☞ **考点3　钢筋工程**

钢筋调直冷拉温度不宜低于 -20℃。预应力钢筋张拉温度不宜低于 -15℃。当环境温度低于 -20℃时，不宜进行施焊。当环境温度低于 -20℃时，不得对 HRB335、HRB400 钢筋进行冷弯加工。

☞ **考点4　混凝土工程**

（1）冬期施工配制混凝土宜选用硅酸盐水泥或普通硅酸盐水泥。采用蒸汽养护时，宜选用矿渣硅酸盐水泥。

（2）冬期施工混凝土配合比应根据施工期间环境气温、原材料、养护方法、混凝土性能要求等经试验确定，并宜选择较小的水胶比和坍落度。

（3）冬期施工混凝土搅拌前，原材料的预热应符合下列规定：

①宜加热拌合水。具体规定见下表：

表 2 - 13　　　　　　　　　　拌合水及骨料最高加热温度（℃）表

水泥强度等级	拌合水	骨料
42.5 以下	80	60
42.5、42.5R 及以上	60	40

②水泥、外加剂、矿物掺合料不得直接加热，应事先贮于暖棚内预热。

（4）混凝土拌合物的出机温度不宜低于10℃，入模温度不应低于5℃；对预拌混凝土或需远距离输送的混凝土，混凝土拌合物的出机温度可根据运输和输送距离经热工计算确定，但不宜低于15℃。大体积混凝土的入模温度可根据实际情况适当降低。

（5）混凝土浇筑后，对裸露表面应采取防风、保湿、保温措施，对边、棱角及易受冻部位应加强保温。在混凝土养护和越冬期间，不得直接对负温混凝土表面浇水养护。

（6）混凝土养护期间的温度测量应符合下列规定：

①采用蓄热法或综合蓄热法时，在达到受冻临界强度之前应每隔4~6h测量一次；

②采用负温养护法时，在达到受冻临界强度之前应每隔2h测量一次；

③采用加热法时，升温和降温阶段应每隔1h测量一次，恒温阶段每隔2h测量一次；

④混凝土在达到受冻临界强度后，可停止测温。

（7）拆模时混凝土表面与环境温差大于20℃时，混凝土表面应及时覆盖，缓慢冷却。

（8）冬期施工混凝土强度试件的留置应增设与结构同条件养护试件，养护试件不应少于2组。同条件养护试件应在解冻后进行试验。

☞ **考点5　钢结构工程**

（1）冬期施工宜采用Q345钢、Q390钢、Q420钢，负温下施工用钢材，应进行负温冲击韧性试验，合格后方可使用。

（2）焊接作业区环境温度低于0℃时，应将构件焊接区各方向大于或等于2倍钢板厚度且不小于100mm范围内的母材，加热到20℃以上时方可施焊，且在焊接过程中均不得低于20℃。

（3）当焊接场地环境温度低于 - 15℃时，应适当提高焊机的电流强度。每降低3℃，焊接电流应提高2%。

（4）低于0℃的钢构件上涂刷防腐或防火涂层前，应进行涂刷工艺试验。

☞ **考点6　防水工程**

（1）防水混凝土的冬期施工，应符合下列规定：

①混凝土入模温度不应低于5℃；

②混凝土养护应采用蓄热法、综合蓄热法、暖棚法、掺化学外加剂等方法，不得采用电加热法或蒸汽直接加热法；

③应采取保湿保温措施。

（2）水泥砂浆防水层施工气温不应低于5℃，养护温度不宜低于5℃，并应保持砂浆表面湿润，养护时间不得小于14d。

（3）防水工程应依据材料性能确定施工气温界限，最低施工环境气温宜符合下表规定。

表 2-14   防水工程冬期施工环境气温要求

防水材料	施工环境气温
现喷硬泡聚氨酯	不低于 15℃
高聚物改性沥青防水卷材	热熔性不低于 -10℃
合成高分子防水卷材	冷粘法不低于 5℃；焊接法不低于 -10℃
高聚物改性沥青防水涂料	溶剂型不低于 5℃：热熔型不低于 -10℃
合成高分子防水涂料	溶剂型不低于 -5℃
改性石油沥青密封材料	不低于 0℃
合成高分子密封材料	溶剂型不低于 0℃

（4）屋面隔气层可采用气密性好的单层卷材或防水涂料。冬期施工采用卷材时，可采用花铺法施工，卷材搭接宽度不应小于 80mm；采用防水涂料时，宜选用溶剂型涂料。隔气层施工的温度不应低于 -5℃。

☞ **考点 7　保温工程**

（1）外墙外保温工程施工。

①建筑外墙外保温工程冬期施工最低温度不应低于 -5℃。外墙外保温工程施工期间以及完工后 24h 内，基层及环境空气温度不应低于 5℃。

②胶粘剂和聚合物抹面胶浆拌合温度皆应高于 5℃，聚合物抹面胶浆拌合水温度不宜大于 80℃，且不宜低于 40℃；拌合完毕的 EPS 板胶粘剂和聚合物抹面胶浆每隔 15min 搅拌一次，1h 内使用完毕；EPS 板粘贴应保证有效粘贴面积大于 50%。

（2）屋面保温工程施工。

干铺的保温层可在负温下施工；采用沥青胶结的保温层应在气温不低于 -10℃ 时施工；采用水泥、石灰或其他胶结料胶结的保温层应在气温不低于 5℃ 时施工。当气温低于上述要求时，应采取保温、防冻措施。

☞ **考点 8　建筑装饰装修工程**

（1）室内抹灰，块料装饰工程施工与养护期间的温度不应低于 5℃。

（2）油漆、刷浆、裱糊、玻璃工程应在采暖条件下进行施工。当需要在室外施工时，其最低环境温度不应低于 5℃。

（3）室外喷、涂，刷油漆、高级涂料时应保持施工均衡。粉浆类料浆宜采用热水配制，随用随配并应将料浆保温，料浆使用温度宜保持 15℃ 左右。

（4）塑料门窗当在不大于 0℃ 的环境中存放时，与热源的距离不应小于 1m。安装前应在室温下放置 24h。

2A312062　雨期施工技术

☞ **考点 1　雨期施工准备**

（1）施工现场及生产、生活基地的排水设施畅通，雨水可从排水口顺利排除。

（2）现场道路路基碾压密实，路面硬化处理。

（3）大型高耸物件有防风加固措施，外用电梯要做好附墙。

（4）在相邻建筑物、构筑物防雷装置保护范围外的高大脚手架、井架等，安装防雷装置。

（5）施工现场的木工、钢筋、混凝土、卷扬机械、空气压缩机有防砸、防雨的操作棚。

（6）水泥应存入仓库。仓库要求不漏、不潮，水泥架空通风，四周有排水沟。

（7）砂石堆放场地四周有排水出路（保证一定的排水坡度），防止淤泥渗入。

（8）楼层露天的预留洞口均做防漏水处理；地下室人防出入口、管沟口等加以封闭并设防水门槛；室外采光井全部用盖板盖严并固定，同时铺上塑料薄膜。

（9）雨期所需材料要提前准备，对降水偏高、可能出现大洪、大汛趋势的时期，储备数量要酌情增加。

☞ 考点2　砌体工程

雨天不宜在露天砌筑墙体，对下雨当日砌筑的墙体应进行遮盖。

每天砌筑高度不得超过 1.2m。

☞ 考点3　钢筋工程

（1）雨天施焊应采取遮蔽措施，焊接后未冷却的接头应避免遇雨急速降温。 **提示**（2014年·多选·第4题）考查此知识点

（2）为保护后浇带处的钢筋，在后浇带两边各砌一道120mm宽、200mm高的砖墙，上用彩条布及预制板封口，预制板上做防水层及砂浆保护层。

（3）钢筋机械必须设置在平整、坚实的场地上，设置机棚和排水沟，焊机必须接地，焊工必须穿戴防护衣具，以保证操作人员安全。

☞ 考点4　混凝土工程

（1）雨期施工期间，对水泥和掺合料应采取防水和防潮措施，并应对粗、细骨料含水率实时监测，及时调整混凝土配合比。

（2）除采用防护措施外，小雨、中雨天气不宜进行混凝土露天浇筑，且不应开始大面积作业面的混凝土露天浇筑；大雨、暴雨天气不应进行混凝土露天浇筑。

（3）浇筑板、墙、柱混凝土时，可适当减小坍落度。

（4）混凝土浇筑完毕后，应及时采取覆盖塑料薄膜等防雨措施。

☞ 考点5　钢结构工程

（1）雨期由于空气比较潮湿，焊条储存应防潮并进行烘烤，同一焊条重复烘烤次数不宜超过两次，并由管理人员及时做好烘烤记录。

（2）焊接作业区的相对湿度不大于90%；如焊缝部位比较潮湿，必须用干布擦净并在焊接前用氧炔焰烤干，保持接缝干燥，没有残留水分。

（3）雨天构件不能进行涂刷工作，涂装后 4h 内不得雨淋；风力超过 5 级不宜使用无气喷涂。

（4）雨天及五级（含）以上大风不能进行屋面保温的施工。

☞ 考点6　防水工程

雨期进行防水混凝土和其他防水层施工时，应采取防雨措施。

①基础底板的大体积混凝土应避免在雨天进行；

②热熔法施工防水卷材时，施工中途下雨，应做好已铺卷材的防护工作；

③涂料防水层涂膜固化前如有降雨可能时，应提前做好已完涂层的保护工作。

☞ 考点7　保温工程

（1）外墙外保温工程施工。

①应采取有效措施，避免保温材料受潮，保持保温材料处于干燥状态；

②EPS 板粘贴应保证有效粘贴面积大于 50%。

（2）屋面保温工程施工。

在雨季施工的保温层应采取遮盖措施，防止雨淋。

☞ **考点 8　建筑装饰装修工程**

（1）中雨、大雨或五级（含）以上大风天气，不得进行室外装饰装修工程的施工；空气相对湿度过高时应考虑合理的工序技术间歇时间。

（2）混凝土或抹灰基层涂刷溶剂型涂料时，含水率不得大于 8%；涂刷水性涂料时，含水率不得大于 10%；木质基层含水率不得大于 12%。

（3）裱糊工程不宜在相对湿度过高时施工。

（4）雨天应停止在外脚手架上施工，大雨后要对脚手架进行全面检查，并认真清扫，确认无沉降或松动后方可施工。

2A312063　高温天气施工技术

☞ **考点 1　砌体工程**

（1）现场拌制的砂浆应随拌随用，当施工期间最高气温超过 30℃时，应在 2h 内使用完毕。预拌砂浆及蒸压加气混凝土砌块专用砂浆的使用时间应按照厂方提供的说明书确定。

（2）采用铺浆法砌筑砌体，施工期间气温超过 30℃时，铺浆长度不得超过 500mm。

> **提示**（2013年·单选·第11题）考查此知识点

（3）砌筑普通混凝土小型空心砌块砌体，遇天气干燥炎热，宜在砌筑前对其喷水湿润。

☞ **考点 2　钢筋工程**

（1）钢筋冷拉设备仪表和液压工作系统油液应根据环境温度选用。

（2）存放焊条的库房温度不高于 50℃，室内保持干燥。

☞ **考点 3　混凝土工程**

当日平均气温达到 30℃及以上时，应按高温施工要求采取措施。

（1）高温施工时，对露天堆放的粗、细骨料应采取遮阳防晒等措施。必要时，可对粗骨料进行喷雾降温。

（2）混凝土宜采用白色涂装的混凝土搅拌运输车运输；对混凝土输送管应进行遮阳覆盖，并应洒水降温。

（3）混凝土浇筑入模温度不应高于 35℃。

（4）混凝土浇筑宜在早间或晚间进行，且宜连续浇筑。当水分蒸发速率大于 $1kg/(m^2 \cdot h)$ 时，应在施工作业面采取挡风、遮阳、喷雾等措施。

☞ **考点 4　防水工程**

（1）防水材料贮运应避免日晒，并远离火源，仓库内应有消防设施。

（2）大体积防水混凝土炎热季节施工时，应采取降低原材料温度、减少混凝土运输时吸收外界热量等降温措施，入模温度不应大于 30℃。

（3）防水工程不宜在高于防水材料的最高施工环境气温下施工，并应避免在烈日暴晒下施工。

（4）夏季施工，屋面如有露水潮湿，应待其干燥后方可进行防水施工。

（5）防水材料应随用随配，配制好的混合料宜在 2h 内用完。

☞ **考点 5　保温工程**

（1）聚合物抹面胶浆拌合水温度不宜大于 80℃，且不宜低于 40℃。

（2）拌合完毕的 EPS 板胶粘剂和聚合物抹面胶浆每隔 15min 搅拌一次，1h 内使用完毕。

☞ **考点6　建筑装饰装修工程**

（1）涂饰工程施工现场环境温度不宜高于35℃。室内施工应注意通风换气和防尘，水溶性涂料应避免在烈日暴晒下施工。

（2）塑料门窗储存的环境温度应低于50℃。

（3）抹灰、粘贴饰面砖、打密封胶等粘接工艺施工，环境温度不宜高于35℃，并避免烈日暴晒。

本章考核热点

- ➡ 施工测量的方法。
- ➡ 有关基坑开挖、支护方法及基坑验槽的处理方法。
- ➡ 混凝土基础与桩基础施工技术。
- ➡ 岩土工程技术及基坑监测技术。
- ➡ 常见模板体系及其特性。
- ➡ 钢筋的连接方法。
- ➡ 混凝土工程技术。
- ➡ 砌筑砂浆施工技术。
- ➡ 钢结构工程施工技术。
- ➡ 屋面防水工程施工技术。
- ➡ 吊顶工程施工技术及施工方法。
- ➡ 门窗工程的施工技术。
- ➡ 建筑幕墙预埋件制作的技术要求。
- ➡ 冬期、雨期、高温天气的施工技术。

历年真题回顾

2014年真题

（单选·第7题）深基坑工程的第三方检测应由（　　）委托。

A．建设单位　　　　B．监理单位　　　　C．设计单位　　　　D．施工单位

【答案】A

【考点】基坑监测技术。

【解析】基坑工程施工前，应由建设方委托具备相应资质第三方对基坑工程实施现场检测。监测单位应编制监测方案，经建设方、设计方、监理方等认可后方可实施。

（单选·第8题）直接承受动力荷载的钢筋混凝土结构构件，其纵向钢筋连接应优先采用（　　）。

A．闪光对焊　　　　　　　　　　B．绑扎搭接

C．电弧焊　　　　　　　　　　　D．直螺纹套筒连接

【答案】D

【考点】钢筋连接的方法。

【解析】目前最常见、采用最多的方式是钢筋剥肋滚压直螺纹套筒连接。直接承受动力荷载的结构构件中，纵向钢筋不宜采用焊接接头；轴心受拉及小偏心受拉杆件（如桁架和拱架的拉杆等）的纵向受力钢筋和直接承受动力荷载结构中的纵向受力钢筋均不得采用绑扎搭接接头。

（单选·第9题）砌筑砂浆用砂宜优先选用（　　）。

A．特细砂　　　　　B．细砂　　　　　C．中砂　　　　　D．粗砂

【答案】C

【考点】砂浆原材料要求。

【解析】砌筑砂浆宜用过筛中砂，砂中不得含有有害杂物。当采用人工砂、山砂及特细砂时，应经试配能满足砌筑砂浆技术条件要求。

（单选·第10题）按厚度划分，钢结构防火涂料可分为（　　）。

A．A类、B类　　　B．B类、C类　　　C．C类、D类　　　D．B类、H类

【答案】D

【考点】钢结构涂装的施工技术。

【解析】防火涂料按涂层厚度可分B、H两类：①B类：薄涂型钢结构防火涂料，又称钢结构膨胀防火涂料；H类：厚涂型钢结构防火涂料，又称钢结构防火隔热涂料。

（单选·第13题）下列金属框安装做法中，正确的是（　　）。

A．采用预留洞口后安装的方法施工　　B．采用边安装边砌口的方法施工

C．采用先安装砌口的方法施工　　　　D．采用射钉固定于砌体上的方法施工

【答案】A

【考点】金属门窗的内容。

【解析】金属门窗安装应采用预留洞口的方法施工，不得采用边安装边砌口或先安装后砌口的方法施工。金属门窗的固定方法应符合设计要求，在砌体上安装金属门窗严禁用射钉固定。

（单选·第14题）关于建筑幕墙预埋件制作的说法，正确的是（　　）。

A．不得采用HRB400级热轧钢筋制作锚筋

B．可采用冷加工钢筋制作锚筋

C．直锚筋与锚板应采用T形焊焊接

D．应将锚筋弯成L形与锚板焊接

【答案】C

【考点】建筑幕墙的预埋件制作与安装。

【解析】选项A、B，锚板宜采用Q235级钢，锚筋应采用HPB300、HRB335或HRB400级热轧钢筋，严禁使用冷加工钢筋；选项C，直锚筋与锚板应采用T形焊；选项D，不允许把锚筋弯成Ⅱ形或L形与锚板焊接。

（多选·第2题）关于混凝土条形基础施工的说法，正确的有（　　）。

A．宜分段分层连续浇筑　　　　　B．一般不留施工缝

C．各段层间应相互衔接　　　　　D．每段浇筑长度应控制在4～5m

E．不宜逐段逐层呈阶梯形向前推进

【答案】ABC

【考点】条形基础浇筑。

【解析】根据基础深度宜分段分层连续浇筑混凝土，一般不留施工缝。各段层间应相互衔接，每段间浇筑长度控制在2 000～3 000mm距离，做到逐段逐层呈阶梯形向前推进。

（多选·第3题）对于跨度6m的钢筋混凝土简支梁，当设计无要求时，其梁底木模板跨中可采用的起拱高度有（　　）。

A．5mm　　　　　B．10mm　　　　　C．15mm　　　　　D．20mm

E．25mm

【答案】ABC

【考点】模板工程安装要点。

【解析】对跨度不小于4m的现浇钢筋混凝土梁、板，其模板应按设计要求起拱；当设计无具体要求时，起拱高度宜为跨度的1/1 000～3/1 000。本题跨度为6m，所以起拱高度在6～18mm。

（多选·第4题）关于钢筋混凝土工程雨期施工的说法，正确的有(　　)。

A. 对水混合掺合料应采取防水和防潮措施

B. 对粗、细骨料含水率进行实时监测

C. 浇筑板、墙、柱混凝土时，可适当减小滑落度

D. 应选用具有防雨水冲刷性能的模板脱模剂

E. 钢筋焊接接头可采用雨水急速降温

【答案】ABCD

【考点】钢筋工程。

【解析】雨天施焊应采取遮蔽措施，焊接后未冷却的接头应避免遇雨急速降温。

（案例分析题·第2题）

背景资料：

某新建工业厂区，地处大山脚下，总建筑面积16 000m²，其中包含一栋六层办公楼工程，摩擦型预应力管桩，钢筋混凝土框架结构。

在施工过程中，发生了下列事件：

事件一：在预应力管桩锤击沉桩施工过程中，某一根管桩端标高接近设计标高时难以下沉：此时，贯入度已达到设计要求，施工单位认为该桩承载力已经能够满足设计要求，提出终止沉桩。经组织勘察、设计、施工等各方参建人员和专家会商后同意终止沉桩，监理工程签字认可。

事件二：连续几天的大雨引发山体滑坡，导致材料库房垮塌，造成1人当场死亡，7人重伤。施工单位负责人接到事故报告后，立即组织相关人员召开紧急会议，要求迅速查明事故原因和责任，严格按照"四不放过"原则处理：4小时后向相关部门递交了1人死亡的事故报告，事故发生后第7天和第32天分别有1人在医院抢救无效死亡，其余5人康复出院。

事件三：办公楼一楼大厅支模高度为9m，施工单位编制了模架施工专项方案并经审批后，及时进行专项方案专家论证。论证会由总监理工程师组织，在行业协会专家库中抽出5名专家，其中1名专家是该工程设计单位的总工程师，建设单位没有参加论证会。

事件四：监理工程师对现场安全文明施工进行检查时，发现只有公司级、分公司级、项目级安全教育记录，开工前的安全技术交底记录中交底人为专职安全员，监理工程师要求整改。

问题：

1. 事件一中，监理工程师同意终止沉桩是否正确？预应力管桩的沉桩方法通常有哪几种？

2. 事件二中，施工单位负责人报告事故的做法是否正确？应该补报死亡人数几人？事故处理的"四不放过"原则是什么？

3. 分别指出事件三中的错误做法，并说明理由。

4. 分别指出事件四中的错误做法，并指出正确做法。

【答案】

1. 事件一：（1）正确。摩擦桩以控制设计标高为主，贯入度为辅，相关各方会商并同意后，可以终止。

（2）预应力管桩的沉桩方法通常有：锤击沉桩法、静力压桩法、振动压桩法、水冲沉桩法等。

2. 事件二：（1）不正确。

正确做法是：立即启动应急预案，抢救伤员，采取措施防止事故的再次发生和此生事故的

发生，并应在事故发生后一个小时内报告给事故发生地县级以上人民政府建设主管部门和有关部门。

（2）补报1人。

理由：按照有关规定事故发生之日起30日内伤亡人数发生变化的，应当及时补报。

（3）"四不放过"原则是：①事故原因不清楚不放过；②事故责任者和人员没有受到教育不放过；③事故责任者没有处理不放过；④没有制定纠正和预防措施不放过。

3. 事件三：

错误之处一：论证会由总监理工程师组织。

理由：按照有关规定论证会应由施工单位组织召开。

错误之处二：其中1名专家是该项工程设计单位的总工程师。

理由：按照有关规定设计单位总工不能作为专家成员。

错误之处三：建设单位没有参加论证会。

理由：按照有关规定建设单位负责人或技术负责人应参加。

4. 事件四：

错误之处一：只有公司级、分公司级、项目级的安全教育记录。

正确做法是：组织应建立分级职业健康安全生产教育制度，实施公司、项目经理部和作业队三级教育，未经教育的人员不得上岗作业。

错误之处二：由专职安全员进行技术交底。

正确做法是：交底人应为项目技术负责人。

2013年真题

（单选·第4题）基坑验槽应由（　　）组织。

A. 勘察单位项目负责人　　　　B. 设计单位项目负责人
C. 施工单位项目负责人　　　　D. 总监理工程师

【答案】D

【考点】验槽程序。

【解析】验槽程序：①在施工单位自检合格的基础上进行，施工单位确认自检合格后提出验收申请；②由总监理工程师或建设单位项目负责人组织建设、监理、勘察、设计及施工单位的项目负责人、技术质量负责人，共同按设计要求和有关规定进行。

（单选·第5题）关于钢筋加工的说法，正确的是（　　）。

A. 钢筋冷拉调直时，不能同时除锈

B. HRB400级钢筋采用冷拉调直时，伸长率允许最大值为4%

C. 钢筋的切断口可以有马蹄形

D. HPB235级纵向受力钢筋末端应作180°弯钩

【答案】D

【考点】钢筋加工。

【解析】钢筋加工要求：钢筋调直可采用机械调直和冷拉调直。当采用冷拉调直时，必须控制钢筋的伸长率。对HPB235级钢筋的冷拉伸长率不宜大于4%，对于HRB335级、HRB400级和RRB400级钢筋的冷拉伸长率不宜大于1%。钢筋除锈：一是在钢筋冷拉或调直过程中除锈；二是可采用机械除锈机除锈、喷砂除锈、酸洗除锈和手工除锈等。钢筋下料切断可采用钢筋切断机或手动液压切断器进行。钢筋的切断口不得有马蹄形或起弯等现象。HPB235级纵向受力钢筋末端应作180°弯钩，其弯弧内直径不应小于钢筋直径的2.5倍，弯钩的弯后平直部分长度不应小于钢筋直径的3倍。

（单选·第7题）关于吊顶工程的说法，正确的是（　　）。

A. 吊顶工程的木吊杆可不进行防火处理

B. 吊顶检修口可不设附加吊杆

C. 明龙骨装饰吸声板采用搁置法施工时，应有定位措施

D. 安装双层石膏板时，面层板与基层板的接缝应对齐

【答案】C

【考点】吊顶工程。

【解析】选项A，吊顶工程施工前准备工作：吊顶工程的木吊杆、木龙骨和木饰面板必须进行防火处理，并应符合有关设计防火规范的规定；选项B，施工方法：吊顶灯具、风口及检修口等应设附加吊杆。重型灯具、电扇及其他重型设备严禁安装在吊顶工程的龙骨上，必须增设附加吊杆；选项C，明龙骨饰面板的安装应符合以下规定：装饰吸声板的安装如采用搁置法安装，应有定位措施；选项D，暗龙骨饰面板的安装应符合下列要求：石膏板的接缝应按设计要求或构造要求进行板缝防裂处理。安装双层石膏板时，面层板与基层板的接缝应错开，并不得在同一根龙骨上接缝。

（单选·第11题）施工期间最高气温为25℃时，砌筑用普通水泥砂浆拌成后最迟必须在（　　）内使用完毕。

A. 1h B. 2h C. 3h D. 4h

【答案】C

【考点】砂浆的拌制及使用。

【解析】砂浆应随拌随用，水泥砂浆和水泥混合砂浆应分别在3h和4h内使用完毕；当施工期间最高气温超过30℃时，应分别在拌成后2h和3h内使用完毕。对掺用缓凝剂的砂浆，其使用时间可根据具体情况延长。

【说明】最新教材此知识点已变。

（多选·第3题）项目管理组织中，项目经理应具有的权限包括（　　）。

A. 对资源进行动态管理

B. 进行授权范围内的利益分配

C. 收集工程资料，准备结算资料，参与工程竣工验收

D. 主持项目经理部工作

E. 参与选择物资供应单位

【答案】DE

【考点】项目经理应具有的权限。

【解析】项目经理应具有下列权限：①参与项目招标与投标和合同签订；②参与组建项目经理部；③主持项目经理部工作；④决定授权范围内的项目资金的投入和使用；⑤制定内部计酬办法；⑥参与选择和使用具有相应资质的专业分包和劳务分包企业；⑦参与选择物资供应单位；⑧在授权范围内协调和处理与项目管理有关的内部与外部关系；⑨企业法定代表人授予的其他权力。

【说明】此考点最新教材已删除。

（多选·第4题）下列施工措施中，有利于大体积混凝土裂缝控制的有（　　）。

A. 选用低水化热的水泥 B. 提高水灰比

C. 提高混凝土的入模温度 D. 及时对混凝土覆盖保温、保湿材料

E. 采用二次抹面工艺

【答案】ADE

【考点】 大体积混凝土裂缝的控制。

【解析】 大体积混凝土裂缝的控制：①优先选用低水化热的矿渣水泥拌制混凝土，并适当使用缓凝减水剂；②在保证混凝土设计强度等级前提下，适当降低水灰比，减少水泥用量；③降低混凝土的入模温度，控制混凝土内外的温差（当设计无要求时，控制在25℃以内）。如降低拌合水温度（拌合水中加冰屑或用地下水），骨料用水冲洗降温，避免暴晒；④及时对混凝土覆盖保温、保湿材料；⑤可在基础内预埋冷却水管，通入循环水，强制降低混凝土水化热产生的温度；⑥在拌合混凝土时，还可掺入适量的微膨胀剂或膨胀水泥，使混凝土得到补偿收缩，减少混凝土的温度应力；⑦设置后浇缝。当大体积混凝土平面尺寸过大时，可以适当设置后浇缝，以减小外应力和温度应力，同时，也有利于散热，降低混凝土的内部温度；⑧大体积混凝土可采用二次抹面工艺，减少表面收缩裂缝。

2012年真题

（单选·第4题）关于后浇带施工的做法，正确的是（　　）。

A. 浇筑与原结构相同等级的混凝土
B. 浇筑与原结构提高一等级的微膨胀混凝土
C. 接槎部分未剔凿直接浇筑混凝土
D. 后浇带模板支撑重新搭设后浇带混凝土

【答案】 B

【考点】 后浇带施工的做法。

【解析】 后浇带通常根据设计要求留设，并保留一段时间（若设计无要求，则至少保留28d）后再浇筑，将结构连成整体。填充后浇带可采用微膨胀混凝土，强度等级比原结构强度提高一级，并保持至少15d的湿润养护。

（单选·第7题）关于砌体结构施工的做法，错误的是（　　）。

A. 施工现场砌块堆放整齐，堆放高度1.9m
B. 常温情况下砌筑砖砌体时，提前2d浇水湿润
C. 砖砌体的水平灰缝厚度为11mm
D. 必须留置的临时间断处砌成直槎

【答案】 D

【考点】 砌体结构施工的做法。

【解析】 砖墙的转角处和交接处应同时砌筑，严禁无可靠措施的内外墙分砌施工，对不能同时砖砌而又必须留置的临时间断处应砌成斜槎。

（单选·第10题）混凝土浇筑应在（　　）完成。

A. 初凝前　　　　B. 初凝后　　　　C. 终凝前　　　　D. 终凝后

【答案】 A

【考点】 大体积混凝土的浇筑方案。

【解析】 大体积混凝土浇筑时，为保证结构的整体性和施工的连续性，采用分层浇筑时，应保证在下层混凝土初凝前将上层混凝土浇筑完毕。

（多选·第2题）模板工程设计的安全性指标包括（　　）。

A. 强度　　　　　　　　　　　B. 刚度
C. 平整度　　　　　　　　　　D. 稳定性
E. 实用性

【答案】 ABD

【考点】 模板工程设计的安全性指标。

【解析】模板工程设计的安全性是要有足够的强度、刚度和稳定性，保证施工过程中不变形、不破坏、不倒塌。

（多选·第3题）关于屋面防水工程的做法，正确的有（   ）。

A．平屋面采用结构找坡，坡度2%

B．前后两遍的防水涂膜相互垂直涂布

C．上、下层卷材相互垂直铺贴

D．采用先低跨后高跨、先近后远的次序铺贴连续多跨的屋面卷材

E．采用搭接法铺贴卷材

【答案】BE

【考点】屋面防水工程的做法。

【解析】选项A，平屋面采用结构找坡，坡度不应小于3%；选项B，前后两遍的防水涂膜相互垂直涂布；选项C，上、下层卷材不得相互垂直铺贴；选项D，采用先高跨后低跨、先远后近的次序铺贴连续多跨的屋面卷材；选项E，铺贴卷材应采用搭接法。

（案例分析题·第1题）

背景资料

某人防工程，建筑面积5 000m²，地下一层，层高4.0m，基坑深为自然地面以下6.5m。建设单位委托监理单位对工程实施全过程监理。建设单位和某施工单位根据《建设工程施工合同（示范文本）》（GF—1999—0201）签订了施工承包合同。

工程施工过程中发生了下列事件：

事件一：施工单位进场后，根据建设单位提供的原场区内方格控制网坐标进行该建筑物的定位测设。

事件二：砌体工程施工时，监理工程师对工程变更部分新增构造柱的钢筋做法提出疑问。

事件三：工程在设计时就充分考虑"平战结合、综合使用"的原则，平时用作停车库，人员通过电梯或楼梯通道上到地面。工程竣工验收时，相关部门对主体结构、建筑电气、通风空调、装饰装修等分部工程进行了验收。

问题：

（1）事件一中，建筑物细部点定位测设有哪几种方法？本工程最适宜采用的方法是哪一种？

（2）事件二中，顺序列出新增构造柱钢筋安装的过程。

（3）根据人防工程的特点和事件三中的描述，本工程验收时还应包含哪些分部工程？

【答案】

（1）事件一中，建筑物细部点定位测设的方法有：直角坐标法、极坐标法、角度前方交会法、距离交会法。本工程最适宜采用的方法是直角坐标法。

（2）新增构造柱钢筋安装的过程：植筋→拉拔试验→柱钢筋绑扎→箍筋绑扎→验收。

（3）地下室人防工程验收时，还应包含以下分部工程：电梯工程、地下防水工程、给排水工程、地面工程、消防工程等。

经典例题训练

一、单项选择题

1. 基坑开挖一般采用（   ）的原则。

A．分层开挖，先撑后挖   B．分段开挖，先撑后挖

C．分层开挖，先挖后降   D．分层开挖，先挖后撑

2. 水准仪主要由（　　）三个主要部分组成。

A. 物镜、水准器、基座　　　　　　　　B. 仪器箱、照准部、三脚架

C. 望远镜、三脚架、基座　　　　　　　D. 望远镜、水准器、基座

3. 下列选项中，（　　）适用于测设点靠近控制点，便于量距的地方。

A. 极坐标法　　　　　　　　　　　　　B. 角度前方交会法

C. 距离交会法　　　　　　　　　　　　D. 直角坐标法

4. 基坑验槽程序，由（　　）组织建设、监理、勘察、设计单位等共同按设计要求和有关规定进行。

A. 总监理工程师　　　　　　　　　　　B. 施工单位的项目负责人

C. 专职监理工程师　　　　　　　　　　D. 施工单位的技术质量负责人

5. 填充后浇带，采用的微膨胀混凝土强度等级比原结构强度提高一级，混凝土养护时间不得少于（　　）天。

A. 7　　　　　　　B. 14　　　　　　　C. 15　　　　　　　D. 21

6. 墙面石材铺装，当采用湿作业法施工时，灌注砂浆应分层进行，每层灌注高度宜为（　　）mm，且不超过板高的1/3，插捣应密实。

A. 100～150　　　B. 150～200　　　C. 200～250　　　D. 250～300

7. 玻璃幕墙安装完成后，应对幕墙表面进行清洗，所用清洁剂应该为（　　）。

A. 酸性　　　　　　B. 碱性　　　　　　C. 弱酸性　　　　　D. 中性

8. 当基坑较深，地下水位较高，开挖土体位于地下水位以下时，（　　）。

A. 应做防水设施　　　　　　　　　　　B. 应采取人工降低地下水位措施

C. 应采取加固措施　　　　　　　　　　D. 应与设计和建设单位研究采取防护措施

9. 当无设计要求时，基础墙的防潮层应采用（　　）。

A. 1：2 水泥砂浆加适量防水剂铺设，其厚度宜为20mm

B. 1：2 水泥砂浆加适量防水剂铺设，其厚度宜为50mm

C. 1：3 水泥砂浆加适量防水剂铺设，其厚度宜为20mm

D. 1：3 水泥砂浆加适量防水剂铺设，其厚度宜为50mm

10. 地下防水工程立面卷材宜采用（　　）施工。

A. 空铺法　　　　　B. 点粘法　　　　　C. 条粘法　　　　　D. 满粘法

11. 将饰面板事先加工成企口暗缝，安装时将 T 形龙骨两肋插入企口缝内的明龙骨吊顶饰面板安装方法是（　　）。

A. 搁置法　　　　　B. 嵌入法　　　　　C. 卡固法　　　　　D. 粘贴法

12. 砖应提前（　　）浇水湿润，烧结普通砖含水率宜为60%～70%。

A. 1d～2d　　　　　B. 1d～3d　　　　　C. 2d～3d　　　　　D. 1d～5d

13. 下列模板中，（　　）的优点是自重轻、板幅大、板面平整、施工安装方便简单等。

A. 钢框木（竹）胶合板模板　　　　　　B. 组合钢模板

C. 钢大模板　　　　　　　　　　　　　D. 散支散拆胶合板模板

14. 混凝土采用覆盖浇水养护的时间中，对（　　）的混凝土，不得少于14d。

A. 硅酸盐水泥拌制　　　　　　　　　　B. 矿渣硅酸盐水泥拌制

C. 有抗渗性要求　　　　　　　　　　　D. 粉煤灰硅酸盐水泥拌制

15. 屋面防水等级中，Ⅲ级防水层，合理使用年限为（　　）年，一道防水设防。

A. 5　　　　　　　B. 10　　　　　　　C. 15　　　　　　　D. 25

16. 次龙骨安装间距宜为（　　　）mm。
   A. 300～400　　　　B. 300～600　　　　C. 400～600　　　　D. 200～400

17. 水性涂料涂饰工程施工的环境温度应在（　　　）℃之间，并注意通风换气和防尘。
   A. 5～20　　　　B. 5～35　　　　C. 1～15　　　　D. 5～55

18. 最有利于消除大体积混凝土表面裂缝的是（　　　）。
   A. 二次抹面　　　　B. 外部降温　　　　C. 二次振捣　　　　D. 内部降温

19. 普通砂浆试块一组共有（　　　）块。
   A. 3　　　　B. 4　　　　C. 5　　　　D. 6

20. 下列关于建筑幕墙的描述正确的是（　　　）。
   A. 建筑幕墙是承担主体结构荷载和作用的建筑外围护结构
   B. 石材幕墙要承担主体结构荷载和作用，玻璃幕墙不要承担主体结构荷载和作用
   C. 没有金属构架，直接通过预埋件和金属挂件把石材面板直接挂在混凝土墙体上的建筑构造不属于建筑幕墙
   D. 建筑幕墙是不承担主体结构荷载和作用，并相对主体结构有一定位移能力的建筑外围护结构

21. 砌筑砂浆的分层度不得大于30mm，确保砂浆具有良好的（　　　）。
   A. 黏结性　　　　B. 保水性　　　　C. 增水性　　　　D. 整体性

22. 钢结构焊接时产生冷裂纹的主要原因是（　　　）。
   A. 焊缝布置不当　　　　　　　　　　B. 焊接工艺参数选择不当
   C. 焊接材料质量不好　　　　　　　　D. 母材抗裂性能差

23. 关于室内防水工程施工技术要求的表述，不正确的是（　　　）。
   A. 基层表面应坚固、洁净、干燥，含水率应符合要求
   B. 铺设防水层时，在管道穿过楼板面四周，防水材料应向下铺涂，并超过套管的下口
   C. 在墙面和地面相交的阴角处，出地管道根部和地漏周围，须增加附加层
   D. 防水层的材料，其材质应经有资质的检测单位检定，合格后方准使用

24. 混凝土或抹灰基层涂刷溶剂型涂料时，含水率不得大于（　　　）。
   A. 8%　　　　B. 10%　　　　C. 15%　　　　D. 20%

25. 平板形预埋件的加工要求中，当锚筋直径＞20mm时，宜采用（　　　）。
   A. I形与锚板焊接　　　　　　　　　B. 穿孔塞焊
   C. 手工焊　　　　　　　　　　　　　D. 压力埋弧焊

26. 非透明幕墙的热工指标主要是（　　　）。
   A. 遮阳系数　　　　　　　　　　　　B. 传热系数
   C. 可见光透射比　　　　　　　　　　D. 不可见光透射比

27. 一般建筑工程，通常先布设（　　　），然后以此为基础，测设建筑物的主轴线。
   A. 高程控制网　　　B. 市控制网　　　C. 轴线控制网　　　D. 施工控制网

28. 砖砌体工程中可设置脚手眼的墙体或部位是（　　　）。
   A. 120mm厚墙　　　　　　　　　　　B. 砌体门窗洞口两侧450mm处
   C. 独立柱　　　　　　　　　　　　　D. 宽度为800mm的窗间墙

29. 某不上人吊顶工程，下列做法错误的是（　　　）。
   A. 预埋件、钢筋吊杆进行了防锈处理
   B. 安装面板前完成吊顶内管道和设备的验收
   C. 检修口处未设置附加吊杆

D. 距主龙骨端部 300mm 的部位设置了吊杆

30. 当采用铺浆法砌筑，气温为 32℃时，铺浆长度不准超过( )mm。

A. 1 000   B. 750   C. 500   D. 300

31. 屋面防水找平层的排水坡度应符合设计要求，平屋面采用结构找坡时，坡度不应小于( )。

A. 4%   B. 3%   C. 2%   D. 1%

32. 铝合金门窗的固定方式中，( )连接适用于钢结构。

A. 连接件焊接   B. 预埋件   C. 燕尾铁脚   D. 金属膨胀螺钉

33. 关于框支承玻璃幕墙的立柱安装的叙述，正确的是( )。

A. 铝合金型材截面开口部位的厚度不应小于 3.0mm

B. 闭口部位的厚度不应小于 4.5mm

C. 钢型材截面受力部位的厚度不应小于 2.0mm

D. 铝合金立柱一般宜设计成受拉构件，上、下柱之间应留不小于 12mm 的缝隙

34. 当吊顶工程吊杆距主龙骨端部距离大于( )mm 时，应增加吊杆。

A. 200   B. 300   C. 350   D. 500

35. 寒冷地区木门窗框与墙体间的空隙应填充( )。

A. 水泥砂浆   B. 水泥混合砂浆

C. 防腐材料   D. 保温材料

36. 某工程一次性要安装同一种类 520 樘塑料门窗，则需要做的检验批数量是( )。

A. 6   B. 5   C. 3   D. 1

37. 下列分区不属于我国居住建筑节能气候分区的是( )。

A. 严寒地区   B. 寒冷地区   C. 温和地区   D. 炎热地区

38. 关于土方的填筑与压实，下列叙述中不正确的是( )。

A. 一般优先选用淤泥质土、膨胀土、有机质含量大于 8% 的土作为回填土

B. 填土的压实方法一般有碾压法、夯实法和振动压实法以及利用运土工具压实等

C. 填方宜分层进行并尽量采用同类土填筑

D. 当天填土，应在当天压实

39. 基坑验槽的内容不包括( )。

A. 检查验槽人员的资质   B. 检查是否与设计图纸相符

C. 检查基槽之中是否有旧建筑物基础   D. 检查基槽边坡外缘与附近建筑物的距离

二、多项选择题

1. 下列选项中，符合金属面板加工制作要求的有( )。

A. 金属板材的品种、规格和色泽应符合设计要求

B. 单层铝板折弯加工时，折弯外圆弧半径不应小于板厚的 0.5 倍

C. 蜂窝铝板、铝塑复合板应采用机械刻槽折边

D. 在加工过程中铝塑复合板严禁与水接触

E. 加劲肋可采用电栓钉固定，但应确保铝板外表面不变形、褪色，固定应牢固

2. 暗龙骨吊顶饰面板的安装方法有( )。

A. 粘贴法   B. 嵌入法   C. 搁置法   D. 卡固法

E. 钉固法

3. 大体积混凝土的浇筑方案主要有( )等方式。

A. 全面分层   B. 分段分层   C. 斜面分层   D. 均匀分层

E. 交错分层

4. 钎探是根据（　　）来判断土的软硬情况及有无古井、古墓、洞穴、地下掩盖物等。

A. 钎孔大小　　　　　B. 用力大小　　　　　C. 锤击次数　　　　　D. 入土深度

E. 入土难易程度

5. 下列关于建筑地面工程的变形缝设置要求，叙述正确的有（　　）。

A. 地面的变形缝应与结构变形缝的位置一致

B. 水泥混凝土垫层纵向缩缝间距不得大于 6m

C. 木、竹地板的毛地板间缝隙不应大于 6mm

D. 实木地板面层与墙之间应留 8～12mm 缝隙

E. 实木复合地板面层与墙之间空隙不应小于 10mm

6. 深基坑工程的挖土方案主要有（　　）。

A. 分层分段挖土　　　B. 放坡挖土　　　　　C. 中心岛式挖土　　　D. 盆式挖土

E. 逆作法挖土

7. 建筑地面的（　　）应与结构相应的位置一致，且应贯通建筑地面的各构造层。

A. 防爆层　　　　　　B. 沉降缝　　　　　　C. 防水隔离层　　　　D. 伸缩缝

E. 防震缝

8. 钢结构焊接产生热裂纹的主要原因包括（　　）。

A. 母材抗裂性能差　　　　　　　　　　　B. 焊接材料质量不好

C. 焊接工艺参数选择不当　　　　　　　　D. 焊前未预热、焊后冷却快

E. 焊接结构设计不合理、焊缝布置不当

9. 在钢筋安装中，下列关于柱钢筋绑扎的叙述正确的有（　　）。

A. 柱钢筋的绑扎应在柱模板安装前进行

B. 框架梁、牛腿及柱帽等钢筋，应放在柱子纵向钢筋外侧

C. 柱中的竖向钢筋搭接时，角部钢筋的弯钩应与模板成 90°

D. 箍筋的接头应交错布置在四角纵向钢筋上

E. 绑扎箍筋时绑扣相互间应成"八"字形

10. 木饰面板安装一般采用（　　）等方法。

A. （木）龙骨安装法　　　　　　　　　　B. 有龙骨钉固法

C. 木衬板粘贴薄金属面板　　　　　　　　D. 无龙骨安装法

E. 粘结法

11. 地基验槽重点观察的内容有（　　）。

A. 基坑周边是否设置排水沟　　　　　　　B. 地质情况是否与勘察报告相符

C. 是否有旧建筑基础　　　　　　　　　　D. 基槽开挖方法是否先进合理

E. 是否有浅埋坑穴、古井等

参考答案及解析

一、单项选择题

1. A【解析】基坑开挖一般采用"开槽支撑、先撑后挖、分层开挖、严禁超挖"的开挖原则。

2. D【解析】水准仪主要由望远镜、水准器和基座三个主要部分组成，是为水准测量提供水平视线和对水准标尺进行读数的一种仪器。

3. A【解析】选项 A，极坐标法适用于测设点靠近控制点，便于量距的地方；选项 B，角度前方交会法适用于不便量距或测设点远离控制点的地方。对于一般小型管线的定位，亦可采用此法；选项 C，从控制点到测设点的距离，若不超过测距的长度时，可用距离交会法来测定；选项 D，当建筑场地的施工控制网为方格网或轴线形式时，用直角坐标法测定。

4. A【解析】基坑验槽程序，由总监理工程师或建设单位项目负责人组织建设、监理、勘察、设计及施工单位的项目负责人、技术质量负责人，共同按设计要求和有关规定进行。

5. B【解析】填充后浇带，可采用微膨胀混凝土。强度等级比原结构强度提高一级，并保持至少 14d 的湿润养护。

6. B【解析】灌注砂浆宜用 1：2.5 水泥砂浆，灌注时应分层进行，每层灌注高度宜为 150～200mm，且不超过板高的 1/3，插捣应密实。待其初凝后可灌注上层水泥砂浆。

7. D【解析】幕墙工程安装完成后，应制订清洁方案。应选择无腐蚀性的清洁剂进行清洗；在清洗时，应检查幕墙排水系统是否畅通，发现堵塞应及时疏通。

8. B【解析】当基坑较深，地下水位较高，开挖土体大多位于地下水位以下时，应采取合理的人工降水措施，降水时应经常注意观察附近已有建筑物或构筑物、道路、管线，有无下沉和变形。

9. A【解析】基础墙的防潮层应符合设计要求，当设计无具体要求，宜用 1：2 水泥砂浆加适量防水剂铺设，其厚度宜为 20mm。

10. D【解析】根据卷材的铺贴方法要求，立面或大坡面铺贴防水卷材时，应采用满粘法，并宜减少卷材短边搭接。

11. B【解析】明龙骨吊顶饰面板的安装方法有：搁置法、嵌入法、卡固法等。选项 A，搁置法是将饰面板直接放在 T 形龙骨组成的格栅框内，即完成吊顶安装。有些轻质饰面板考虑刮风时会被掀起（包括空调风口附近），应有防散落措施，宜用水条、卡子等固定；选项 B，嵌入法是将饰面板事先加工成企口暗缝，安装时将 T 形龙骨两肋插入企口缝内；选项 C，卡固法是饰面板与龙骨采用配套卡具卡接固定，多用于金属饰面板安装。

12. A【解析】砖、石基础主要指由烧结普通砖和毛石砌筑而成的基础，均属于刚性基础范畴。砖应提前 1d～2d 浇水湿润，烧结普通砖含水率宜为 60%～70%。清除砌筑部位处所残存的砂浆、杂物等。

13. D【解析】选项 A，钢框木（竹）胶合板模板的特点是自重轻、用钢量少、面积大、模板拼缝少、维修方便等；选项 B，组合钢模板的优点是轻便灵活、拆装方便、通用性强、周转率高等；选项 C，钢大模板的优点是模板整体性好、抗震性强、无拼缝等；选项 D，散支散拆胶合板模板的优点是自重轻、板幅大、板面平整、施工安装方便简单等。

14. C【解析】混凝土采用覆盖浇水养护的时间中，对采用硅酸盐水泥、普通硅酸盐水泥或矿渣硅酸盐水泥拌制的混凝土，不得少于 7d；对掺用缓凝型外加剂矿物掺和料或有抗渗性要求的混凝土，不得少于 14d。

15. B【解析】屋面工程应根据建筑物性质、重要程度、使用功能要求以及防水层合理使用年限，按不同等级进行设防，屋面防水等级分为 I～Ⅳ 级：①I 级防水层，合理使用年限为 25 年，三道或三道以上防水设防；②Ⅱ 级防水层，合理使用年限为 15 年，二道防水设防；③Ⅲ 级防水层，合理使用年限为 10 年，一道防水设防；④Ⅳ 级防水层，合理使用年限为 5 年，一道防水设防。

16. B【解析】次龙骨分明龙骨和暗龙骨两种。次龙骨安装间距宜为 300～600mm，在潮湿地区和场所安装间距宜为 300～400mm。

17. B【解析】涂饰工程包括水性涂料涂饰工程、溶剂型涂料涂饰工程、美术涂饰工程。

水性涂料涂饰工程施工的环境温度应在 5~35℃ 之间，并注意通风换气和防尘。

18．A【解析】大体积混凝土可采用二次抹面工艺，减少表面收缩裂缝。

19．D【解析】砂浆试块应在搅拌机出料口随机取样、制作，同盘砂浆应制作一组试块。普通砂浆试块一组共有6块，而普通混凝土试块一组共有3块，注意区分。

20．D【解析】建筑幕墙是由支承结构体系与面板组成的，可相对主体结构有一定位移能力，但不分担主体结构荷载与作用的建筑外围护结构或装饰性结构。

21．B【解析】砌筑砂浆的分层度不得大于30mm，确保砂浆具有良好的保水性。

22．A【解析】裂纹通常有热裂纹和冷裂纹之分。产生热裂纹的主要原因是母材抗裂性能差、焊接材料质量不好、焊接工艺参数选择不当、焊接内应力过大等。产生冷裂纹的主要原因是焊缝布置不当、焊接工艺措施不合理、焊接结构设计不合理等。

23．B【解析】选项B，铺设防水层时，在管道穿过楼板面四周，防水材料应向上铺涂，并超过套管的上口。

24．A【解析】混凝土或抹灰基层涂刷溶剂型涂料时，含水率不得大于8%；涂刷乳液型涂料时，含水率不得大于10%。

25．B【解析】直锚筋与锚板应采用T形焊。当锚筋直径不大于20mm时，宜采用压力埋弧焊；当锚筋直径大于20mm时，宜采用穿孔塞焊。不允许把锚筋弯成Ⅱ形或Ⅰ形与锚板焊接。

26．【解析】非透明幕墙的热工指标主要是传热系数。透明幕墙的主要热工性能指标有传热系数和遮阳系数两项，其他还有可见光透射比等指标。

27．D【解析】一般建筑工程，通常先布设施工控制网，再以施工控制网为基础，开展建筑物轴线测量和细部放样等施工测量工作。

28．B【解析】不得在下列墙体或部位设置脚手眼：①120mm 厚墙、清水墙、料石墙、独立柱和附墙柱；②过梁上与过梁成60°角的三角形范围及过梁净跨度1/2的高度范围内；③宽度小于1m的窗间墙；④门窗洞口两侧石砌体300mm，其他砌体200mm范围内；转角处石砌体600mm，其他砌体450mm范围内；⑤梁或梁垫下及其左右500mm范围内；⑥设计不允许设置脚手眼的部位；⑦轻质墙体；⑧夹心复合墙外叶墙。

29．C【解析】①安装龙骨前，应按设计要求对房间净高、洞口标高和吊顶管道、设备及其支架的标高进行交接检验。②吊顶工程的木吊杆、木龙骨和木饰面板必须进行防火处理，并应符合有关设计防火规范的规定。③吊顶工程中的预埋件、钢筋吊杆和型钢吊杆应进行防锈处理。④安装面板前应完成吊顶内管道和设备的调试及验收。⑤吊杆距主龙骨端部和距墙的距离不应大于300mm。吊杆间距和主龙骨间距不应大于1 200mm，当吊杆长度大于1.5m时，应设置反支撑。当吊杆与设备相遇时，应调整增设吊杆。⑥当石膏板吊顶面积大于100m^{2}时，纵横方向每12~18m距离处宜做伸缩缝处理。

30．C【解析】砌筑方法有"三一"砌筑法、挤浆法（铺浆法）、刮浆法和满口灰法四种。通常宜采用"三一"砌筑法，即一铲灰、一块砖、一揉压的砌筑方法。当采用铺浆法砌筑，铺浆长度不准超过750mm。当气温超过30℃时，铺浆长度不准超过500mm。

31．B【解析】屋面防水应以防为主，以排为辅。在完善设防的基础上，应将水迅速排走，以减少渗水的机会，所以正确的排水坡度很重要。屋面防水找平层的排水坡度应符合设计要求，平屋面采用结构找坡不应小于3%；采用材料找坡时，坡度宜为2%；天沟、檐沟纵向找坡不应小于1%。

32．A【解析】金属门窗安装应采用预留洞口的方法施工，不得采用边安装边砌口或先安装后砌口的方法施工。铝合金门窗的固定方式中，连接件焊接连接适用于钢结构；预埋件连接适用于钢筋混凝土结构；燕尾铁脚连接适用于砖墙结构；金属膨胀螺栓固定适用于钢筋混凝土结构、砖墙结构。

33. A【解析】选项 B，闭口部位的厚度不应小于 2.5mm；选项 C，钢型材截面受力部位的厚度不应小于 3.0mm；选项 D，铝合金立柱一般宜设计成受拉构件，上、下柱之间应留不小于 15mm 的缝隙。

34. B【解析】吊杆距主龙骨端部距离不得大于 300mm。当大于 300mm 时，应增加吊杆。当吊杆长度大于 1.5m 时，应设置反支撑。当吊杆与设备相遇时，应调整并增设吊杆。

35. D【解析】木门窗框与墙体间缝隙的填嵌材料应符合设计要求，填嵌应饱满。寒冷地区木门窗框与墙体间的缝隙应填充保温材料。

36. A【解析】同一品种、类型和规格的木门窗、金属门窗、塑料门窗及门窗玻璃，每 100 樘划分为一个检验批，不足 100 樘的也划分为一个检验批，故需做检验批的数量是 6。

37. D【解析】我国居住建筑节能气候分区为：严寒地区（分 A、B、C 三个区）、寒冷地区（分 A、B 两个区）、夏热冬冷地区、夏热冬暖地区（分南、北两个区）、温和地区（分 A、B 两个区）。我国公共建筑节能气候分区为：严寒地区（分 A、B 两个区）、寒冷地区、夏热冬冷地区、夏热冬暖地区。

38. A【解析】填方土料应符合设计要求，保证填方的强度和稳定性。一般不能选用淤泥和淤泥质土、膨胀土、有机质含量大于 8% 的土、含水溶性硫酸盐大于 5% 的土、含水量不符合压实要求的黏性土。

39. A【解析】验槽的主要内容有以下几点：①根据设计图纸检查基槽的开挖平面位置、尺寸、槽底深度，检查是否与设计图纸相符，开挖深度是否符合设计要求；②仔细观察槽壁、槽底土质类型、均匀程度和有关异常土质是否存在，核对基坑土质及地下水情况是否与勘察报告相符；③检查基槽之中是否有旧建筑物基础、古井、古墓、洞穴、地下掩埋物及地下人防工程等；④检查基槽边坡外缘与附近建筑物的距离，基坑开挖对建筑物稳定是否有影响；⑤天然地基验槽应检查核实分析钎探资料，对存在的异常点位进行复合检查。桩基应检测桩的质量合格。

二、多项选择题

1. ACDE【解析】金属板加工制作要求：①金属板材的品种、规格和色泽应符合设计要求；②蜂窝铝板、铝塑复合板应采用机械刻槽折边；③金属板应按需要设置边肋和中肋等加劲肋，铝塑复合板折边处应设边肋，加劲肋可采用金属方管、槽形或角形型材；④单层铝板折弯加工时，折弯外圆弧半径不应小于板厚的 1.5 倍；⑤在加工过程中，铝塑复合板严禁与水接触；⑥蜂窝铝板在切除铝芯时不得划伤外层铝板的内表面。

2. ABDE【解析】暗龙骨吊顶饰面板的安装方法有粘贴法、嵌入法、卡固法和钉固法等。

3. ABC【解析】大体积混凝土浇筑时，浇筑方案根据整体性要求、结构大小、钢筋疏密及混凝土供应等情况，可以选择全面分层、分段分层、斜面分层等方式之一。

4. CE【解析】地基验槽通常采用观察法。对于基底以下的土层不可见部位，通常采用钎探法。钎探是用锤将钢钎打入坑底以下的土层内一定深度，根据锤击次数和入土难易程度来判断土的软硬情况及有无古井、古墓、洞穴、地下掩埋物等。

5. ABDE【解析】依据《建筑地面工程施工质量验收规范》（GB 50209—2010）规定，建筑地面的沉降缝、伸缩缝和防震缝，应与结构相应缝的位置一致，且应贯通建筑地面的各构造层。室内地面的水泥混凝土垫层，应设置纵向缩缝和横向缩缝；纵向缩缝间距不得大于 6m，横向缩缝不得大于 12m。毛地板铺设时，木材髓心应向上，其板间缝隙不应大于 3mm，与墙之间应留 8～12mm 缝隙。实木地板、竹地板面层铺设时，面板与墙之间应留 8～12mm 缝隙。实木复合地板面层与墙之间应留不小于 10mm 空隙。

6. BCDE【解析】深基坑工程的挖土方案，主要有放坡挖土、中心岛式（也称墩式）挖土、盆式挖土和逆作法挖土。前者无支护结构，后三种皆有支护结构。分层分段挖土是大面积基坑开挖的一般性要求。

7. BDE【解析】建筑地面的沉降缝、伸缩缝和防震缝应与结构相应的位置一致，且应贯通建筑地面的各构造层。

8. ABC【解析】焊缝缺陷通常分为：裂纹、孔穴、同体夹杂、未熔合、未焊透、形状缺陷和上述以外的其他缺陷。裂纹通常有热裂纹和冷裂纹之分。产生热裂纹的主要原因是：母材抗裂性能差、焊接材料质量不好、焊接工艺参数选择不当、焊接内应力过大等。

9. ADE【解析】选项B，框架梁、牛腿及柱帽等钢筋，应放在柱子纵向钢筋内侧；选项C，柱中的竖向钢筋搭接时，角部钢筋的弯钩应与模板成45°。

10. BE【解析】木饰面板安装一般采用有龙骨钉固法、粘结法。（木）龙骨安装法和无龙骨安装法是镜面玻璃饰面板安装常采用的方法。木衬板粘贴薄金属面板是金属饰面板安装常采用的方法。

11. BCE【解析】验槽主要有以下几点：①根据设计图纸检查基槽的开挖平面位置、尺寸、槽底深度，检查是否与设计图纸相符，开挖深度是否符合设计要求；②仔细观察槽壁、槽底土质类型、均匀程度和有关异常土质是否存在，核对基坑土质及地下水情况是否与勘察报告相符；③检查基槽之中是否有旧建筑物基础、古井、古墓、洞穴、地下掩埋物及地下人防工程等；④检查基槽边坡外缘与附近建筑物的距离，基坑开挖对建筑物稳定是否有影响；⑤天然地基验槽应检查核实分析钎探资料，对存在的异常点位进行复合检查，桩基应检测桩的质量是否合格。

2A320000 建筑工程项目施工管理

📖 名师导学

本章的主要内容包括单位工程施工组织设计、施工进度管理、施工质量管理、施工安全管理、工程招标投标管理、工程造价与成本管理、工程施工合同管理、工程施工现场管理、建筑工程验收管理九个部分。通过对实际案例分析，提高读者对相关知识的理解和综合运用能力。

🔍 大纲测试内容及能力等级

章节	大纲要求	能力等级	章节	大纲要求	能力等级
2A320010	单位工程施工组织设计		2A320032	地基基础工程施工质量管理	★★★★☆
2A320011	施工组织设计的管理	★★★★☆	2A320033	混凝土结构工程施工质量管理	★★★★☆
2A320012	施工部署	★★★★☆	2A320034	砌体结构工程施工质量管理	★★★★☆
2A320013	施工顺序和施工方法的确定	★★★★☆	2A320035	钢结构工程施工质量管理	★★★★☆
2A320014	施工平面布置图	★★★☆☆	2A320036	建筑防水、保温工程施工质量管理	★★★★☆
2A320015	材料、劳动力、施工机具计划	★★☆☆☆	2A320037	墙面、吊顶与地面工程施工质量管理	★★★★★
2A320020	建筑工程施工进度管理		2A320038	建筑幕墙工程施工质量管理	★★★★☆
2A320021	施工进度计划的编制	★★★★☆	2A320039	门窗与细部工程施工质量管理	★★★☆☆
2A320022	流水施工方法在建筑工程中的应用	★★★☆☆	2A320040	建筑工程施工安全管理	
2A320023	网络计划方法在建筑工程中的应用	★★★☆☆	2A320041	基坑工程安全管理	★★★☆☆
2A320024	施工进度的检查与调整	★★☆☆☆	2A320042	脚手架工程安全管理	★★★★☆
2A320030	建筑工程施工质量管理		2A320043	模板工程安全管理	★★★★☆
2A320031	土方工程施工质量管理	★★★☆☆	2A320044	高处作业安全管理	★★★★☆

章节	大纲要求	能力等级	章节	大纲要求	能力等级
2A320045	洞口、临边防护管理	★★★★☆	2A320073	专业分包合同的应用	★★★★☆
2A320046	施工用电安全管理	★★★★☆	2A320074	劳务分包合同的应用	★★★★☆
2A320047	垂直运输机械安全管理	★★★★☆	2A320075	施工合同变更与索赔	★★★★☆
2A320048	施工机具安全管理	★★☆☆☆	2A320080	建筑工程施工现场管理	
2A320049	施工安全检查与评定	★★☆☆☆	2A320081	现场消防管理	★★★★☆
2A320050	建筑工程施工招标投标管理		2A320082	现场文明施工管理	★★★★☆
2A320051	施工招标投标管理要求	★★★★☆	2A320083	现场成本保护管理	★★★★☆
2A320052	施工招标条件与程序	★★★★☆	2A320084	现场环境保护管理	★★★★☆
2A320053	施工投标条件与程序	★★★★☆	2A320085	职业健康安全管理	★★★☆☆
2A320060	建筑工程造价与成本管理		2A320086	临时用电、用水管理	★★☆☆☆
2A320061	工程造价的构成与计算	★★★★☆	2A320087	安全警示牌布置原则	★★☆☆☆
2A320062	工程施工成本的构成	★★★☆☆	2A320088	施工现场综合考评分析	★★☆☆☆
2A320063	工程量清单计价规范的运用	★★★☆☆	2A320090	建筑工程验收管理	
2A320064	合同价款的约定与调整	★★★★☆	2A320091	检验批及分项工程的质量验收	★★★★☆
2A320065	预付款与进度款的计算	★★★★☆	2A320092	分部工程的质量验收	★★★★☆
2A320066	工程竣工结算	★★★★☆	2A320093	室内环境质量验收	★★★★☆
2A320067	成本控制方法在建筑工程中的应用	★★☆☆☆	2A320094	节能工程质量验收	★★★★☆
2A320070	建设工程施工合同管理		2A320095	消防工程竣工验收	★★★★☆
2A320071	施工合同的组成与内容	★★★☆☆	2A320096	单位工程竣工验收	★★★★☆
2A320072	施工合同的签订与履行	★★★☆☆	2A320097	工程竣工资料的编制	★★★☆☆

📖 本章重难点释义

⟫ 2A320010 单位工程施工组织设计 ⟪

2A320011 施工组织设计的管理

☞ **考点1 单位工程施工组织设计的内容**

表3-1   单位工程施工组织设计的内容

项目	内容
作用	单位工程施工组织设计对单位（子单位）工程的施工过程起指导和制约作用； 单位工程施工组织设计是对项目施工全过程管理的综合性文件
编制原则	①符合施工合同或招标文件中有关工程进度、质量、安全、环境保护、造价等方面的要求； ②积极开发、使用新技术和新工艺，推广应用新材料和新设备； ③坚持科学的施工程序和合理的施工顺序，采用流水施工和网络计划等方法，科学配置资源，合理布置现场，采取季节性施工措施，实现均衡施工，达到合理的经济技术指标； ④采取技术和管理措施，推广建筑节能和绿色施工； ⑤与质量、环境和职业健康安全三个管理体系有效结合
编制依据	①与工程建设有关的法律、法规和文件； ②国家现行有关标准和技术经济指标； ③工程所在地区行政主管部门的批准文件，建设单位对施工的要求； ④工程施工合同或招标投标文件； ⑤工程设计文件； ⑥工程施工范围内的现场条件，工程地质及水文地质、气象等自然条件； ⑦与工程有关的资源供应情况； ⑧施工企业的生产能力、机具设备状况、技术水平等
基本内容	编制依据、工程概况、施工部署、施工进度计划、施工准备与资源配置计划、主要施工方法、施工现场平面布置及主要施工管理计划等

★单位工程施工组织设计编制与审批：单位工程施工组织设计由项目负责人主持编制，项目经理部全体管理人员参加，施工单位主管部门审核，施工单位技术负责人或其授权的技术人员审批。

提示 （2013年·单选·第8题）考查此知识点

★单位工程施工组织设计经上级承包单位技术负责人或其授权人审批后，应在工程开工前由施工单位项目负责人组织，对项目部全体管理人员及主要分包单位进行交底并做好交底记录。

☞ **考点2 单位工程施工组织设计的管理**

（1）单位工程施工组织设计编制与审批：单位工程施工组织设计由项目负责人主持编制，项目经理部全体管理人员参加，施工单位主管部门审核，施工单位技术负责人或其授权的技术人员审批。

（2）过程检查可按照工程施工阶段进行。通常划分为地基基础、主体结构、装饰装修三个阶段。

（3）单位工程施工组织设计审批后加盖受控章，由项目资料员报送及发放并登记记录，报送监理方及建设方，发放企业主管部门、项目相关部门、主要分包单位。

（4）施工组织设计的动态管理。

项目施工过程中，如发生以下情况之一时，施工组织设计应及时进行修改或补充：

①工程设计有重大修改；

②有关法律、法规、规范和标准实施、修订和废止；

③主要施工方法有重大调整；

④主要施工资源配置有重大调整；

⑤施工环境有重大改变。

经修改或补充的施工组织设计应重新审批后才能实施。

2A320012 施工部署

表 3－2   施工部署的内容

项目	内容
工程目标	工程的质量、进度、成本、安全、环保及节能、绿色施工等管理目标
工程分类	工程施工的组织管理和施工技术两个方面
工程管理的组织	岗位设置应和项目规模相匹配，人员组成应具备相应的上岗资格
"四新"技术	新技术、新工艺、新材料、新设备
资源投入计划	①拟投入的最高人数和平均人数； ②分包计划，劳动力使用计划，材料供应计划，机械设备供应计划

2A320013 施工顺序和施工方法的确定

施工顺序的确定原则：工艺合理、保证质量、安全施工、充分利用工作面、缩短工期。

一般工程的施工顺序："先准备、后开工"，"先地下、后地上"，"先主体、后围护"，"先结构、后装饰"，"先土建、后设备"。

施工方法的确定原则：遵循先进性、可行性和经济性兼顾的原则。

施工方法应结合工程的具体情况和施工工艺、工法等按照施工顺序进行描述。

2A320014 施工平面布置图

施工现场平面布置图的内容包括：

（1）工程施工场地状况。

（2）拟建建（构）筑物的位置、轮廓尺寸、层数等。

（3）工程施工现场的加工设施、存贮设施、办公和生活用房等的位置和面积。

（4）布置在工程施工现场的垂直运输设施、供电设施、供水供热设施、排水排污设施和临时施工道路等。

（5）施工现场必备的安全、消防、保卫和环境保护等设施。

（6）相邻的地上、地下既有建（构）筑物及相关环境。

2A320015 材料、劳动力、施工机具计划

（1）材料配置计划包括各施工阶段所需主要工程材料、设备的种类和数量。

（2）劳动力配置计划包括：①确定各施工阶段用工量；②根据施工进度计划确定各施工阶段劳动力配置计划。

（3）施工机具配置计划包括各施工阶段所需主要周转材料、施工机具的种类和数量。

➤ 2A320020　建筑工程施工进度管理 ◂◂

2A320021　施工进度计划的编制

☞ **考点1　施工进度计划的内容**

表3-3　　　　　　　　　　　　施工进度计划的内容

项目	内容
分类	施工总进度计划、单位工程进度计划、分阶段（或专项工程）工程进度计划、分部分项工程进度计划四种
程序及安排原则	①安排施工程序的同时，首先安排其相应的准备工作； ②首先进行全场性工程的施工，然后按照工程排队的顺序，逐个地进行单位工程的施工； ③三通工程应先场外后场内，由远而近，先主干后分支，排水工程要先下游后上游； ④先地下后地上和先深后浅的原则； ⑤主体结构施工在前，装饰工程施工在后，随着建筑产品生产工厂化程度的提高，它们之间的先后时间间隔的长短也将发生变化； ⑥既要考虑施工组织要求的空间顺序，又要考虑施工工艺要求的工种顺序；必须在满足施工工艺要求的条件下，尽可能地利用工作面，使相邻两个工种在时间上合理且最大限度地搭接起来
表达方式	施工总进度计划：采用网络图或横道图表示，并附必要说明，宜优先采用网络计划 单位工程施工进度计划：一般工程用横道图表示；对于工程规模较大、工序比较复杂的工程宜采用网络图表示

☞ **考点2　单位工程进度计划的内容**

表3-4　　　　　　　　　　　　单位工程进度计划的内容

项目	内容
编制依据	①主管部门的批示文件及建设单位的要求； ②施工图纸及设计单位对施工的要求； ③施工企业年度计划对该工程的安排和规定的有关指标； ④施工组织总设计或大纲对该工程的有关部门规定和安排； ⑤资源配备情况； ⑥建设单位可能提供的条件和水电供应情况； ⑦施工现场条件和勘察资料； ⑧预算文件和国家及地方规范等资料
内容	①工程建设概况：拟建工程的建设单位，工程名称、性质、用途、工程投资额，开竣工日期，施工合同要求，主管部门的有关部门文件和要求，以及组织施工的指导思想等； ②工程施工情况：拟建工程的建筑面积、层数、层高、总高、总宽、总长、平面形状和平面组合情况，基础、结构类型，室内外装修情况等； ③单位工程进度计划，分阶段进度计划，单位工程准备工作计划，劳动力需用量计划，主要材料、设备及加工计划，主要施工机械和机具需要量计划，主要施工方案及流水段划分，各项经济技术指标要求等

2A320022 流水施工方法在建筑工程中的应用

表 3 - 5 流水施工方法的内容

项目	内容
特点	①科学利用工作面，争取时间，合理压缩工期； ②工作队实现专业化施工，有利于工作质量和效率的提升； ③工作队及其工人、机械设备连续作业，同时使相邻专业队的开工时间能够最大限度地搭接，减少窝工和其他支出，降低建造成本； ④单位时间内资源投入量较均衡，有利于资源组织与供给
施工参数	①工艺参数，指一个流水组中施工过程的个数； ②空间参数，指单体工程划分的施工段或群体工程划分的施工区个数； ③时间参数，含三个方面：流水节拍、流水步距和工期
组织形式	①等节奏流水施工； ②异节奏流水施工，其特例为成倍节拍流水施工； ③无节奏流水施工

2A320023 网络计划方法在建筑工程中的应用

通过例题阐述本考点的内容。 **提示** (2014年·案例分析题·第1题第3问) 考查此知识点

背景

某工程项目总承包单位上报了如下施工进度计划网络图（时间单位：月）如图 3 - 1 所示，并经总监理工程师和建设单位确认。

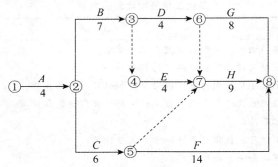

图 3 - 1 某工程施工进度计划网络图

施工过程中发生了如下事件：

事件一：因为施工图纸滞后原因将 D 工作施工时间延长了 2 个月；施工单位发生费用 20 万元。施工单位向建设单位提出了索赔。

事件二：应建设单位要求施工单位采取了有效措施将 H 工作施工时间缩减至 7 个月。施工单位向建设单位提出了索赔。

问题：

（1）针对原施工进度计划网络图，写出关键线路（以工作表示）并计算其总工期；列式计算原施工进度计划中工作 G 的总时差和自由时差。

（2）写出事件二发生后的关键线路，并计算调整后总工期。

【分析与答案】

（1）其关键线路共有 3 条，分别为：$A \to B \to D \to H$；$A \to B \to E \to H$；$A \to C \to F$。

总工期：$T = 24$ 个月。

①计算各工作的 ES、EF：

$ES_A = 0$，$EF_A = 4$；

$ES_B = 4$，$EF_S = 11$；

$ES_C = -4$，$EF_C = 10$；

$ES_D = 11$，$EF_D = 15$；

$ES_E = 11$，$EF_E = 15$；

$ES_F = 10$，$EF_F = 24$；

$ES_G = 15$，$EF_G = 23$；

$ES_H = 15$，$EF_H = 24$；

②计算各工作的 LS、LF：

$LF_H = 24$，$LS_H = 15$；

$LF_G = 24$，$LS_G = 16$；

$LF_F = 24$，$LS_F = 10$；

$LF_E = 15$，$LS_E = 11$；

$LF_D = 15$，$LS_D = 11$；

$LF_C = 10$，$LS_C = 4$；

$LF_S = 11$，$LS_B = 4$；

$LF_A = 4$，$LS_A = 0$；

③G 工作总时差为：$LS_G - ES_G = 16 - 15 = 1$ 月；由于 G 工作的尾节点是终节点，故 G 工作自由时差为：$T - EF_G = 24 - 23 = 1$ 月。

（2）事件二发生后，关键线路为：$A \rightarrow B \rightarrow D \rightarrow G$；总工期为 25 个月。

2A320024 施工进度计划的检查与调整

项目进度计划监测后，应形成书面进度报告。项目进度报告的内容主要包括：进度执行情况的综合描述，实际施工进度，资源供应进度，工程变更、价格调整、索赔及工程款收支情况，进度偏差状况及导致偏差的原因分析，解决问题的措施及计划调整意见。

表 3-6 施工进度计划调整的内容

项目	内容
调整的内容	施工内容；工程量、起止时间、持续时间、工作关系、资源供应等
进度计划的调整	①关键工作的调整； ②改变某些工作间的逻辑关系； ③剩余工作重新编制进度计划； ④非关键工作调整； ⑤资源调整
工期优化	也称时间优化，其目的是当网络计划计算工期不能满足要求工期时，通过不断压缩关键线路上的关键工作的持续时间等措施，达到缩短工期、满足要求的目的 选择优化对象应考虑下列因素：缩短持续时间对质量和安全影响不大的工作；有备用资源的工作；缩短持续时间所需增加的资源、费用最少的工作
资源优化	通常分两种模式："资源有限、工期最短"的优化；"工期固定、资源均衡"的优化

项目	内容
费用优化	费用优化的目的就是使项目的总费用最低，优化的方面为： ①在既定工期的前提下，确定项目的最低费用； ②在既定的最低费用限额下完成项目计划，确定最佳工期； ③若需要缩短工期，则考虑如何使增加的费用最小； ④若新增一定数量的费用，则可计算工期缩短到多少

≫ 2A320030 建筑工程施工质量管理 ≪

2A320031 土方工程施工质量管理

☞ **考点1 土方开挖**

（1）土方开挖一般从上往下分层分段依次进行，随时做成一定的坡势，以利泄水及边坡的稳定。

（2）基坑（槽）常用检验方法有：表面检查验槽法（简称"观察法"）、钎探检查验槽法、洛阳铲探验槽法及轻型动力触探法等。

☞ **考点2 土方回填**

（1）土方回填前应清除基底的垃圾、树根等杂物，抽除积水，挖出淤泥，验收基底高程。

（2）填方应按设计要求预留沉降量，一般不超过填方高度的3%。冬季填方每层铺土厚度应比常温施工时减少20%～25%，预留沉降量比常温时适当增加。土方中不得含冻土块且填土层不得受冻。

2A320032 地基基础工程施工质量管理

☞ **考点1 灰土地基施工质量要点**

（1）土料：应采用就地挖土的黏性土及塑性指数大于4的粉质黏土，土内不得含有松软杂质和腐殖土；土料应过筛，最大粒径不应大于15mm。

（2）石灰：用Ⅲ级以上新鲜的块灰，使用前1～2d消解并过筛，粒径不得大于5mm，且不能夹有未熟化的生石灰块粒和其他杂质。

（3）灰土应分层夯实，每层虚铺厚度：人力或轻型夯机夯实时控制在200～250mm，双轮压路机夯实时控制在200～300mm。

（4）分段施工时，不得在墙角、柱墩及承重窗间墙下接缝。上下两层的搭接长度不得小于50cm。

☞ **考点2 砂和砂石地基施工质量要点**

（1）砂宜选用颗粒级配良好、质地坚硬的中砂或粗砂，当选用细砂或粉砂时应掺加粒径20～50mm的碎石，分布要均匀。

（2）人工制作的砂石地基应拌合均匀，分段施工时，接头处应做成斜坡，每层错开0.5～1m。在铺筑时，如地基底面深度不同，应预先挖成阶梯形式或斜坡形式，以先深后浅的顺序进行施工。

☞ **考点3 桩基础**

（1）粗骨料：应采用质地坚硬的卵石、碎石，粒径应用15～25mm。卵石不宜大于50mm，碎石不宜大于40mm，含泥量不大于2%。

（2）细骨料：应选用质地坚硬的中砂，含泥量不大于 5%，无垃圾、泥块等杂物。

（3）水泥：宜用 42.5 级的普通硅酸盐水泥或硅酸盐水泥，使用前必须查明品种、强度等级、出厂日期，应有出厂质量证明，复试合格后方准使用。严禁使用快硬水泥浇筑水下混凝土。

（4）水：宜采用饮用水，当采用其他水源时，水质应符合《混凝土用水标准》JGJ 63—2006 的规定。

（5）钢筋：应有出厂质量证明书，分批随机抽样、见证复试合格后方可使用。

☞ **考点 4 基坑工程**

（1）当基坑开挖面上方的锚杆、土钉、支撑未达到设计要求时，严禁向下超挖土方。

（2）采用锚杆或支撑的支护结构，在未达到设计规定的拆除条件时，严禁拆除锚杆或支撑。

（3）基坑周边施工材料、设施或车辆荷载严禁超过设计要求的地面荷载限值。

☞ **考点 5 验收**

施工单位确认自检合格后提出工程验收申请，然后由总监理工程师或建设单位项目负责人组织勘察、设计单位及施工单位的项目负责人、技术质量负责人，共同按设计要求和有关规范规定进行验收。

2A320033 混凝土结构工程施工质量管理

（1）混凝土浇筑前应先检查验收下列工作：

①隐蔽工程验收和技术复核；

②对操作人员进行技术交底；

③根据施工方案中的技术要求，检查并确认施工现场具备实施条件；

④应填报浇筑申请单，并经监理工程师签认。

（2）混凝土拌合物入模温度不应低于 5℃，且不应高于 35℃。

（3）混凝土振捣应能使模板内各个部位混凝土密实、均匀，不应漏振、欠振、过振。为保证特殊部位的混凝土成型质量，还应采取下列加强振捣措施：

①宽度大于 0.3m 的预留洞底部区域应在洞口两侧进行振捣，并应适当延长振捣时间；宽度大于 0.8m 的洞口底部，应采取特殊的技术措施；

②后浇带及施工缝边角处应加密振捣点，并应适当延长振捣时间；

③钢筋密集区域或型钢与钢筋结合区域应选择小型振动棒辅助振捣、加密振捣点，并应适当延长振捣时间；

④基础大体积混凝土浇筑流淌形成的坡顶和坡脚应适时振捣，不得漏振。

（4）在已浇筑的混凝土强度未达到 1.2N/mm² 以前，不得在其上踩踏、堆放荷载或安装模板及支架。

2A320034 砌体结构工程施工质量管理

（1）砌筑砂浆搅拌后的稠度以 30～90mm 为宜。

（2）砌筑砂浆应按要求随机取样，留置试块送试验室做抗压强度试验。

（3）砌筑砖砌体时，砖应提前 1～2d 浇水湿润。

（4）墙体砌筑前应先在现场进行试排块，排块的原则是上下错缝，砌块搭接长度不宜小于砌块长度的 1/3。若砌块长度小于等于 300mm，其搭接长度不小于砌块长度的 1/2。搭接长度不足时，应在灰缝中放置拉结钢筋。

（5）砌筑前设立皮数杆，皮数杆应立于房屋四角及内外墙交接处，间距以 10～15m 为宜，砌块应按皮数杆拉线砌筑。

（6）砖砌体的灰缝应横平竖直，厚薄均匀。

（7）在厨房、卫生间、浴室等处，当采用轻骨料混凝土小型空心砌块或蒸压加气混凝土砌块砌筑填充墙时，墙底部宜现浇混凝土坎台，其高度宜为150mm。

（8）在散热器、厨房和卫生间等设置的卡具安装处砌筑的小砌块，宜在施工前用强度等级不低于C20（或Cb20）的混凝土将其孔洞灌实。

2A320035 钢结构工程施工质量管理

☞ 考点1 钢结构焊接工程

①当焊接作业环境温度低于0℃但不低于−10℃时，应将焊接接头和焊接表面各方向大于或等于2倍钢板厚度且不小于100mm的范围加热到不低于20℃以上和规定的最低预热温度后方可施焊，且在焊接过程中均不应低于此温度。

②预热和道间温度控制宜采用电加热、火焰加热和红外线加热等加热方法，并采用专用的测温仪器测量。预热的加热区域应在焊接坡口两侧，宽度为焊件施焊处厚度的1.5倍以上，且不小于100mm。

③严禁在焊缝区以外的母材上打火引弧。

④多层焊缝应连续施焊，每一层焊道焊完后应及时清理。

⑤碳素结构钢应在焊缝冷却到环境温度后，低合金钢应在完成焊接24h后进行焊缝无损检测检验。

⑥栓钉焊焊后应进行弯曲试验抽查，栓钉弯曲30°后焊缝和热影响区不得有肉眼可见裂纹。

☞ 考点2 钢结构紧固件连接工程

（1）钢结构制作和安装单位应按现行国家标准《钢结构工程施工质量验收规范》（GB 50205—2001）的规定分别进行高强度螺栓连接摩擦面的抗滑移系数试验和复验。

（2）高强度螺栓连接，必须对构件摩擦面进行加工处理。

（3）普通螺栓连接紧固要求：

①普通螺栓紧固应从中间开始，对称向两边进行，大型接头宜采用复拧；

②普通螺栓作为永久性连接螺栓时，紧固时螺栓头和螺母侧应分别放置平垫圈，螺栓头侧放置的垫圈不多于2个，螺母侧放置的垫圈不多于1个；

③永久性普通螺栓紧固应牢固、可靠，外露丝扣不应少于2扣；

④高强度螺栓应自由穿入螺栓孔，不应气割扩孔；其最大扩孔量不应超过1.2d（d为螺栓直径）；

⑤高强度螺栓安装时应先使用安装螺栓和冲钉，不得用高强度螺栓兼作安装螺栓。

⑥高强度螺栓紧固要求：高强度螺栓的紧固顺序应使螺栓群中所有螺栓都均匀受力，从节点中间向边缘施拧，初拧和终拧都应按一定顺序进行。当天安装的螺栓应在当天终拧完毕，外露丝扣应为2~3扣。 **提示**（2013年·单选·第13题）考查此知识点。

☞ 考点3 钢结构安装工程

钢梁可采用一机一吊或一机串吊的方式吊装，就位后应立即临时固定连接；由多个构件在地面组拼的重型组合构件吊装，吊点位置和数量应经计算确定。

单跨结构宜从跨端一侧向另一侧、中间向两端或两端向中间的顺序进行吊装。多跨结构，宜先吊主跨、后吊副跨；当有多台起重机共同作业时，也可多跨同时吊装。

☞ 考点4 钢结构涂装工程

（1）在表面达到清洁程度后，油漆防腐涂装与表面除锈之间的间隔时间一般宜在4h之内，在车间内作业或温度较低的晴天不应超过12h。

（2）钢结构表面处理与热喷涂施工的间隔时间，晴天或湿度不大的气候条件下应在12h以内，雨天、潮湿、有盐雾的气候条件下不超过2h。当大气温度低于5℃或钢结构表面温度低于露点3℃时，应停止热喷涂操作。

（3）摩擦型高强度螺栓连接节点接触面，施工图中注明的不涂层部位，均不得涂刷。安装焊缝处应留出30～50mm宽的范围暂时不涂。

2A320036 建筑防水、保温工程施工质量管理

☞ **考点1 建筑防水工程质量控制**

（1）屋面防水施工质量控制。

①卷材防水层的施工环境温度应符合下列规定：

a. 热熔法和焊接法不宜低于－10℃；

b. 冷粘法和热粘法不宜低于5℃；

c. 自粘法不宜低于10℃。

②涂膜防水层的施工环境温度应符合下列规定：

a. 水乳型及反应型涂料宜为5～35℃；

b. 溶剂型涂料宜为－5～35℃；

c. 热熔型涂料不宜低于－10℃；

d. 聚合物水泥涂料宜为5～35℃。

（2）室内防水施工质量控制。

①穿楼板管道应设置止水套管或其他止水措施，套管直径应比管道大1～2级标准；套管高度应高出装饰地面20～50mm。套管与管道间用阻燃密封材料填实，上口应留10～20mm凹槽嵌入高分子弹性密封材料。

②地面和水池的蓄水试验应达到24h以上，墙面间歇淋水试验应达到30min以上进行检验不渗漏。

（3）地下防水施工质量控制。

①水泥品种宜采用硅酸盐水泥、普通硅酸盐水泥，采用其他品种水泥时应经试验确定；

②防水混凝土施工前应做好降排水工作，不得在有积水的环境中浇筑混凝土；

③防水混凝土拌合物在运输后如出现离析，必须进行二次搅拌；

④防水混凝土结构内部设置的各种钢筋或绑扎铁丝，不得接触模板；

⑤在终凝后应立即进行养护，养护时间不得少于14d；

⑥防水混凝土冬期施工时，混凝土入模温度不应低于5℃，应采取保温保湿养护措施，但不得采用电热法或蒸汽直接加热法。

☞ **考点2 建筑保温工程施工质量控制**

屋面保温层的施工环境温度应符合下列规定：

（1）干铺的保温材料可在负温度下施工；

（2）用水泥砂浆粘贴的板状保温材料不宜低于5℃；

（3）喷涂硬泡聚氨酯宜为15～35℃，空气相对湿度宜小于85%，风速不宜大于二级；

（4）现浇泡沫混凝土宜为5～35℃。

2A320037 墙面、吊顶与地面工程施工质量管理

☞ 考点1 轻质隔墙工程质量管理

（1）同一品种的轻质隔墙工程每50间（大面积房间和走廊按轻质隔墙的墙面30m² 为一间）划分为一个检验批，不足50间也应划分为一个检验批。

（2）板材隔墙与骨架隔墙每个检验批应至少抽查10%，并不得少于3间；不足3间时应全数检查。

（3）活动隔墙与玻璃隔墙每批应至少抽查20%，并不得少于6间。不足6间时，应全数检查。

（4）骨架隔墙的墙面板应安装牢固，无脱层、翘曲、折裂及缺损。

（5）骨架隔墙内的填充材料应干燥，填充应密实、均匀、无下坠。

（6）活动隔墙表面应色泽一致、平整光滑、洁净，线条应顺直、清晰。

（7）玻璃隔墙接缝应横平竖直，玻璃应无裂痕、缺损和划痕。

（8）玻璃板隔墙嵌缝及玻璃砖隔墙勾缝应密实平整、均匀顺直、深浅一致。

☞ 考点2 吊顶工程施工质量管理

（1）同一品种的吊顶工程每50间（大面积房间和走廊按吊顶面积30m² 为一间）应划分为一个检验批，不足50间也应划分为一个检验批。

（2）每个检验批应至少抽查10%，并不得少于3间；不足3间时应全数检查。

（3）吊顶内填充吸声材料的品种和铺设厚度应符合设计要求，并应有防散落措施。

（4）明龙骨吊顶当饰面材料为玻璃板时，应使用安全玻璃或采取可靠的安全措施。

（5）饰面材料表面应洁净、色泽一致，不得有翘曲、裂缝及缺损。饰面板与明龙骨的搭接应平整、吻合，压条应平直、宽窄一致。

（6）金属龙骨的接缝应平整、吻合、颜色一致，不得有划伤、擦伤等表面缺陷。木质龙骨应平整、顺直，无劈裂。

☞ 考点3 地面工程施工质量管理

（1）每检验批应以各子分部工程的基层（各构造层）和各类面层所划分的分项工程按自然间（或标准间）检验，抽查数量随机检验不应少于3间；不足3间的应全数检查；其中走廊（过道）应以10延长米为1间，工业厂房（按单跨计）、礼堂、门厅应以两个轴线为1间计算。

（2）有防水要求的建筑地面子分部工程的分项工程施工质量每检验批抽查数量应按其房间总数随机检验不应少于4间，不足4间，应全数检查。

2A320038 建筑幕墙工程施工质量管理

建筑幕墙工程质量验收的一般规定：

（1）相同设计、材料、工艺和施工条件的幕墙工程每500～1000m² 应划分为一个检验批，不足500m² 也应划分为一个检验批。

（2）同一单位工程的不连续的幕墙工程应单独划分检验批。

（3）每个检验批每100m² 应至少抽查一处，每处不得小于10m²。

（4）玻璃幕墙使用的玻璃应符合下列规定：

①幕墙应使用安全玻璃，玻璃的品种、规格、颜色、光学性能及安装方向应符合设计要求。

②幕墙玻璃的厚度不应小于6mm。全玻幕墙肋玻璃的厚度不应小于12mm。

③幕墙的中空玻璃应采用双道密封。明框幕墙的中空玻璃应采用聚硫密封胶及丁基密封胶；

隐框和半隐框幕墙的中空玻璃应采用硅酮结构密封胶及丁基密封胶；镀膜面应在中空玻璃的第2或第3面上。

④幕墙的夹层玻璃应采用聚乙烯醇缩丁醛（PVB）胶片干法加工合成的夹层玻璃。点支承玻璃幕墙夹层玻璃的夹层胶片（PVB）厚度不应小于0.76mm。

⑤钢化玻璃表面不得有损伤；8mm以下的钢化玻璃应进行引爆处理。

⑥所有幕墙玻璃均应进行边缘处理。

（5）隐框或半隐框玻璃幕墙，每块玻璃下端应设置两个铝合金或不锈钢托条，其长度不应小于100mm，厚度不应小于2mm，托条外端应低于玻璃外表面2mm。

（6）高度超过4m的全玻幕墙应吊挂在主体结构上，吊夹具应符合设计要求，玻璃与玻璃、玻璃与玻璃肋之间的缝隙，应采用硅酮结构密封胶填嵌严密。

（7）点支承玻璃幕墙应采用带万向头的活动不锈钢爪，其钢爪间的中心距离应大于250mm。

（8）玻璃幕墙的密封胶缝应横平竖直、深浅一致、宽窄均匀、光滑顺直。

（9）防火、保温材料填充应饱满、均匀，表面应密实、平整。

（10）金属幕墙的压条应平直、洁净、接口严密、安装牢固。

（11）金属幕墙的密封胶缝应横平竖直、深浅一致、宽窄均匀、光滑顺直。

（12）金属幕墙上的滴水线、流水坡向应正确、顺直。

（13）石材幕墙工程所用材料的品种、规格、性能和等级，应符合设计要求及国家现行产品标准和工程技术规范的规定。石材的弯曲强度不应小于8.0MPa；吸水率应小于0.8%。石材幕墙的铝合金挂件厚度不应小于4.0mm，不锈钢挂件厚度不应小于3.0mm。

（14）石材接缝应横平竖直、宽窄均匀；阴阳角石板压向应正确，板边合缝应顺直；凸凹线出墙厚度应一致，上下口应平直；石材面板上洞口、槽边应套割吻合，边缘应整齐。

（15）石材幕墙的密封胶缝应横平竖直、深浅一致、宽窄均匀、光滑顺直。

（16）石材幕墙上的滴水线、流水坡向应正确、顺直。

2A320039 门窗与细部工程施工质量管理

门窗与细部工程质量验收的一般规定：

（1）同一品种、类型和规格的木门窗、金属门窗、塑料门窗及门窗玻璃每100樘应划分为一个检验批，不足100樘也应划分为一个检验批。

（2）同一品种、类型和规格的特种门每50樘应划分为一个检验批，不足50樘也应划分为一个检验批。

（3）木门窗、金属门窗、塑料门窗及门窗玻璃，每个检验批应至少抽查5%，并不得少于3樘，不足3樘时应全数检查；高层建筑的外窗，每个检验批应至少抽查10%，并不得少于6樘，不足6樘时应全数检查。

（4）特种门每个检验批应至少抽查50%，并不得少于10樘，不足10樘时应全数检查。

（5）门窗框和厚度大于50mm的门窗扇应用双榫连接。

（6）木门窗扇必须安装牢固，并应开关灵活，关闭严密，无倒翘。

（7）木门窗表面应洁净，不得有刨痕、锤印。

（8）木门窗的割角、拼缝应严密平整。门窗框、扇裁口应顺直，刨面应平整。

（9）木门窗上的槽、孔应边缘整齐，无毛刺。

（10）木门窗批水、盖口条、压缝条、密封条的安装应顺直，与门窗结合应牢固、严密。

➤ 2A320040 建筑工程施工安全管理 ◄

2A320041 基坑工程安全管理

☞ 考点1 基坑（槽）支护的措施、方式及破坏形式

表3-7　　　　　　　　　　基坑（槽）支护的措施、方式及破坏形式

项目	内容
支护措施	①基坑深度较大，且不具备自然放坡施工条件； ②地基土质松软，并有地下水或丰盛的上层滞水； ③基坑开挖会危及邻近建、构筑物、道路及地下管线的安全与使用
支护方式	简单水平支撑；钢板桩；水泥土桩；钢筋混凝土排桩；土钉；锚杆；地下连续墙；逆作拱墙；原状土放坡；桩、墙加支撑系统；上述两种或两种以上方式的合理组合等
破坏形式	①由支护的强度、刚度和稳定性不足引起的破坏； ②由支护埋置深度不足，导致基坑隆起引起的破坏； ③由止水帷幕处理不好，导致管涌等引起的破坏； ④由人工降水处理不好引起的破坏

☞ 考点2 地下水的控制方法

地下水的控制方法主要有集水明排、真空井点降水、喷射井点降水、管井降水、截水和回灌等。

☞ 考点3 基坑发生坍塌以前的主要迹象

（1）周围地面出现裂缝，并不断扩展。

（2）支撑系统发出挤压等异常响声。

（3）环梁或排桩、挡墙的水平位移较大，并持续发展。

（4）支护系统出现局部失稳。

（5）大量水土不断涌入基坑。

（6）相当数量的锚杆螺母松动，甚至有的槽钢松脱等。

☞ 考点4 基坑施工应急处理措施

（1）在基坑开挖过程中，一旦出现渗水或漏水，应根据水量大小，采用坑底设沟排水、引流修补、密实混凝土封堵、压密注浆、高压喷射注浆等方法及时处理。

（2）悬臂式支护结构发生位移时，应采取加设支撑或锚杆、支护墙背卸土等方法及时处理。

（3）对轻微的流沙现象，在基坑开挖后可采用加快垫层浇筑或加厚垫层的方法"压注"流沙。对较严重的流沙，应增加坑内降水措施。

（4）如发生管涌，可在支护墙前再打设一排钢板桩，在钢板桩与支护墙间进行注浆。

（5）对临近建筑物沉降的控制一般可采用跟踪注浆的方法。对沉降很大，而压密注浆又不能控制的建筑，如果基础是钢筋混凝土的，则可考虑静力锚杆压桩的方法。

（6）对基坑周围管线保护的应急措施一般包括打设封闭桩或开挖隔离沟、管线架空两种方法。

2A320042 脚手架工程安全管理

脚手架工程分为一般脚手架和附着式升降脚手架。

☞ 考点1 一般脚手架安全控制要点

（1）单排脚手架搭设高度不应超过24m；双排脚手架搭设高度不宜超过50m，高度超过

50m 的双排脚手架，应采用分段搭设的措施。

（2）脚手架立杆基础不在同一高度上时，必须将高处的纵向扫地杆向低处延长两跨与立杆固定，高低差不应大于 1m。靠边坡上方的立杆轴线到边坡的距离不应小于 500mm。

（3）主节点处两个直角扣件的中心距不应大于 150mm。在双排脚手架中，横向水平杆靠墙一端的外伸长度不应大于杆长的 0.4 倍，且不应大于 500mm。

☞ **考点2　一般脚手架检查与验收程序**

（1）脚手架及其地基基础应在下列阶段进行检查和验收：

①基础完工后，架体搭设前；

②每搭设完 6~8m 高度后；

③作业层上施加荷载前；

④达到设计高度后；

⑤遇有六级及以上大风或大雨后；

⑥冻结地区解冻后；

⑦停用超过一个月的，在重新投入使用之前。

（2）脚手架定期检查的主要项目包括：

①杆件的设置和连接，连墙件、支撑、门洞桁架等的构造是否符合要求；

②地基是否有积水，底座是否松动，立杆是否悬空；

③扣件螺栓是否有松动；

④高度在 24m 及以上的脚手架，其立杆的沉降与垂直度的偏差是否符合技术规范的要求；

⑤架体的安全防护措施是否符合要求；

⑥是否有超载使用的现象等。

☞ **考点3　附着式升降脚手架（整体提升脚手架或爬架）作业安全控制要点**

附着式升降脚手架作业要针对提升工艺和施工现场作业条件编制专项施工方案。专项施工方案要包括设计、施工、检查、维护和管理等阶段全部内容。升降作业应统一指挥、协调动作。

2A320043　模板工程安全管理

模板工程施工前应进行模板设计，模板设计主要包括模板面、支撑系统及连接配件等的设计。

☞ **考点1　影响模板钢管支架整体稳定性的主要因素**

主要因素有立杆间距、水平杆的步距、立杆的接长、连墙件的连接、扣件的紧固程度。**提示**（2014年·多选·第5题）考查此知识点

☞ **考点2　保证模板安装、拆除施工安全的基本要求**

1. 保证模板安装施工安全的基本要求

（1）模板工程作业高度在 2m 及 2m 以上时，要有安全可靠的操作架子或操作平台，并按要求进行防护。

（2）冬期施工，对于操作地点和人行通道上的冰雪应事先清除。雨期施工，高耸结构的模板作业，要安装避雷装置，沿海地区要考虑抗风和加固措施。

（3）五级以上大风天气，不宜进行大块模板拼装和吊装作业。

（4）夜间施工，必须有足够的照明。

2. 保证模板拆除施工安全的基本要求

现浇混凝土结构模板及其支架拆除时的混凝土强度应符合设计要求。当设计无要求时，应符合下列规定：

（1）承重模板，应在与结构同条件养护的试块强度达到规定要求时，方可拆除。

（2）后张预应力混凝土结构底模必须在预应力张拉完毕后，才能进行拆除。 **提示** （2012年·单选·第11题）考查此知识点。

（3）在拆模过程中，如发现实际混凝土强度并未达到要求，有影响结构安全的质量问题时，应暂停拆模，经妥善处理实际强度达到要求后，才可继续拆除。

（4）已拆除模板及其支架的混凝土结构，应在混凝土强度达到设计的混凝土强度标准值后，才允许承受全部设计的使用荷载。

（5）拆除芯模或预留孔的内模时，应在混凝土强度能保证不发生塌陷和裂缝时，方可拆除。

2A320044 高处作业安全管理

☞ **考点1 高处作业的定义、分级及基本安全要求**

表3-8   高处作业的定义、分级及基本安全要求

项目	内容
定义	高处作业是指凡在坠落高度基准面2m以上（含2m）有可能坠落的高处进行的作业
分级	①高处作业高度在2~5m时，划定为一级高处作业，其坠落半径为2m； ②高处作业高度在5~15m时，划定为二级高处作业，其坠落半径为3m； ③高处作业高度在15~30m时，划定为三级高处作业，其坠落半径为4m； ④高处作业高度大于30m时，划定为四级高处作业，其坠落半径为5m
基本安全要求	①施工单位应为从事高处作业的人员提供合格的安全帽、安全带、防滑鞋等必备的个人安全防护用具、用品。从事高处作业的人员应按规定正确佩戴和使用； ②在进行高处作业前，应认真检查所使用的安全设施是否安全可靠，脚手架、平台、梯子、防护栏杆、挡脚板、安全网等设置应符合安全技术标准要求； ③高处作业危险部位应悬挂安全警示标牌。夜间施工时，应保证足够的照明并在危险部位设红灯示警； ④从事高处作业的人员不得攀爬脚手架或栏杆上下，所使用的工具、材料等严禁投掷； ⑤高处作业，上下应设联系信号或通信装置，并指定专人负责联络； ⑥在雨雪天从事高处作业，应采取防滑措施。在六级及六级以上强风和雷电、暴雨、大雾等恶劣气候条件下，不得进行露天高处作业

☞ **考点2 攀登与悬空作业安全控制要点**

（1）现场作业人员应在规定的通道内行走，不允许在阳台间或非正规通道处进行登高、跨越，不允许在起重机臂架、脚手架杆件或其他施工设备上进行攀登上下。

（2）在高空安装管道时，管道上不允许人员站立和行走。

（3）在绑扎钢筋及钢筋骨架安装作业时，施工人员不允许站在钢筋骨架上作业和沿骨架攀登上下。

（4）在进行框架、过梁、雨篷、小平台混凝土浇筑作业时，施工人员不允许站在模板上或模板支撑杆上操作。

☞ **考点3 高处作业安全防护设施验收的主要项目**

（1）所有临边、洞口等各类技术措施的设置情况。

（2）技术措施所用的配件、材料和工具的规格和材质。

（3）技术措施的节点构造及其与建筑物的固定情况。

（4）扣件和连接件的紧固程度。

（5）安全防护设施的用品及设备的性能与质量是否合格的验证。

2A320045　洞口、临边防护管理

☞ **考点1　洞口的防护管理**

（1）楼板、屋面和平台等面上短边尺寸在2.5～25cm范围的孔口，必须用坚实的盖板盖严，盖板要有防止挪动移位的固定措施。

（2）楼板面等处边长为25～50cm的洞口、安装预制构件时的洞口以及因缺件临时形成的洞口，可用竹、木等作盖板，盖住洞口，盖板要保持四周搁置均衡，并有固定其位置不发生挪动移位的措施。

（3）边长为50～150cm的洞口，必须设置一层以扣件扣接钢管而成的网格栅，并在其上满铺竹笆或脚手板，也可采用贯穿于混凝土板内的钢筋构成防护网栅，钢筋网格间距不得大于20m。

（4）边长在150cm以上的洞口，四周必须设防护栏杆，洞口下张设安全平网防护。

（5）垃圾井道和烟道，应随楼层的砌筑或安装而逐一消除洞口，或按照预留洞口的做法进行防护。

（6）位于车辆行驶通道旁的洞口、深沟与管道坑、槽，所加盖板应能承受不小于当地额定卡车后轮有效承载力2倍的荷载。

（7）墙面等处的竖向洞口，凡落地的洞口应加装开关式、固定式或工具式防护门，门栅网格的间距不应大于15cm，也可采用防护栏杆，下设挡脚板。

（8）下边沿至楼板或底面低于80cm的窗台等竖向洞口，如侧边落差大于2m时，应加设1.2m高的临时护栏。

☞ **考点2　临边作业安全防护管理**

（1）在进行临边作业时，必须设置安全警示标牌。

（2）基坑周边、尚未安装栏杆或栏板的阳台周边、无外脚手架防护的楼面与屋面周边、分层施工的楼梯与楼梯段边、龙门架、井架、施工电梯或外脚手架等通向建筑物的通道的两侧边、框架结构建筑的楼层周边、斜道两侧边、料台与挑平台周边、雨篷与挑檐边、水箱与水塔周边等处必须设置防护栏杆、挡脚板，并封挂安全立网进行封闭。

（3）临边外侧靠近街道时，除设防护栏杆、挡脚板、封挂立网外，立面还应采取荆笆等硬封闭措施，防止施工中落物伤人。

2A320046　施工用电安全管理

（1）施工现场临时用电设备在5台及以上或设备总容量在50kW及以上者，应编制用电组织设计。临时用电设备在5台以下和设备总容量在50kW以下者，应制定安全用电和电气防火措施。

（2）电器装置的选择与装配。

①施工用电回路和设备必须加装两级漏电保护器，总配电箱（配电柜）中应加装总漏电保护器，作为初级漏电保护，末级漏电保护器必须装配在开关箱内。

②施工用电配电系统各配电箱、开关箱中应装配隔离开关、熔断器或断路器。隔离开关、熔断器或断路器应依次设置于电源的进线端。　**提示**（2013年·单选·第14题）考查此知识点

③开关箱中装配的隔离开关只可用于直接控制现场照明电路和容量不大于3.0kW的动力电路。容量大于3.0kW动力电路的开关箱中应采用断路器控制，用于频繁送断电操作的开关箱中应附设接触器或其他类型启动控制装置，用于启动电器设备的操作。

④在开关箱中作为末级保护的漏电保护器，其额定漏电动作电流不应大于30mA，额定漏电

动作时间不应大于 0.1s。在潮湿、有腐蚀性介质的场所中，漏电保护器要选用防溅型的产品，其额定漏电动作电流不应大于 15mA，额定漏电动作时间不应大于 0.1s。

（3）施工现场照明用电。

①一般场所宜选用额定电压为 220V 的照明器；

②隧道、人防工程、高温、有导电灰尘、比较潮湿或灯具离地面高度低于 2.5m 等场所的照明，电源电压不得大于 36V；

③潮湿和易触及带电体场所的照明，电源电压不得大于 24V；

④特别潮湿场所、导电良好的地面、锅炉或金属容器内的照明，电源电压不得大于 12V；

⑤照明变压器必须使用双绕组型安全隔离变压器，严禁使用自耦变压器；

⑥室外 220V 灯具距地面不得低于 3m，室内 220V 灯具距地面不得低于 2.5m；

⑦碘钨灯及钠、铊、铟等金属卤化物灯具的安装高度宜在 3m 以上，灯线应固定在接线柱上，不得靠近灯具表面；

⑧对夜间影响飞机或车辆通行的在建工程及机械设备，必须设置醒目的红色信号灯，其电源应设在施工现场总电源开关的前侧，并应设置外电线路停止供电时的应急自备电源。

2A320047 垂直运输机械安全管理

☞ **考点 1 物料提升机安全控制要点**

为保证物料提升机整体稳定采用缆风绳时，高度在 20m 以下可设 1 组（不少于 4 根），高度在 30m 以下不少于 2 组，超过 30m 时不应采用缆风绳锚固方法，应采用连墙杆等刚性措施。 **提示** （2014年·多选·第6题）考查此知识点

☞ **考点 2 外用电梯安全控制要点**

（1）外用电梯底笼周围 2.5m 范围内必须设置牢固的防护栏杆，进出口处的上部应根据电梯高度搭设足够尺寸和强度的防护棚。

（2）外用电梯与各层站过桥和运输通道，除应在两侧设置安全防护栏杆、挡脚板并用安全立网封闭外，进出口处尚应设置常闭型的防护门。

（3）多层施工交叉作业同时使用外用电梯时，要明确联络信号。

（4）外用电梯梯笼乘人、载物时，应使载荷均匀分布，防止偏重，严禁超载使用。

（5）外用电梯在大雨、大雾和六级及六级以上大风天气时，应停止使用。暴风雨过后，应组织对电梯各有关安全装置进行一次全面检查。

☞ **考点 3 塔式起重机安全控制要点**

（1）塔吊在安装和拆卸之前必须针对其类型特点、说明书的技术要求，结合作业条件制定详细的施工方案。

（2）塔吊的安装和拆卸作业必须由取得相应资质的专业队伍进行，安装完毕经验收合格，取得政府相关主管部门核发的《准用证》后方可投入使用。

（3）行走式塔吊的路基和轨道的铺设，必须严格按照其说明书的规定进行；固定式塔吊的基础施工应按设计图纸进行，其设计计算和施工详图应作为塔吊专项施工方案内容之一。

（4）塔吊的力矩限制器，超高、变幅、行走限位器，吊钩保险，卷筒保险，爬梯护圈等安全装置必须齐全、灵敏、可靠。

（5）施工现场多塔作业时，塔机间应保持安全距离，以免作业过程中发生碰撞。

（6）遇六级及六级以上大风等恶劣天气，应停止作 **提示** （2012年·多选·第6题）考查此知识点

业，将吊钩升起。行走式塔吊要夹好轨钳。

2A320048 施工机具安全管理

表3-9 各施工机具安全控制要点

项目	内容
木工机具安全控制要点	①木工机具安装完毕，经验收合格后方可投入使用； ②不得使用合用一台电机的多功能木工机具； ③平刨的护手装置、传动防护罩、接零保护、漏电保护装置必须齐全有效，严禁拆除安全护手装置进行刨削，严禁戴手套进行操作； ④圆盘锯的锯片防护罩、传动防护罩、挡网或棘爪、分料器、接零保护、漏电保护装置必须齐全有效
手持电动工具的安全控制要点	①使用Ⅰ类手持电动工具外壳应做接零保护，并加装漏电保护装置。露天、潮湿场所或在金属构架上操作，严禁使用Ⅰ类手持电动工具。 ②手持电动工具自带的软电缆不允许任意拆除或接长，插头不得任意拆除更换。 ③工具中运动的危险部件，必须按有关规定装设防护罩 ④在危险场所和高度危险场所，必须采用Ⅱ类工具，在狭窄场所宜采用Ⅲ类工具
电焊机安全控制要点	①电焊机安装完毕，经验收合格后方可投入使用； ②露天使用的电焊机应设置在地势较高平整的地方，并有防雨措施； ③电焊机的接零保护、漏电保护和二次侧空载降压保护装置必须齐全有效； ④电焊机一次侧电源线应穿管保护，长度一般不超过5m，焊把线长度一般不应超过30m，并不应有接头，一二次侧接线端柱外应有防护罩； ⑤电焊机施焊现场10m范围内不得堆放易燃、易爆物品
潜水泵安全控制要点	①潜水泵接零保护、漏电保护装置应齐全有效； ②潜水泵的电源线应采用防水型橡胶电缆，并不得有接头； ③潜水泵在水中应直立放置，泵体不得陷入污泥或露出水面。放入水中或提出水面时应提拉系绳，禁止拉拽电缆
打桩机械安全控制要点	①打桩机应定期进行检测，安装验收合格后方可投入使用； ②打桩机的各种安全装置应齐全有效； ③施工前应针对作业条件和桩机类型编写专项施工方案； ④打桩施工场地应按坡度不大于1%、地基承载力不小于83kPa的要求进行平整压实，或按桩机的说明书要求进行； ⑤桩机周围应有明显安全警示标牌或围栏，严禁闲人进入； ⑥高压线下两侧10m以内不得安装打桩机； ⑦雷电天气无避雷装置的桩机应停止作业，遇有大雨、雪、雾和六级及六级以上强风等恶劣气候，应停止作业，并应将桩机顺风向停置，并增加缆风绳

2A320049 施工安全检查与评定

☞ **考点1 施工安全检查评定项目**

表 3 - 10   施工安全检查评定项目

项目	内容
安全管理	安全生产责任制、施工组织设计及专项施工方案、安全技术交底、安全检查、安全教育、应急救援。 一般项目应包括：分包单位安全管理、持证上岗、生产安全事故处理、安全标志
文明施工	保证项目应包括：现场围挡、封闭管理、施工场地、材料管理、现场办公与住宿、现场防火； 一般项目应包括：综合治理、公示标牌、生活设施、社区服务
扣件式钢管脚手架	保证项目包括：施工方案、立杆基础、架体与建筑物结构拉结、杆件间距与剪刀撑、脚手板与防护栏杆、交底与验收； 一般项目包括：横向水平杆设置、杆件搭接、架体防护、脚手架材质、通道
悬挑式脚手架	保证项目包括：施工方案、悬挑钢梁、架体稳定、脚手板、荷载、交底与验收； 一般项目包括：杆件间距、架体防护、层间防护、脚手架材质
门式钢管脚手架	保证项目包括：施工方案、架体基础、架体稳定、杆件锁件、脚手板、交底与验收； 一般项目包括：架体防护、材质、荷载、通道
碗扣式钢管脚手架	保证项目包括：检查评定保证项目包括：施工方案、架体基础、架体稳定、杆件锁件、脚手板、交底与防护验收； 一般项目包括：架体防护、材质、荷载、通道
附着式升降脚手架	保证项目包括：施工方案、安全装置、架体构造、附着支座、架体安装、架体升降； 一般项目包括：检查验收、脚手板、防护、操作
承插型盘扣式钢管支架	保证项目包括：施工方案、架体基础、架体稳定、杆件、脚手板、交底与防护验收； 一般项目包括：架体防护、杆件接长、架体内封闭、材质、通道
高处作业吊篮	保证项目包括：施工方案、安全装置、悬挂机构、钢丝绳、安装、升降操作； 一般项目包括：交底与验收、防护、吊篮稳定、荷载
满堂脚手架	保证项目包括：施工方案、架体基础、架体稳定、杆件锁件、脚手板、交底与验收； 一般项目包括：架体防护、材质、荷载、通道
基坑工程	保证项目包括：施工方案、基坑支护、降排水、基坑开挖、坑边荷载、安全防护； 一般项目包括：基坑监测、支撑拆除、作业环境、应急预案
模板支架	保证项目包括：施工方案、立杆基础、支架稳定、施工荷载、交底与验收； 一般项目包括：立杆设置、水平杆设置、支架拆除、支架材质
高处作业	评定项目包括：安全帽、安全网、安全带、临边防护、洞口防护、通道口防护、攀登作业、悬空作业、移动式操作平台、物料平台、悬挑式钢平台
施工用电	保证项目应包括：外电防护、接地与接零保护系统、配电线路、配电箱与开关箱； 一般项目应包括：配电室与配电装置、现场照明、用电档案
物料提升机	保证项目应包括：安全装置、防护设施、附墙架与缆风绳、钢丝绳、安拆、验收与使用； 一般项目应包括：基础与导轨架、动力与传动、通信装置、卷扬机操作棚、避雷装置
施工升降机	保证项目应包括：安全装置、限位装置、防护设施、附墙架、钢丝绳、滑轮与对重、安拆、验收与使用； 一般项目应包括：导轨架、基础、电气安全、通信装置

项目	内容
塔式起重机	保证项目应包括：载荷限制装置、行程限位装置、保护装置、吊钩、滑轮、卷筒与钢丝绳、多塔作业、安拆、验收与使用； 一般项目应包括：附着、基础与轨道、结构设施、电气安全
起重吊装	保证项目包括：起重吊装检查评定保证项目应包括：施工方案、起重机械、钢丝绳与地锚、索具、作业环境、作业人员； 一般项目应包括：起重吊装、高处作业、构件码放、警戒监护
施工机具	评定项目应包括：平刨、圆盘锯、手持电动工具、钢筋机械、电焊机、搅拌机、气瓶、翻斗车、潜水泵、振捣器、桩工机械

☞ **考点 2　施工安全检查评定等级**

（1）建筑施工安全检查评定的等级划分应符合下列规定：

①优良：分项检查评分表无零分，汇总表得分值应在 80 分及以上。

②合格：分项检查评分表无零分，汇总表得分值应在 80 分以下，70 分及以上。

③不合格：当汇总表得分值不足 70 分时；当有一分项检查评分表得零分时。

提示（2014年·多选·第7题）考查此知识点

（2）当建筑施工安全检查评定的等级为不合格时，必须限期整改达到合格。

2A320050　建筑工程施工招标投标管理

2A320051　施工招标投标管理要求

☞ **考点 1　施工招标的主要管理要求**

相关条款规定：在中华人民共和国境内进行下列工程建设项目包括项目的勘察、设计、施工、监理以及与工程建设有关的重要设备、材料等的采购，必须进行招标：

（1）大型基础设施、公用事业等关系社会公共利益、公众安全的项目。

（2）全部或者部分使用国有资金投资或者国家融资的项目。

（3）使用国际组织或者外国政府贷款、援助资金的项目。

涉及国家安全、国家秘密、抢险救灾或者属于利用扶贫资金实行以工代赈、需要使用农民工等特殊情况，不适宜进行招标的项目，按照国家有关规定可以不进行招标。有下列情形之一的，可以不进行招标：

（1）需要采用不可替代的专利或者专有技术。

（2）采购人依法能够自行建设、生产或者提供。

（3）已通过招标方式选定的特许经营项目投资人依法能够自行建设、生产或者提供。

（4）需要向原中标人采购工程、货物或者服务，否则将影响施工或者功能配套要求。

（5）国家规定的其他特殊情形。

招标分为公开招标和邀请招标。招标人具有编制招标文件和组织评标能力的，可以自行办理招标事宜。任何单位和个人不得强制其委托招标代理机构办理招标事宜。招标人有权自行选择招标代理机构，委托其办理招标事宜。任何单位和个人不得以任何方式为招标人指定招标代理机构。招标代理机构不得在所代理的招标项目中投标或者代理投标，也不得为所代理的招标项目的投标人提供咨询。招标代理机构不得涂改、出租、出借、转让资格证书。

招标人应当在招标文件中载明投标有效期。投标有效期从提交投标文件的截止之日起算。

依法必须进行招标的项目，自招标文件开始发出之日起至投标人提交投标文件截止之日止，最短不得少于20d。

招标人不得组织单个或者部分潜在投标人踏勘项目现场。

☞ 考点2 施工投标的主要管理要求

投标文件一般包括经济标和技术标。

投标人应当在招标文件要求提交投标文件的截止时间前，将投标文件送达投标地点。招标人收到投标文件后，应当签收保存，不得开启。投标人少于3个的，招标人应当依法重新招标。在招标文件要求提交投标文件的截止时间后送达的投标文件，招标人应当拒收。

投标人在招标文件要求提交投标文件的截止时间前，可以补充、修改或者撤回已提交的投标文件，并书面通知招标人。补充、修改的内容为投标文件的组成部分。

两个以上法人或者其他组织可以组成一个联合体，以一个投标人的身份共同投标。联合体各方均应当具备承担招标项目的相应能力。

投标人撤回已提交的投标文件，应当在投标截止时间前书面通知招标人。招标人已收取投标保证金的，应当自收到投标人书面撤回通知之日起5d内退还。

投标人不得相互串通投标报价，不得排挤其他投标人的公平竞争，损害招标人或者其他投标人的合法权益；不得与招标人串通投标，损害国家利益、社会公共利益或者他人的合法权益。禁止投标人以向招标人或者评标委员会成员行贿的手段谋取中标。投标人不得以低于成本的报价竞标，也不得以他人名义投标或者以其他方式弄虚作假，骗取中标。

依法必须进行招标的项目的投标人有前款所列行为尚未构成犯罪的，处中标项目金额5‰以上10‰以下的罚款，对单位直接负责的主管人员和其他直接责任人员处单位罚款数额5%以上10%以下的罚款；有违法所得的，并处没收违法所得；情节严重的，取消其1~3年内参加依法必须进行招标的项目的投标资格并予以公告，直至由工商行政管理机关吊销营业执照。

2A320052 施工招标条件与程序

（1）招标条件。

①招标人已经依法成立；

②初步设计及概算应当履行审批手续的，已经批准；

③招标范围、招标方式和招标组织形式等应当履行核准手续的，已经核准；

④有相应资金或资金来源已经落实；

⑤有招标所需的设计图纸及技术资料。

（2）招标程序。

①招标准备，具体内容包括：建设工程项目报建。报建的主要内容包括工程名称、建设地点、投资、规模、当年投资额、工程规模、结构类型、发包方式、开竣工日期等；组织招标工作机构；招标申请；资格预审文件、招标文件的编制与送审；工程标的价格的编制；刊登资格预审通告、招标通告；资格预审。

②招标实施，具体内容包括：发售招标文件以及对招标文件的答疑；勘察现场；投标预备会；接受投标单位的投标文件；建立评标组织。

③开标定标，具体内容包括：召开开标会议、审查投标文件；评标，决定中标单位；发出中标通知书；与中标单位签订中标合同。

2A320053 施工投标条件与程序

☞ 考点 1 投标人应具备的条件

对于参加建设项目设计、建筑安装以及主要设备、材料供应等投标的单位，必须具备下列条件：

①具有招标条件要求的资质证书、营业执照、组织机构代码证、税务登记证、安全施工许可证，并为独立的法人实体；

②承担过类似建设项目的相关工作，并有良好的工作业绩和履约记录；

③财产状况良好，没有处于财产被接管、破产或其他关、停、并、转状态；

④在最近 3 年没有骗取合同以及其他经济方面的严重违法行为；

⑤近几年有较好的安全纪录，投标当年内没有发生重大质量和特大安全事故；

⑥荣誉情况。

☞ 考点 2 共同投标的联合体的基本条件

（1）两个以上法人或者其他组织可以组成一个联合体，以一个投标人的身份共同投标。联合体各方均应当具备承担招标项目的相应能力。联合体中标的，联合体各方应当共同与招标人签订合同，就中标项目向招标人承担连带责任。

（2）施工单位投标主要程序如下：①研究并决策是否参加工程项目投标；②报名参加投标；③按照要求填报资格预审书；④领取招标文件；⑤研究招标文件；⑥调查投标环境；⑦按照招标文件要求编制投标文件；⑧投送招标文件；⑨参加开标会议；⑩订立施工合同。

≫ 2A320060 建筑工程造价与成本管理 ≪

2A320061 工程造价的构成与计算

按照《建筑安装工程费用项目组成》（建标〔2013〕44号）的规定，建筑安装工程费用项目组成可按费用构成要素来划分，也可按造价形成划分。

☞ 考点 1 按费用构成要素划分

建筑安装工程费按照费用构成要素划分：由人工费、材料（包含工程设备，下同）费、施工机具使用费、企业管理费、利润、规费和税金组成。

表 3－11　　按照费用构成要素划分的建筑安装工程费

项目	内容
人工费	计时工资或计件工资、奖金、津贴补贴、加班加点工资、特殊情况下支付的工资
材料费	材料原价、运杂费、运输损耗费、采购及保管费
施工机具使用费	施工机械使用费（含折旧费、大修理费、经常修理费、安拆费及场外运费、人工费、燃料动力费、税费）、仪器仪表使用费
企业管理费	管理人员工资、办公费、差旅交通费、固定资产使用费、工具用具使用费、劳动保险和职工福利费、劳动保护费、检验试验费、工会经费、职工教育经费、财产保险费、财务费、税金、其他（包括技术转让费、技术开发费、投标费、业务招待费、绿化费、广告费、公证费、法律顾问费、审计费、咨询费、保险费等）
利润	－

续表

项目	内容
规费	社会保险费（含养老保险费、失业保险费、医疗保险费、生育保险费、工伤保险费）、住房公积金、工程排污费。其他应列而未列入的规费，按实际发生计取
税金	—

☞ **考点 2 按造价形成划分**

建筑安装工程费按照工程造价形成由分部分项工程费、措施项目费、其他项目费、规费、税金组成，分部分项工程费、措施项目费、其他项目费包含人工费、材料费、施工机具使用费、企业管理费和利润。

2A320062 工程施工成本的构成

建筑工程施工成本指为建造某项合同而发生的相关费用，包括从合同签订开始至合同完成所发生的全部施工费用支出的总和，即人工费、材料费、施工机具使用费、企业管理费、规费之和。

按照施工企业常用的成本计入方法分为直接成本和间接成本。直接成本由人工费、材料费、机械费和措施费构成；间接成本包括企业管理费和规费。

直接成本与间接成本之和构成工程项目的全费用成本。

2A320063 工程量清单计价规范的运用

《建设工程工程量清单计价规范》（GB 50500—2013）自 2013 年 4 月 1 日正式施行。全部使用国有资金投资或国有资金投资为主的建设工程施工发承包，必须采用工程量清单计价。非国有资金投资的建设工程，宜采用工程量清单计价。

（1）本规范适用于房屋建筑与装饰工程施工发承包计价活动中的工程量清单编制和工程量计算，房屋建筑与装饰工程计量，应当按本规范进行工程量计算。

（2）建设工程施工发承包造价由分部分项工程费、措施项目费、其他项目费、规费和税金组成。分部分项工程和措施项目清单应采用综合单价计价。

（3）采用工程量清单计价的工程，应在招标文件或合同中明确计价中的风险内容及其范围（幅度），不得采用无限风险、所有风险或类似语句规定计价中的风险内容及其范围。

（4）下列影响合同价款的因素出现，应由发包人承担：

①国家法律、法规、规章和政策变化；

②省级或行业建设主管部门发布的人工费调整。

（5）由于市场物价波动影响合同价款，应由发承包双方合理分摊并在合同中约定。合同中没有约定，发、承包双方发生争议时，按下列规定实施。

①材料、工程设备的涨幅超过招标时基准价格 5% 以上由发包人承担；

②施工机械使用费涨幅超过招标时的基准价格 10% 以上由发包人承担。

（6）分部分项工程量清单应载明项目编码、项目名称、项目特征、计量单位和工程量。

（7）投标人应按招标工程量清单填报价格。项目编码、项目名称、项目特征、计量单位、工程量必须与招标工程量清单一致。

（8）单位工程费包括：分部分项工程量清单合价，措施项目清单合价，其他项目清单合价，规费和税金。因此要分别计算各类费用，而后汇总。

（9）工程量清单计价基本步骤为：熟悉工程量清单→研究招标文件→熟悉施工图纸→熟悉

工程量计算规则→了解施工现场情况及施工组织设计特点→熟悉加工订货的有关情况→明确主材和设备的来源情况→计算分部分项工程工程量→计算分部分项工程综合单价→确定措施项目清单及费用→确定其他项目清单及费用→计算规费及税金→汇总各项费用计算工程造价。

2A320064 合同价款的约定与调整

☞ 考点1 合同价款的约定

目前常用的合同价款约定方式有3种：①单价合同；②总价合同；③成本加酬金合同。

表3－12 合同价款的约定方式

项目	内容
单价合同	①固定单价不调整的合同称为固定单价合同，一般适用于虽然图纸不完备但是采用标准设计的工程项目； ②固定单价可以调整的合同称为可调单价合同，一般适用于工期长、施工图不完整、施工过程中可能发生各种不可预见因素较多的工程项目
总价合同	①固定总价，合同适用于规模小、技术难度小、工期短（一般在一年之内）的工程项目； ②可调总价合同，适用于虽然工程规模小、技术难度小、图纸设计完整、设计变更少，但是工期一般在一年之上的工程项目
成本加酬金合同	合同价款包括成本和酬金两部分，其适用于灾后重建、新型项目或对施工内容、经济指标不确定的工程项目

☞ 考点2 合同价款的调整

出现下列情形之一时，发包人应予以修正，并相应调整合同价格：

（1）工程量清单存在缺项、漏项的。

（2）工程量清单偏差超出专用合同条款约定的工程量偏差范围的。

（3）未按照国家现行计量规范强制性规定计量的。

2A320065 预付款与进度款的计算

☞ 考点1 预付款的计算

（1）百分比法。

百分比法是按年度工作量的一定比例确定预付备料款额度的一种方法。建筑工程一般不得超过当年建筑（包括水、电、暖、卫等）工程工作量的25%，大量采用预制构件以及工期在6个月以内的工程，可以适当增加；安装工程一般不得超过当年安装工作量的10%，安装材料用量较大的工程，可以适当增加；小型工程（一般指30万元以下）可以不预付备料款，直接分阶段拨付工程进度款等。 **提示** (2014年·案例分析题·第4题第1问)考查此知识点

（2）数学计算法。

计算公式为：工程备料款数额＝工程总价×材料比重（%）年度施工天数×材料储备天数

公式中：年度施工天数按365日历天计算；材料储备天数由当地材料供应的在途天数、加工天数、整理天数、供应间隔天数、保险天数等因素决定。

（3）预付备料款的回扣。

计算公式为：起扣点＝承包工程价款总额－（预付备料款/主要材料所占比重）

☞ 考点2 工程进度款的计算

在确认计量结果后14d内，发包人应向承包人支付进度款。发包人超过约定的支付时间不支付进度款，承包人可向发包人发出要求付款的通知，发包人接到承包人通知后仍不能按要求

付款，可与承包人协商签订延期付款协议，经承包人同意后可延期支付。协议应明确延期支付的时间和从计量结果确认后第15天起计算应付款的贷款利息。

在确定所完工程量之后，可按以下步骤计算工程进度款：根据所完工程量的项目名称，配上分项编号、单价，得出合价→将本月所完成的全部项目合价相加，得出分部分项工程费小计→按规定计算措施项目费、其他项目费、规费、税金→累计本月应收工程进度款。

2A320066 工程竣工结算

☞ 考点1 竣工结算的原则

（1）任何工程的竣工结算，必须在工程全部完工、经提交验收并提出竣工验收报告以后方能进行。

（2）工程竣工结算的各方，应共同遵守国家有关法律、法规、政策方针和各项规定，严禁高估冒算，严禁套用国家和集体资金，严禁在结算时挪用资金和谋取私利。

（3）坚持实事求是，针对具体情况处理遇到的复杂问题。

（4）强调合同的严肃性，依据合同约定进行结算。

（5）办理竣工结算，必须依据充分，基础资料齐全。

☞ 考点2 竣工调值公式法

用调值公式法调价，按下式计算：

$$P = P_0 \left(a_0 + a_1 A/A_0 + a_2 A/B_0 + a_3 A/C_0 + a_4 D/D_0 \right)$$

式中，P表示工程实际结算价款；P_0表示调值前工程进度款；a_0表示不调值部分比重；a_1、a_2、a_3、a_4表示调值因素比重；A、B、C、D现行价格指数或价格；A_0、B_0、C_0、D_0表示基期价格指数或价格。

应用调值公式时注意三点：

（1）计算物价指数的品种只选择对总造价影响较大的少数几种。

（2）在签订合同时要明确调价品种和波动到何种程度可调整（一般为10%）。

（3）考核地点一般在工程所在地或指定某地的市场。

2A320067 成本控制方法在建筑工程中的应用

☞ 考点1 用价值工程控制成本

按价值工程的公式$V = F/C$分析，提高价值的途径有5条：

①功能提高，成本不变；

②功能不变，成本降低；

③功能提高，成本降低；

④降低辅助功能，大幅度降低成本；

⑤成本稍有提高，大大提高功能。

其中①、③、④的途径是提高价值，同时也降低成本的途径。应当选择价值系数低、降低成本潜力大的工程作为价值工程的对象，寻求对成本的有效降低。

☞ 考点2 价值分析的对象

①选择数量大，应用面广的构配件；

②选择成本高的工程和构配件；

③选择结构复杂的工程和构配件；

④选择体积与重量大的工程和构配件；

⑤选择对产品功能提高起关键作用的构配件；

⑥选择在使用中维修费用高、耗能量大或使用期的总费用较大的工程和构配件；

⑦选择畅销产品，以保持优势，提高竞争力；

⑧选择在施工（生产）中容易保证质量的工程和构配件；

⑨选择施工（生产）难度大、多花费材料和工时的工程和构配件；

⑩选择可利用新材料、新设备、新工艺、新结构及在科研上已有先进成果的工程和构配件。

☞ **考点3　建筑工程成本分析**

建筑工程成本分析方法有两类八种：

第一类是基本分析方法，有比较法，因素分析法，差额分析法和比率法；

第二类是综合分析法，包括分部分项成本分析，月（季）度成本分析，年度成本分析，竣工成本分析。

其中，因素分析法最为常用。这种方法的本质是分析各种因素对成本差异的影响，采用连环替代法。该方法首先要排序。排序的原则是：先工程量，后价值量；先绝对数，后相对数。然后逐个用实际数替代目标数，相乘后，用所得结果减替代前的结果，差数就是该替代因素对成本差异的影响。

》》 2A320070　建设工程施工合同管理 《《

2A320071　施工合同的组成与内容

表 3 – 13　　　　　　　　　　施工合同的组成与内容

项目	内容
《建设工程施工合同（示范文本）》简介	《示范文本》由合同协议书、通用合同条款和专用合同条款三部分组成： ①合同协议书集中约定了合同当事人基本的合同权利义务； ②通用合同条款是合同当事人根据《中华人民共和国建筑法》、《中华人民共和国合同法》等法律法规规定，就工程建设的实施及相关事项，对合同当事人的权利义务作出的原则性约定； ③专用合同条款是对通用合同条款原则性约定的细化、完善、补充、修改或另行约定的条款
《示范文本》的性质和适用范围	《示范文本》为非强制性使用文本； 《示范文本》适用于房屋建筑工程、土木工程、线路管道和设备安装工程、装修工程等建设工程的施工承发包活动，合同当事人可结合建设工程具体情况，根据《示范文本》订立合同，并按照法律法规规定和合同约定承担相应的法律责任及合同权利义务
施工合同文件的构成	协议书与下列文件一起构成合同文件： ①中标通知书（如果有）； ②投标函及其附录（如果有）； ③专用合同条款及其附件； ④通用合同条款； ⑤技术标准和要求； ⑥图纸； ⑦已标价工程量清单或预算书； ⑧其他合同文件

★在合同订立及履行过程中形成的与合同有关的文件均构成合同文件组成部分。

★上述各项合同文件包括合同当事人就该项合同文件所作出的补充和修改，属于同一类内容的文件，应以最新签署的为准。

★专用合同条款及其附件须经合同当事人签字或盖章。

2A320072　施工合同的签订与履行

☞ 考点1　施工合同的签订

表3-14 施工合同签订的内容

项目	内容
签订形式	书面形式、口头形式和其他形式。建设工程施工合同一般采用书面形式签订
原则	当事人订立、履行合同应当遵守法律、行政法规，尊重社会公德，不得扰乱社会经济秩序，损害社会公共利益；遵循公平原则、遵循诚实信用原则
签订合同应注意的问题	《合同法》第52条规定：有下列情形之一的，合同无效： ①一方以欺诈、胁迫的手段订立合同，损害国家利益； ②恶意串通，损害国家、集体或者第三人利益； ③以合法形式掩盖非法目的； ④损害社会公共利益； ⑤违反法律、行政法规的强制性规定。 《合同法》第53条：合同中的下列免责条款无效： ①造成对方人身伤害的； ②因故意或者重大过失造成对方财产损失的。 《合同法》第54条：下列合同，当事人一方有权请求人民法院或者仲裁机构变更或者撤销： ①因重大误解订立的； ②在订立合同时显失公平的。 一方以欺诈、胁迫的手段或者乘人之危，使对方在违背真实意思的情况下订立的合同，受损害方有权请求人民法院或者仲裁机构变更或者撤销。当事人请求变更的，人民法院或者仲裁机构不得撤销

☞ 考点2　施工合同的履行

建筑工程施工合同的履行，应遵循全面履行、诚实信用的原则。

《建设工程项目管理规范》GB/T 50326—2006中规定，承包人的合同管理应遵循下列程序：合同评审、合同订立、合同实施计划、合同实施控制、合同综合评价、有关知识产权的合法使用。

2A320073　专业分包合同的应用

☞ 考点1　专业工程分包的类别

专业承包企业资质设2～3个等级，60个资质类别，其中常用类别有：地基与基础、建筑装饰装修、建筑幕墙、钢结构、机电设备安装、电梯安装、消防设施、建筑防水、防腐保温、园林古建筑、爆破与拆除、电信工程、管道工程等。

☞ 考点2　专业分包合同的主要内容

（1）承包人的工作。

①向分包人提供根据总包合同由发包人办理的与分包工程相关的各种证件、批件、各种相关资料，向分包人提供具备施工条件的施工场地；

②按本合同专用条款约定的时间，组织分包人参加发包人组织的图纸会审，向分包人进行设计图纸交底；

③提供本合同专用条款中约定的设备和设施，并承担因此发生的费用；

（2）分包人的工作。

①分包人应按照分包合同的约定，对分包工程进行设计（分包合同有约定时）、施工、竣工和保修。

②按照本合同专用条款约定的时间，完成规定的设计内容，报承包人确认后在分包工程中使用。承包人承担由此发生的费用。

③在本合同专用条款约定的时间内，向承包人提供年、季、月度工程进度计划及相应进度统计报表。分包人不能按承包人批准的进度计划施工时，应根据承包人的要求提交一份修订的进度计划，以保证分包工程如期竣工。

（3）分包人应当按照本合同协议书约定的开工日期开工。

分包人不能按时开工，应当不迟于本合同协议书约定的开工日期前5天，以书面形式向承包人提出延期开工的理由。承包人应当在接到延期开工申请后的48小时内以书面形式答复分包人。承包人在接到延期开工申请后48小时内不答复，视为同意分包人要求，工期相应顺延。承包人不同意延期要求或分包人未在规定时间内提出延期开工要求，工期不予顺延。

（4）因承包人原因不能按照本合同协议书约定的开工日期开工，项目经理应以书面形式通知分包人，推迟开工日期。承包人赔偿分包人因延期开工造成的损失，并相应顺延工期。

（5）因下列原因之一造成分包工程工期延误，经总包项目经理确认，工期相应顺延：

①承包人根据总包合同从工程师处获得与分包合同相关的竣工时间延长；

②承包人未按本合同专用条款的约定提供图纸、开工条件、设备设施、施工场地；

③承包人未按约定日期支付工程预付款、进度款，致使分包工程施工不能正常进行；

④项目经理未按分包合同约定提供所需的指令、批准或所发出的指令错误，致使分包工程施工不能正常进行；

⑤非分包人原因的分包工程范围内的工程变更及工程量增加；

⑥不可抗力的原因；

⑦本合同专用条款中约定的或项目经理同意工期顺延的其他情况。

（6）分包人应在上述约定情况发生后14天内，就延误的工期以书面形式向承包人提出报告。承包人在收到报告后14天内予以确认，逾期不予确认也不提出修改意见，视为同意顺延工期。

2A320074 劳务分包合同的应用

☞ **考点1 劳务分包合同的类别**

劳务分包企业资质设1~2个等级，13个资质类别其中常用类别有：木工作业、砌筑作业、抹灰作业、油漆作业、钢筋作业、混凝土作业、脚手架作业、模板作业、焊接作业、水暖电安装作业等。如同时发生多类作业可划分为结构劳务作业、装修劳务作业、综合劳务作业。

☞ **考点2 劳务分包合同的主要内容**

1. 工程承包人义务

（1）除非合同另有约定，工程承包人完成劳务分包人施工前期的下列工作并承担相应费用：

①向劳务分包人交付具备本合同项下劳务作业开工条件的施工场地；

②完成水、电、热、电讯等施工管线和施工道路，并满足完成本合同劳务作业所需的能源供应、通讯及施工道路畅通；

③向劳务分包人提供相应的工程地质和地下管网线路资料；

④完成办理下列工作手续：各种证件、批件、规费，但涉及劳务分包人自身的手续除外；

⑤向劳务分包人提供相应的水准点与坐标控制点位置；

⑥向劳务分包人提供生产、生活临时设施。

（2）负责编制施工组织设计，统一制定各项管理目标，组织编制年、季、月施工计划、物资需用量计划表，实施对工程质量、工期、安全生产、文明施工，计量析测、试验化验的控制、监督、检查和验收。

（3）负责工程测量定位、沉降观测、技术交底，组织图纸会审，统一安排技术档案资料的收集整理及交工验收。

（4）统筹安排、协调解决非劳务分包人独立使用的生产、生活临时设施、工作用水、用电及施工场地。

（5）按时提供图纸，及时交付应供材料、设备，所提供的施工机械设备、周转材料、安全设施保证施工需要。

2．劳务分包人义务

（1）自觉接受工程承包人及有关部门的管理、监督和检查；接受工程承包人随时检查其设备、材料保管、使用情况，及其操作人员的有效证件、持证上岗情况；与现场其他单位协调配合，照顾全局。

（2）按工程承包人统一规划堆放材料、机具，按工程承包人标准化工地要求设置标牌，搞好生活区的管理，做好自身责任区的治安保卫工作。

（3）按时提交报表、完整的原始技术经济资料，配合工程承包人办理交工验收。

（4）做好施工场地周围建筑物、构筑物和地下管线和已完工程部分的成品保护工作，因劳务分包人责任发生损坏，劳务分包人自行承担由此引起的一切经济损失及各种罚款。

（5）妥善保管、合理使用工程承包人提供或租赁给劳务分包人使用的机具、周转材料及其他设施。

（6）劳务分包人须服从工程承包人转发的发包人及工程师的指令。

（7）除非合同另有约定，劳务分包人应对其作业内容的实施、完工负责，劳务分包人应承担并履行总（分）包合同约定的、与劳务作业有关的所有义务及工作程序。

2A320075 施工合同变更与索赔

索赔通常分为费用索赔和工期索赔。

☞ 考点1 费用索赔

费用索赔计算方法有：

①总费用法：又称为总成本法，通过计算出某单项工程的总费用，减去单项工程的合同费用，剩余费用为索赔的费用。

②分项法：按照工程造价的确定方法，逐项进行工程费用的索赔。可以按人工费、机械费、管理费、利润等分别计算索赔费用。

☞ 考点2 工期索赔

工期索赔的计算方法有：

①网络分析法：网络分析法通过分析延误前后的施工网络计划，比较两种工期计算结果，计算出工程应顺延的工程工期。

②比例分析法：比例分析法通过分析增加或减少的单项工程量（工程造价）与合同总量（合同总造价）的比值，推断出增加或减少的工程工期。

③其他方法：工程现场施工中，可以按照索赔事件实际增加的天数确定索赔的工期；通过发包方与承包方协议确定索赔的工期。

☞ 考点 3　建筑工程施工合同反索赔

（1）施工索赔包括索赔和反索赔。反索赔的内容包括直接经济损失和间接经济损失。

（2）反索赔的主要内容：

①延迟工期的反索赔；

②工程施工质量缺陷的反索赔；

③合同担保的反索赔；

④发包方其他损失的反索赔。

（3）除上述反索赔内容外，当承包方发生其他损害发包人的利益时，发包方可就经济损失进行反索赔。

》2A320080　建筑工程施工现场管理 《

2A320081　现场消防管理

☞ 考点 1　施工现场动火等级的划分

表 3 - 15　　　　　　　　　　　　　　　　动火的分类

项目	情形
一级动火	①禁火区域内； ②油罐、油箱、油槽车和储存过可燃气体、易燃液体的容器及与其连接在一起的辅助设备； ③各种受压设备； ④危险性较大的登高焊、割作业； ⑤比较密封的室内、容器内、地下室等场所； ⑥现场堆有大量可燃和易燃物质的场所
二级动火	①在具有一定危险因素的非禁火区域内进行临时焊、割等用火作业； ②小型油箱等容器； ③登高焊、割等用火作业
三级动火	在非固定的、无明显危险因素的场所进行用火

☞ 考点 2　施工现场动火审批程序

（1）一级动火作业由项目负责人组织编制防火安全技术方案，填写动火申请表，报企业安全管理部门审查批准后，方可动火。　提示（2013年·单选·第15题）考查此知识点

（2）二级动火作业由项目责任工程师组织拟定防火安全技术措施，填写动火申请表，报项目安全管理部门和项目负责人审查批准后，方　提示（2014年·案例分析题·第3题第3问）考查此知识点　可动火。

（3）三级动火作业由所在班组填写动火申请表，经项目责任工程师和项目安全管理部门审查批准后，方可动火。

（4）动火证当日有效，如动火地点发生变化，则需重新办理动火审批手续。

☞ 考点 3　施工现场消防器材的配备

（1）一般临时设施区，每 $100m^2$ 配备两个 10L 的灭火器，大型临时设施总面积超过 1 200 m^2 的，应备有消防专用的消防桶、消防锹、消防钩、盛水桶（池）、消防砂箱等器材设施。

（2）临时木工加工车间、油漆作业间等，每 $25m^2$ 应配置一个种类合适的灭火器。

（3）仓库、油库、危化品库或堆料厂内，应配备足够组数、种类的灭火器，每组灭火器不应少于 4 个，每组灭火器之间的距离不应大于 30m。

（4）高度超过 24m 的建筑工程，应保证消防水源充足，设置具有足够扬程的高压水泵，安

装临时消防竖管，管径不得小于75mm，每层必须设消火栓口，并配备足够的水龙带。

☞ **考点4 施工现场灭火器的摆放**

（1）灭火器应摆放在明显和便于取用的地点，且不得影响到安全疏散。

（2）灭火器应摆放稳固，其铭牌必须朝外。

（3）手提式灭火器应使用挂钩悬挂，或摆放在托架上、灭火箱内，其顶部离地面高度应小于1.5m，底部离地面高度宜大于0.15m。

（4）灭火器不应摆放在潮湿或强腐蚀性的地点，必须摆放时，应采取相应的保护措施。

（5）摆放在室外的灭火器应采取相应的保护措施。

（6）灭火器不得摆放在超出其使用温度范围以外的地点，灭火器的使用温度范围应符合规范规定。

2A320082 现场文明施工管理

☞ **考点1 现场文明施工主要内容及基本要求**

表3－16 现场文明施工主要内容及基本要求

项目	内容
现场文明施工主要内容	①规范场容、场貌，保持作业环境整洁卫生； ②创造文明有序安全生产的条件和氛围； ③减少施工对居民和环境的不利影响； ④落实项目文化建设
现场文明施工管理基本要求	①施工现场应当做到围挡、大门、标牌标准化、材料码放整齐化、安全设施规范化、生活设施整洁化、职工行为文明化、工作生活秩序化； ②施工现场要做到工完场清、施工不扰民、现场不扬尘、运输无遗撒、垃圾不乱弃，努力营造良好的施工作业环境

☞ **考点2 现场文明施工管理要点**

（1）现场必须实施封闭管理，现场出入口应设大门和保安值班室，大门或门头设置企业名称和企业标识，建立完善的保安值班管理制度，严禁非施工人员任意进出；场地四周必须采用封闭围挡，围挡要坚固、整洁、美观，并沿场地四周连续设置。一般路段的围挡高度不得低于1.8m，市区主要路段的围挡高度不得低于2.5m。

（2）现场出入口明显处应设置"五板一图"，即：工程概况板、管理人员名单及监督电话牌、安全生产牌、文明施工制度板、消防保卫制度板及施工现场总平面图。

（3）现场的施工区域应与办公、生活区划分清晰，并应采取相应的隔离防护措施，在建工程内严禁住人。

（4）现场应设置办公室、宿舍、食堂、厕所、淋浴间、开水房、文体活动室、密闭式垃圾站或容器（垃圾分类存放）及盥洗设施等临时设施，所用建筑材料应符合环保、消防要求。

（5）现场应建立防火制度和火灾应急响应机制，落实防火措施，配备防火器材。明火作业应严格执行动火审批手续和动火监护制度。高层建筑要设置专用的消防水源和消防立管，每层留设消防水源接口。

（6）现场应按要求设置消防通道，并保持畅通。

（7）现场应设宣传栏、报刊栏，悬挂安全标语和安全警示标志牌，加强安全文明施工宣传。

2A320083 现场成品保护管理

表 3-17 施工现场成品保护的内容

项目	内容
保护的重要性	成品保护是保证工程实体质量的重要环节，是施工管理的重要组成部分
保护的范围	①结构施工时的测量控制桩；制作和绑扎的钢筋、模板、浇筑的混凝土构件；砌体等。地下室、卫生间、盥洗室、厨房、屋面等部位的防水。 ②装饰施工时的墙面、顶棚、楼地面、地毯、石材、木作业、油漆及涂料、门窗及玻璃、幕墙、五金、楼梯饰面及扶手等工程。 ③安装的消防箱、配电箱、配电柜、插座、开关、烟感、喷淋、散热器、空调风口、卫生洁具、厨房器具、灯具、阀门、管线、水箱、设备配件等。 ④安装的高低压配电柜、空调机组、电梯、发电机组、冷水机组、冷却塔、通风机、水泵、强弱电配套设施、风机盘管、智能照明设备、中水设备、厨房设备等
保护的要点	①合理安排施工顺序； ②根据产品的特点，可以分别对成品、半成品采取"护、包、盖、封"等具体保护措施； ③建立成品保护责任制，加强对成品保护工作的巡视检查，发现问题及时处理

2A320084 现场环境保护管理

☞ **考点 1 施工现场常见的重要环境影响因素**

（1）施工机械作业、模板支拆、清理与修复作业、脚手架安装与拆除作业等产生的噪声排放。

（2）施工场地平整作业、土、灰、砂、石搬运及存放、混凝土搅拌作业等产生的粉尘排放。

（3）现场渣土、商品混凝土、生活垃圾、建筑垃圾、原材料运输等过程中产生的遗撒。

（4）现场油品、化学品库房、作业点产生的油品、化学品泄漏。

（5）现场废弃的涂料桶、油桶、油手套、机械维修保养废液、废渣等产生的有毒有害废弃物排放。

（6）城区施工现场夜间照明造成的光污染。

（7）现场生活区、库房、作业点等处发生的火灾、爆炸。

（8）现场食堂、厕所、搅拌站、洗车点等处产生的生活、生产污水排放。

（9）现场钢材、木材等主要建筑材料的消耗。

（10）现场用水、用电等能源的消耗。

☞ **考点 2 施工现场环境保护实施要点**

（1）施工现场必须建立环境保护、环境卫生管理和检查制度，并应做好检查记录。

（2）在城市市区范围内从事建筑工程施工，项目必须在工程开工前向工程所在地县级以上地方人民政府环境保护管理部门申报登记。

（3）施工现场污水排放要与所在地县级以上人民政府市政管理部门签署污水排放许可协议、申领《临时排水许可证》。雨水排入市政雨水管网，污水经沉淀处理后二次使用或排入市政污水管网。现场产生的泥浆、污水未经处理不得直接排入城市排水设施、河流、湖泊、池塘。提示 (2013年·单选·第16题) 考查此知识点

（4）现场产生的固体废弃物应在所在地县级以上地方人民政府环卫部门申报登记，分类存放。建筑垃圾和生活垃圾应与所在地垃圾消纳中心签署环保协议，及时清运处置。有毒有害废弃物应运送到专门的有毒有害废弃物中心消纳。

（5）现场的主要道路必须进行硬化处理，土方应集中堆放。裸露的场地和集中堆放的土方应采取覆盖、固化或绿化等措施。现场土方作业应采取防止扬尘措施。

（6）拆除建筑物、构筑物时，应采用隔离、洒水等措施，并应在规定期限内将废弃物清理完毕。建筑物内施工垃圾的清运，必须采用相应的容器倒运，严禁凌空抛掷。

（7）现场使用的水泥和其他易飞扬的细颗粒建筑材料应密闭存放或采取覆盖等措施，混凝土搅拌场所应采取封闭、降尘措施。

（8）除有符合环保要求的设施外，施工现场内严禁焚烧各类废弃物，禁止将有毒有害废弃物作土方回填。

（9）在居民和单位密集区域进行爆破、打桩等施工作业前，施工单位除按规定报告申请批准外，还应将作业计划、影响范围、程度及有关情况向周边居民和单位通报说明，取得协作和配合。对于施工机械噪声与振动扰民，应有相应的降噪减振控制措施。

（10）施工时发现文物、爆炸物、不明管线电缆等，应当停止施工，保护好现场，及时向有关部门报告，按照有关规定处理后方可继续施工。

2A320085 职业健康安全管理

☞ 考点1 施工现场主要职业危害

施工现场主要职业危害来自粉尘的危害、生产性毒物的危害、噪声的危害、振动的危害、紫外线的危害和环境条件危害等。

☞ 考点2 施工现场易引发的职业病及其防治

施工现场易引发的职业病有矽肺、水泥尘肺、电焊尘肺、锰及其化合物中毒、氮氧化物中毒、一氧化碳中毒、苯中毒、甲苯中毒、二甲苯中毒、五氯酚中毒、中暑、手臂振动病、电光性皮炎、电光性眼炎、噪声聋、白血病等。

职业病的防治：

（1）工作场所职业卫生防护与管理要求。

①危害因素的强度或者浓度应符合国家职业卫生标准；

②有与职业病危害防护相适应的设施；

③现场施工布局合理，符合有害与无害作业分开的原则；

④有配套的卫生保健设施；

⑤设备、工具、用具等设施符合保护劳动者生理、心理健康的要求；

⑥法律、法规和国务院卫生行政主管部门关于保护劳动者健康的其他要求；

（2）生产过程中的职业卫生防护与管理要求。

①应优先采用有利于防治职业病和保护劳动者健康的新技术、新工艺、新材料、新设备，不得使用国家明令禁止使用的可能产生职业病危害的设备或材料。

②应书面告知劳动者工作场所或工作岗位所产生或者可能产生的职业病危害因素、危害后果和应采取的职业病防护措施。

③应对劳动者进行上岗前的职业卫生培训和在岗期间的定期职业卫生培训。

④对从事接触职业病危害作业的劳动者，应当组织在上岗前、在岗期间和离岗时的职业健康检查。

⑤不得安排未经上岗前职业健康检查的劳动者从事接触职业病危害的作业，不得安排有职业禁忌的劳动者从事其所禁忌的作业。

⑥不得安排未成年工从事接触职业病危害的作业，不得安排孕期、哺乳期的女职工从事对本人和胎儿、婴儿有危害的作业。

⑦用于预防和治理职业病危害、工作场所卫生检测、健康监护和职业卫生培训等费用，按照国家有关规定，应在生产成本中据实列支，专款专用。

2A320086 临时用电、用水管理

☞ **考点 1 施工现场临时用电管理**

（1）现场临时用电的范围包括临时动力用电和临时照明用电。

（2）现场临时用电必须按照《施工现场临时用电安全技术规范》（JGJ 46—2005）及其他相关规范标准的要求，根据现场实际情况，编制临时用电施工组织设计或方案，建立相关的管理文件和档案资料。

（3）电工作业应持有效证件，电工等级应与工程的难易程度和技术复杂性相适应。

（4）项目部应按规定对临时用电系统和用电情况进行定期和不定期的检查、维护，发现问题及时整改。

（5）项目部应建立临时用电安全技术档案。

☞ **考点 2 施工现场临时用水管理**

（1）现场临时用水包括生产用水、机械用水、生活用水和消防用水。

（2）现场临时用水必须根据现场工况编制临时用水方案，建立相关的管理文件和档案资料。

（3）消防用水一般利用城市或建设单位的永久消防设施。如自行设计，消防干管直径应不小于100mm，消火栓处昼夜要有明显标志，配备足够的水龙带，周围3m内不准存放物品。

（4）高度超过24m的建筑工程，应安装临时消防竖管，管径不得小于75mm，严禁消防竖管作为施工用水管线。

（5）消防供水要保证足够的水源和水压。消防泵应使用专用配电线路，保证消防供水。 **提示**（2014年·单选·第16题）考查此知识点

2A320087 安全警示牌布置原则

表 3 - 18 安全警示牌的内容

项目	内容
类型	禁止标志、警告标志、指令标志和提示标志四大类型 **提示**（2014年·单选·第17题）考查此知识点
作用及基本形式	①禁止标志，用来禁止人们不安全行为的图形标志。基本形式是红色带斜杠的圆边框，图形是黑色，背景为白色 **提示**（2013年·案例分析题·第3题第1问）考查此知识点 ②警告标志，用来提醒人们对周围环境引起注意，以避免发生危险的图形标志。基本形式是黑色正三角形边框，图形是黑色，背景为黄色 ③指令标志，用来强制人们必须做出某种动作或必须采取一定防范措施的图形标志。基本形式是黑色圆形边框，图形是白色，背景为蓝色 ④提示标志，用来向人们提供目标所在位置与方向性信息的图形标志。基本形式是矩形边框，图形文字是白色，背景是所提供的标志，为绿色。消防设备提示标志用红色
设置原则	"标准"、"安全"、"醒目"、"便利"、"协调"、"合理"

2A320088 施工现场综合考评分析

表 3-19 施工现场综合考评分析

项目	内容
概念	对工程建设参与各方（建设、监理、设计、施工、材料及设备供应单位等）在现场中主体行为责任履行情况的评价
内容	建筑业企业的施工组织管理、工程质量管理、施工安全管理、文明施工管理和建设、监理单位的现场管理等
考评办法及奖罚	①对于施工现场综合考评发现的问题，由主管考评工作的建设行政主管部门根据责任情况，向建筑业企业、建设单位或监理单位提出警告。 ②对于一个年度内同一个施工现场被两次警告的，根据责任情况，给予建筑业企业、建设单位或监理单位通报批评的处罚；给予项目经理或监理工程师通报批评的处罚。 ③对于一个年度内同一个施工现场被三次警告的，根据责任情况，给予建筑业企业或监理单位降低资质一级的处罚；给予项目经理、监理工程师取消资格的处罚；责令该施工现场停工整顿

≫ 2A320090 建筑工程验收管理 ≪

对工程施工质量验收应遵循以下原则：

工程施工质量应符合相关标准和专业验收规范的要求；应符合工程勘察、设计文件要求；参加工程施工质量验收的各方人员应具备规定的资格；工程质量的验收应在施工单位自行检查评定的基础上进行；隐蔽工程在隐蔽前应由施工单位通知有关单位进行验收，并应形成验收文件；涉及结构安全的试块、试件以及有关材料，应按规定进行现场取样检测；检验批的质量应按主控项目和一般项目验收。对涉及结构安全和使用功能的重要分部工程应进行抽样检测；承担见证取样检测及有关结构安全检测的单位应具有相应资质；工程的观感质量应由验收人员通过现场检查，并应共同确认。

2A320091 检验批及分项工程的质量验收

☞ **考点1 检验批的质量验收**

（1）检验批由一定数量样本组成的检验体。它是建筑工程质量验收的最小单元。**提示** （2013年·单选·第18题）考查此知识点

（2）检验批的质量验收记录由施工项目专业质量检查员填写，监理工程师（建设单位项目专业技术负责人）组织项目专业质量检查员等进行验收，并按照检验批质量验收记录填写。

（3）检验批合格质量应符合下列规定：

①主控项目和一般项目的质量经抽样检验合格；

②具有完整的施工操作依据、质量检查记录。

☞ **考点2 分项工程的质量验收**

（1）分项工程可由一个或若干个检验批组成。

（2）分项工程应按主要工种、材料、施工工艺、设备类别等进行划分。

（3）分项工程应由监理工程师（建设单位项目专业技术负责人）组织项目专业技术负责人等进行验收，并填写分项工程质量验收记录。

（4）分项工程质量验收合格应符合下列规定：

①分项工程所含的检验批均应符合合格质量的规定；

②分项工程所含的检验批的质量验收记录应完整。

2A320092　分部工程的质量验收

表 3-20　　　　　　　　　　　　　分部工程的质量验收的内容

项目	内容
划分原则	①分部工程的划分应按专业性质、建筑部位确定; ②当分部工程较大或较复杂时,可按材料种类、施工特点、施工程序、专业系统及类别等划分为若干子分部工程
质量验收组织	分部工程应由总监理工程师(建设单位项目负责人)组织施工单位项目负责人和技术、质量负责人等进行验收;地基与基础、主体结构分部工程的勘察、设计单位工程项目负责人和施工单位技术、质量部门负责人也应参加相关分部工程验收
验收合格规定	①分部工程所含分项工程的质量均应验收合格; ②质量控制资料应完整; ③地基与基础、主体结构和设备安装等分部工程有关安全及功能的检验和抽样检测结果应符合有关规定; ④观感质量验收应符合要求

2A320093　室内环境质量验收

☞ 考点1　民用建筑工程的分类

根据控制室内环境污染的不同要求,划分为以下两类:

①Ⅰ类民用建筑工程:住宅、医院、老年建筑、幼儿园、学校教室等民用建筑工程;

②Ⅱ类民用建筑工程:办公楼、商店、旅馆、文化娱乐场所、书店、图书馆、展览馆、体育馆、公共交通等候室、餐厅、理发店等民用建筑工程。

☞ 考点2　民用建筑工程及室内装修工程

(1)民用建筑工程及室内装修工程的室内环境质量验收,应在工程完工至少7d以后、工程交付使用前进行。

(2)民用建筑工程及其室内装修工程验收时,应检查下列资料:

①工程地质勘察报告、工程地点土壤中氡浓度或氡析出率检测报告、工程地点土壤天然放射性核素镭-226、钍-232、钾-40含量检测报告;

②涉及室内新风量的设计、施工文件,以及新风量的检测报告;

③涉及室内环境污染控制的施工图设计文件及工程设计变更文件;

④建筑材料和装修材料的污染物含量检测报告,材料进场检验记录,复验报告;

⑤与室内环境污染控制有关的隐蔽工程验收记录、施工记录;

⑥样板间室内环境污染物浓度检测报告(不做样板间的除外)。

(3)民用建筑工程验收时,必须进行室内环境污染物浓度检测。其限量应符合《民用建筑工程室内环境污染控制规范》GB 50325—2010的规定,如下表所示。 提示 (2012年·单选·第15题)考查此知识点

表 3-21　　　　　　　　　　民用建筑工程室内环境污染物浓度限量

污染物	Ⅰ类民用建筑工程	Ⅱ类民用建筑工程
氡(Bq/m³)	R≤200	≤400

续表

污染物	Ⅰ类民用建筑工程	Ⅱ类民用建筑工程
游离甲醛（mg/m³）	≤0.08	≤0.1
苯（mg/m³）	≤0.09	≤0.09
氨（mg/m³）	≤0.2	≤0.2
TVOC（mg/m³）	≤0.5	≤0.6

注：1. 表中污染物浓度限量，除氨外均指室内测量值扣除同步测定的室外上风向空气测量值（本底值）后的测量值。

2. 表中污染物浓度测量值的极限值判定，采用全数值比较法。

（4）检测数量的规定：

①民用建筑工程验收时，应抽检有代表性的房间室内环境污染物浓度，检测数量不得少于5%，并不得少于3间。房间总数少于3间时，应全数检测。

②民用建筑工程验收时，凡进行了样板间室内环境污染物浓度测试结果合格的，抽检数量减半，并不得少于3间。

③民用建筑工程验收时，室内环境污染物浓度检测点按房间面积设置，且应符合《民用建筑工程室内环境污染控制规范》GB 50325—2010的规定。

④当房间内有2个及以上检测点时，应采用对角线、斜线、梅花状均衡布点，并取各点检测结果的平均值作为该房间的检测值。

（5）检测方法的要求：

①民用建筑工程验收时，环境污染物浓度现场检测点应距内墙面不小于0.5m、距楼地面高度0.8~1.5m。检测点应均匀分布，避开通风道和通风口。

②民用建筑工程室内环境中甲醛、苯、氨、总挥发性有机化合物（TVOC）浓度检测时，对采用集中空调的民用建筑工程，应在空调正常运转的条件下进行；对采用自然通风的民用建筑工程，检测应在对门窗关闭1h后进行。对甲醛、氨、苯、TVOC取样检测时，装饰装修工程中完成的固定式夹具，应保持正常使用状态。

③民用建筑工程室内环境中氡浓度检测时，对采用集中空调的民用建筑工程，应在空调正常运转的条件下进行；对采用自然通风的民用建筑工程，应在房间的对外门窗关闭24h以后进行。

2A320094 节能工程质量验收

☞ 考点1 建筑节能分项工程划分

表3-22　　　　　　　　　　建筑节能分项工程划分

序号	分项工程	主要验收内容
1	墙体节能工程	主体结构基层；保温材料；饰面层等
2	幕墙节能工程	主体结构基层；隔热材料；保温材料；隔汽层；幕墙玻璃；单元式幕墙板块；通风换气系统；遮阳设施；冷凝水收集排放系统等
3	门窗节能工程	门；窗；玻璃；遮阳设施等
4	屋面节能工程	基层；保温隔热层；保护层；防水层；面层等
5	地面节能工程	基层；保温层；保护层；面层等
6	采暖节能工程	系统制式；散热器；阀门与仪表；热力入口装置；保温材料，调试等

序号	分项工程	主要验收内容
7	通风与空气调节节能工程	系统制式；通风与空调设备；阀门与仪表；绝热材料；调试等
8	空调与采暖系统冷热源及管网节能工程	系统制式；冷热源设备；辅助设备；管网；阀门与仪表；绝热；保温材料；调试等
9	配电与照明节能工程	低压配电电源；照明光源、灯具；附属装置；控制功能；调试等
10	监测与控制节能工程	冷、热原系统的监测控制系统；空调水系统的监测控制系统；通风与空调系统的监测控制系统；监测与计量装置；供配电的监测控制系统；照明自动控制系统；综合控制系统等

☞ **考点2 建筑节能分部工程质量验收合格规定**

（1）分项工程应全部合格；

（2）质量控制资料应完整；

（3）外墙节能构造现场实体检验结果应符合设计要求；

（4）严寒、寒冷和夏热冬冷地区的外窗气密性现场实体检测结果应合格；

（5）建筑设备工程系统节能性能检测结果应合格。

☞ **考点3 建筑节能工程验收时应核查下列资料并纳入竣工技术档案**

（1）设计文件、图纸会审记录、设计变更和洽商。

（2）主要材料、设备和构件的质量证明文件、进场检验记录、进场核查记录、进场复验报告、见证试验报告。

（3）隐蔽工程验收记录和相关图像资料。

（4）分项工程质量验收记录，必要时应核查检验批验收记录。

（5）建筑围护结构节能构造现场实体检验记录。

（6）严寒、寒冷和夏热冬冷地区外窗气密性现场检测报告。

（7）风管及系统严密性检验记录。

（8）现场组装的组合式空调机组的漏风量测试记录。

（9）设备单机试运转及调试记录。

（10）系统联合试运转及调试记录。

（11）系统节能性能检验报告。

（12）其他对工程质量有影响的重要技术资料。

2A320095 消防工程竣工验收

《建筑工程消防监督审核管理规定》（公安部令第106号2009年修订）中规定：在工程竣工后，施工安装单位必须委托具备资格的建筑消防设施检测单位进行技术测试，取得建筑消防设施技术测试报告。

《建筑工程消防监督审核管理规定》（公安部令第106号2009年修订）中规定：建设单位应当向公安消防监督机构提出工程消防验收申请，送达建筑消防设施技术测试报告，填写《建筑工程消防验收申报表》，并组织消防验收。消防验收不合格的，施工单位不得交工，建筑物的所有者不得接收使用。消防验收后，建筑物的所有者或者管理者应当落实建筑消防设计的管理和值班人员，与具备建筑消防设施维修保养资格的企业签订建筑消防设施定期维修保养合同，保证消防设施的正常运行。

2A320096　单位工程竣工验收

表 3 - 23　　　　　　　　　　　　　　单位工程竣工验收

项目	内容
验收合格的规定	①单位（子单位）工程所含分部（子分部）工程的质量均应验收合格； ②质量控制资料应完整； ③单位（子单位）工程所含分部工程有关安全和功能的检测资料应完整； ④主要功能项目的抽查结果应符合相关专业质量验收规范的规定； ⑤观感质量验收应符合要求
验收程序和组织	①单位工程完工后，施工单位应自行组织有关人员进行检查评定，评定结果合格后向建设单位提交工程验收报告；**提示** (2014年·单选·第11题) 考查此知识点 ②建设单位收到工程验收报告后，应由建设单位（项目）负责人组织施工（含分包单位）、设计、监理等单位（项目）负责人进行单位（子单位）工程验收；**提示** (2013年·单选·第17题) 考查此知识点 ③单位工程有分包单位施工时，分包单位对所承包的工程按本标准规定的程序检查评定，总包单位应派人参加； ④单位工程质量验收合格后，建设单位应在规定时间内将工程竣工验收报告和有关文件，报建设行政管理部门备案

根据《建筑工程施工质量验收统一标准》GB 50300—2001 的要求，通过返修或加固处理仍不能满足安全使用要求的分部工程、单位（子单位）工程，严禁验收。

2A320097　工程竣工资料的编制

☞ 考点1　工程竣工资料的内容

表 3 - 24　　　　　　　　　　　　　工程竣工资料的内容

项目	内容
分类	①根据《建筑工程资料管理规程》JGJ/T 185—2009 的规定，建筑工程资料可分为：工程准备阶段文件、监理资料、施工资料、竣工图和工程竣工文件5类； ②工程准备阶段文件可分为决策立项文件、建设用地文件、勘察设计文件、招投标及合同文件、开工文件、商务文件6类； ③施工资料可分为施工管理资料、施工技术资料、施工进度及造价资料、施工物资资料、施工记录、施工试验记录及检测报告、施工质量验收记录、竣工验收资料8类； ④工程竣工文件可分为竣工验收文件、竣工决算文件、竣工交档文件、竣工总结文件4类
移交	①施工单位应向建设单位移交施工资料； ②实行施工总承包的，各专业承包单位应向施工总承包单位移交施工资料； ③监理单位应向建设单位移交监理资料； ④工程资料移交时应及时办理相关移交手续，填写工程资料移交书、移交目录； ⑤建设单位应按国家有关法规和标准规定向城建档案管理部门移交工程档案，并办理相关手续。有条件时，向城建档案管理部门移交的工程档案应为原件 **提示** (2014年·单选·第18题) 考查此知识点

续表

项目	内容
归档	①工程参建各方的归档保存资料宜按《建筑工程资料管理规程》JGJ/T 185—2009 要求办理，也可根据当地城建档案管理部门的要求组建归档资料。 ②工程资料归档保存期限应符合国家现行有关标准的规定；当无规定时，不宜少于 5 年。 ③建设单位工程资料归档保存期限应满足工程维护、修缮、改造、加固的需要。 ④施工单位工程资料归档保存期限应满足工程质量保修及质量追溯的需要

☞ **考点2　竣工图的编制与审核应符合下列规定**

（1）新建、改建、扩建的建筑工程均应编制竣工图；竣工图应真实反映竣工工程的实际情况。

（2）竣工图的专业类别应与施工图对应。

（3）竣工图应依据施工图、图纸会审记录、设计变更通知单、工程洽商记录（包括技术核定单）等绘制。

（4）当施工图没有变更时，可直接在施工图上加盖竣工图章形成竣工图。

（5）竣工图的绘制应符合国家现行有关标准的规定。

（6）竣工图应有竣工图章和相关责任人签字。

本章考核热点

➡ 建筑工程单位工程施工组织设计的内容、管理。

➡ 钢结构焊接工程。

➡ 模板工程、垂直运输机械安全管理。

➡ 预付款的计算。

➡ 建筑工程施工现场管理。

➡ 案例分析题目的是检验考生解决建筑工程施工管理实际问题的能力，在答题时要结合实际工作对其进行分析。

➡ 案例分析题会涉及建筑工程技术的内容。

➡ 案例分析题有可能会从教材中的案例题里来提取背景材料。

历年真题回顾

2014年真题

（单选·第11题）单位工程完工后，施工单位应在自行检查评定合格的基础上，向（　　）提交竣工验收报告。

A．监理单位　　　　　　　　　　　B．设计单位

C．建设单位　　　　　　　　　　　D．工程质量监督站

【答案】C

【考点】单位工程竣工验收。

【解析】单位工程完工后，施工单位应自行组织有关人员进行检查评定，评定结果合格后向建设单位提交工程验收报告。

（单选·第15题）采用邀请招标时，应至少邀请（　　）家投标人。

A．1　　　　　　B．2　　　　　　C．3　　　　　　D．4

【答案】C

【考点】邀请招标的方式。

【解析】招标人采用邀请招标方式的，应当向三个以上具备承担招标项目的能力、资信良好的特定的法人或者其他组织发出投标邀请书。

（单选·第16题）关于某建设工程（高度28m）施工现场临时用水的说法，正确的是(   )。

A. 现场临时用水仅包括生产用水、机械用水和消防用水三部分

B. 自行设计的消防用水系统，其消防干管直径不小于75mm

C. 临时消防监管管径不得小于75mm

D. 临时消防竖管可兼作施工用水管线

【答案】C

【考点】施工现场临时用水管理。

【解析】选项A，现场临时用水包括生产用水、机械用水、生活用水和消防用水；选项B，自行设计，消防干管直径应不小于100mm；选项C、D，高度超过24m的建筑工程，应安装临时消防竖管，管径不得小于75mm，严禁消防竖管作为施工用水管线。

（单选·第17题）下列标牌类型中，不属于施工现场安全警示牌的是(   )。

A. 禁止标志　　　　B. 警告标志　　　　C. 指令标志　　　　D. 指示标志

【答案】D

【考点】施工现场安全警示牌的类型。

【解析】安全标志分为禁止标志、警告标志、指令标志和提示标志四大类型。

（单选·第18题）向当地城建档案管理部门移交工程竣工档案的责任单位是(   )。

A. 建设单位　　　　B. 监理单位　　　　C. 施工单位　　　　D. 分包单位

【答案】A

【考点】工程资料移交的相关规定。

【解析】建设单位应按国家有关法规和标准规定向城建档案管理部门移交工程档案，并办理相关手续。有条件时，向城建档案管理部门移交的工程档案应为原件。

（多选·第5题）下列影响扣件式钢管脚手架整体稳定性的因素中，属于主要影响因素的有(   )。

A. 立杆的间距　　　　　　　　　　　B. 立杆的接长

C. 水平杆的步距　　　　　　　　　　D. 水平杆的接长方式

E. 连墙杆的设置

【答案】ABCE

【考点】影响模板钢管支架整体稳定性的主要因素。

【解析】影响模板钢管支架整体稳定性的主要因素有：立杆间距、水平杆的步距、立杆的接长、连墙件的连接、扣件的紧固程度。

（多选·第6题）下列垂直运输机械的安全控制做法中，正确的有(   )。

A. 高度23米的物料提升机采用一组缆风绳

B. 在外用电梯底笼2.0米范围内设置牢固的防护栏杆

C. 塔吊基础的设计计算作为固定式塔吊专项施工方案内容之一

D. 现场多塔吊作业时，塔机间保持安全距离

E. 遇六级大风以上恶劣天气时，塔吊停止作业，并将吊钩放下

【答案】CD

【考点】物料提升机安全控制要点。

【解析】选项A，为保证物料提升机整体稳定采用缆风绳时，高度在20m以下可设1组（不少于4根），高度在30m以下不少于2组；选项B，外用电梯底笼周围2.5m范围内必须设置牢

固的防护栏杆，进出口处的上部应根据电梯高度搭设足够尺寸和强度的防护棚；选项E，遇六级及六级以上大风等恶劣天气，应停止作业，将吊钩升起。

（多选·第7题）根据《建筑施工安全检查标准》，建筑安全检查评定的等级有（　　）。

A. 优秀　　　　　　B. 良好　　　　　　C. 一般　　　　　　D. 合格

E. 不合格

【答案】 ADE

【考点】 施工安全检查评定等级。

【解析】 施工安全检查评定等级包括：优良、合格和不合格。

（多选·第8题）下列分项工程中，属于主体结构分部工程的有（　　）。

A. 模板　　　　　　B. 预应力　　　　　　C. 填充墙　　　　　　D. 网架制作

E. 混凝土灌注桩

【答案】 AC

【考点】 分部工程的划分原则。

【解析】 分部工程的划分应按专业性质、建筑部位确定。当分部工程较大或较复杂时，可按材料种类、施工特点、施工程序、专业系统及类别等划分为若干子分部工程。选项A、C为主体结构分部工程；选项E不属于主体结构。

（案例分析题·第1题）

背景资料

某房屋建筑工程，建筑面积6 800 m²。钢筋混凝土框架结构，外墙外保温节能体系。根据《建设工程施工合同（示范文本）》（GF－2013－0201）和《建设工程监理合同（示范文本）》（GF－2012－0202），建设单位分别与中标的施工单位和监理单位签订了施工合同和监理合同。

在合同履行过程中，发生了下列事件：

事件一：工程开工前，施工单位的项目技术负责人主持编制了施工组织设计，经项目负责人审核、施工单位技术负责人审批后，报项目监理机构审查。监理工程师认为该施工组织设计的编制，审核（批）手续不妥，要求改正；同时，要求补充建筑节能工程施工的内容。施工单位认为，在建筑节能工程施工前还要编制、报审建筑节能技术专项方案，施工组织设计中没有建筑节能工程施工内容并无不妥，不必补充。

事件二：建筑节能工程施工前，施工单位上报了建筑节能工程施工技术专项方案，其中包括如下内容：（1）考虑到冬季施工气温较低，规定外墙外保温层只能在每日气温高于5℃的11：00~17：00之间进行施工，其他气温低于5℃的时段均不施工；（2）工程竣工验收后，施工单位项目经理组织建筑节能分部工程验收。

事件三：施工单位提交了室内装饰装修工期进度计划网络图（如下图所示），经监理工程师确认后按此图组织施工。

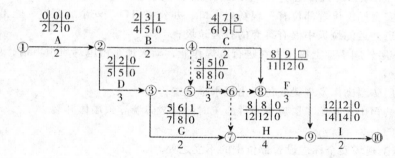

事件四：在室内装饰装修工程施工过程中，因涉及变更导致工作 C 的持续为 36 天，施工单位以设计变更影响施工进度为由提出 22 天的工期索赔。

问题：

1. 分别指出事件一中施工组织设计编制、审批程序的不妥之处。并写出正确的做法，施工单位关于建筑节能工程的说法是否正确？说明理由。

2. 分别指出事件二中建筑节能工程施工安排的不妥之处，并说明理由。

3. 针对事件三的进度计划网络图，列式计算工作 C 和工作 F 时间参数，并确定该网络图的计算工期（单位：周）和关键线路（用工作表示）。

4. 事件四中，施工单位提出的工期索赔是否成立？说明理由。

【答案】

1. （1）不妥之处一：施工单位的项目技术负责人主持编制了施工组织设计。

正确的做法：单位工程施工组织设计由项目负责人主持编制。

不妥之处二：项目负责人审核、施工单位技术负责人审批。

正确的做法：施工单位主管部门审核，施工单位技术负责人或其授权的技术人员审批。不妥之处三：报项目监理机构审查。

正确的做法是：报项目监理机构审查，由总监签字审核后报送建设单位。

（2）不正确。理由：单位工程的施工组织设计应包括建筑节能工程施工内容。

2. 不妥一：规定外墙外保温层只在每日气温高于 5℃ 的 11：00 ~ 17：00 之间进行施工，其他气温低于 5℃ 的时段均不施工。

理由：按照冬季施工规范规定，建筑外墙外保温冬季施工最低温度不应低于 -5℃。

不妥之处二：工程竣工验收后进行节能验收。

理由：按照验收规范规定，建筑节能分部工程应在工程竣工前进行验收。

不妥之处三：项目经理组织节能分部节能验收。

理由：节能分部工程验收应由总监理工程师（建设单位项目负责人）主持。

3. （1）C 自由时差 = ESF − EFC = 8 − 6 = 2（周）；F 总时差 = LSF − ESF = 9 − 8 = 1

（2）计算工期为 14 周。

（3）关键线路 ①→②→③→⑤→⑥→⑦→⑨→⑩。

4. （1）施工单位提出的工期索赔成立，因为设计变更是非承包商原因。但是不能索赔 22 天。C 工作总时差为 3 周（21 天），则由于设计变更产生的工期索赔应 = 22 − 21 = 1（天）。

（案例分析题·第 3 题）

背景资料

某建筑集团公司承担一栋 20 层智能化办公楼工程的施工总承包任务，层高 3.3m，其中智能化安装工程分包给某科技公司施工。在工程主体结构施工至第 18 层、填充墙施工至第 8 层时，该集团公司对项目经理部组织了一次工程质量、安全生产检查。部分检查情况如下：

（1）现场安全标志设置部位有：现场出入口、办公室门口、安全通道口、施工电梯吊笼内；

（2）杂工班外运的垃圾中混有废弃的有害垃圾；

（3）第 15 层外脚手架上有工人在进行电焊作业，动火证是由电焊班组申请，项目责任工程师审批；

（4）第 5 层砖墙砌体发现梁底位置出现水平裂缝；

（5）科技公司工人在第 3 层后置埋件施工时，打凿砖墙导致墙体开裂。

问题：

1. 指出施工现场安全标志设置部位中的不妥之处。

2. 对施工现场有毒有害的废弃物应如何处置？

3. 案例中电焊作业属几级动火作业？指出办理动火证的不妥之处，写出正确做法。

4. 分析墙体出现水平裂缝的原因并提出防治措施。

5. 针对打凿引起墙体开裂事件，项目经理部应采取哪些纠正和预防措施？

【答案】

1. 安全标志设置部位中不妥之处有：办公室门口，施工电梯吊笼内。

2. 对有毒有害的废弃物应分类送到专门的有毒有害废弃物中心消纳。

3. （1）电焊作业属于二级动火作业。

（2）不妥之处：动火证由电焊班组申请，由项目责任工程师审批。

正确做法：二级动火作业由项目责任工程师组织拟定防火安全技术措施，填写动火申请表，报项目安全管理部门和项目负责人审查批准。

4. 原因分析：

（1）砖墙砌筑时一次到顶；

（2）砌筑砂浆饱满度不够；

（3）砂浆质量不符合要求；

（4）砌筑方法不当。

防治措施：

（1）墙体砌至接近梁底时应留一定空隙，待全部砌完后至少隔7d（或静置）后，再补砌挤紧；

（2）提高砌筑砂浆的饱满度；

（3）确保砂浆质量符合要求；

（4）砌筑方法正确；

（5）轻微裂缝可挂钢丝网或采用膨胀剂填塞；

（6）严重裂缝拆除重砌。

5. 针对打凿引起墙体开裂事件，项目经理部应采取的纠正和预防措施：

（1）立即停止打砸行为，采取加固或拆除等措施处理开裂墙体；

（2）对后置埋件的墙体采取无损影响不大的措施；

（3）对分包单位及相关人员进行批评、教育，严格实施奖罚制度；

（4）加强工序交接检查；

（5）加强作业班组的技术交底和教育工作；

（6）尽量采用预制埋件。

（案例分析题·第4题）

背景资料

某建设单位投资兴建一大型商场，地下二层，地上九层，钢筋混凝土框架结构，建筑面积为715 000m²，经过公开招标，某施工单位中标，中标造价25 025.00万元。双方按照《建设工程施工合同（示范文本）》（GF－2013－0201）签订了施工总承包合同。合同中约定工程预付款比例为10%，并从未完施工工程尚需的主要材料款相当于工程预付款时起扣，主要材料所占比重按60%计。

在合同履行过程中，发生下列事件：

事件一：施工总承包单位为加快施工进度，土方采用机械一次开挖至设计标高；

租赁了30辆特种渣土运输汽车外运土方，在城市道路路面遗撒了大量渣土；用于垫层的2：8灰土提前2天搅拌好备用。

事件二：中标造价费用组成为：人工费 3 000 万元，材料费 17 505，机械费 995 万元，管理费 450 万元，措施费用 760 万元，利润 940 万元，规费 525 万元，税金 850 万元。施工总承包单位据此进行了项目施工承包核算等工作，

事件三：在基坑施工过程中，发现古化石，造成停工 2 个月。施工总承包单位提出了索赔报告，索赔工期 2 个月，索赔费用 34.55 万元。索赔费用经项目监理机构核实，人工窝工费 18 万元，机械租赁费用 3 万元，管理费 2 万元，保函手续费 0.1 万元，资金利息 0.3 万元，利润 0.69 万元，专业分包停工损失费 9 万元，规费 0.47 万元，税金 0.99 万元。经审查，建设单位同意延长工期 2 个月；除同意支付人员窝工费、机械租赁费用外，不同意支付其他索赔费用。

问题：

1. 分别列示计算机本工程项目预付款和预付款的起扣点是多少万元（保留两位小数）？

2. 分别指出事件一中施工单位做法的错误之处，并说明正确做法。

3. 事件二中，除了施工成本核算、施工成本预测属于成本管理任务外，成本管理任务还包括哪些工作？分别列示计算本工程的直接成本和间接成本各是多少万元？

4. 列示计算事件三中建设单位应该支付的索赔费用是多少万元。（保留两位小数）

【答案】

1.（1）预付款 $= 25\ 025 \times 10\% = 2\ 502.5$（万元）。

（2）起扣点 $= 25\ 025 - 2\ 502.5/60\% = 20\ 854.17$（万元）。

2. 事件一：

错误之处一：一次开挖至设计标高。

正确做法：在接近设计坑底设计高程时应预留 20～30cm 厚的土层。

错误之处二：在城市道路上遗撒了大量的渣土。

正确做法：渣土在外运时，一定做好必要的覆盖，防止出现渣土遗撒的现象。

错误之处三：2∶8 灰土提前 2 天搅拌好备用。

正确做法：灰土要随伴随用，不能提前预拌。

3.（1）成本管理任务还包括：成本计划、成本控制、成本分析和成本考核。

（2）直接成本 = 人工费 + 材料费 + 机械费 + 措施费 $= 3\ 000 + 17\ 505 + 995 + 760 = 22\ 260$（万元）。

间接成本 = 企业管理费 + 规费 $= 450 + 525 = 975$（万元）。

4. 发现古化石，造成停工属于不可抗力事件。

索赔的费用应包括：人员窝工费 18 万元，机械租赁费用 3 万元，专业分包停工损失费 9 万元。

故索赔费用 $= 18 + 3 + 9 = 30$（万元）。

2013年真题

（单选·第 8 题）单位工程施工组织设计应由（ ）主持编制。

A. 项目负责人　　　　　　　　　　B. 项目技术负责人

C. 项目技术员　　　　　　　　　　D. 项目施工员

【答案】 A

【考点】 单位工程施工组织设计编制与审批。

【解析】 单位工程施工组织设计编制与审批：单位工程施工组织设计由项目负责人主持编制，项目经理部全体管理人员参加，施工单位主管部门审核，施工单位技术负责人或其授权的技术人员审批。

（单选·第 9 题）下列预应力混凝土管桩压桩的施工顺序中，正确的是（ ）。

A. 先深后浅　　　　　　　　　　　B. 先小后大

C. 先短后长　　　　　　　　　　　　　　D. 自四周向中间进行

【答案】A

【考点】预应力混凝土管桩压桩的施工顺序。

【解析】压桩顺序：根据基础的设计标高，宜先深后浅；根据桩的规格，宜先大后小、先长后短；根据桩的密集程度可采用自中间向两个方向对称进行，自中间向四周进行，由一侧向单一方向进行。

【说明】此考点最新教材已删除。

（单选·第13题）钢结构连接施工中，高强螺栓终拧完毕，其外露丝扣一般应为（　　）扣。

A. 1～2　　　　　　B. 1～3　　　　　　C. 2～3　　　　　　D. 2～4

【答案】C

【考点】钢结构连接施工。

【解析】高强度螺栓的紧固顺序应使螺栓群中所有螺栓都均匀受力，从节点中间向边缘施拧，初拧和终拧都应按一定顺序进行。当天安装的螺栓应在当天终拧完毕，外露丝扣应为2～3扣。

（单选·第14题）施工现场所有的开关箱必须安装（　　）装置。

A. 防雷　　　　　B. 接地保护　　　　　C. 熔断器　　　　　D. 漏电保护

【答案】C

【考点】电器装置的选择与装配。

【解析】电器装置的选择与装配：①施工用电回路和设备必须加装两级漏电保护器，总配电箱（配电柜）中应加装总漏电保护器，作为初级漏电保护，末级漏电保护器必须装配在开关箱内；②施工用电配电系统各配电箱、开关箱中应装配隔离开关、熔断器或断路器。隔离开关、熔断器或断路器应依次设置于电源的进线端；③开关箱中装配的隔离开关只可用于直接控制现场照明电路和容量不大于3.0kW的动力电路。容量大于3.0kW动力电路的开关箱中应采用断路器控制，用于频繁送断电操作的开关箱中应附设接触器或其他类型启动控制装置，用于启动电器设备的操作。

（单选·第15题）施工现场进行一级动火作业前，应由（　　）审核批准。

A. 安全监理工程师　　　　　　　　　　B. 企业安全管理部门

C. 项目负责人　　　　　　　　　　　　D. 项目安全管理部门

【答案】B

【考点】动火审批程序。

【解析】动火审批程序：①一级动火作业由项目负责人组织编制防火安全技术方案，填写动火申请表，报企业安全管理部门审查批准后，方可动火；②二级动火作业由项目责任工程师组织拟定防火安全技术措施，填写动火申请表，报项目安全管理部门和项目负责人审查批准后，方可动火；③三级动火作业由所在班组填写动火申请表，经项目责任工程师和项目安全管理部门审查批准后，方可动火。

（单选·第16题）关于施工现场泥浆处置的说法，正确的是（　　）。

A. 可直接排入市政污水管网　　　　　　B. 可直接排入市政雨水管网

C. 可直接排入工地附近的城市景观河　　D. 可直接外运至指定地点

【答案】D

【考点】施工现场泥浆处置。

【解析】施工现场污水排放要与所在地县级以上人民政府市政管理部门签署污水排放许可协

议,申领《临时排水许可证》。雨水排入市政雨水管网,污水经沉淀处理后二次使用或排入市政污水管网。现场产生的泥浆、污水未经处理不得直接排入城市排水设施、河流、湖泊、池塘。

（单选·第17题）根据《建筑工程施工质量验收统一标准》（GB 50300—2001），单位工程竣工验收应由（   ）组织。

A. 建设单位（项目）负责人　　　　　　B. 监理单位（项目）负责人

C. 施工单位（项目）负责人　　　　　　D. 质量监督机构

【答案】A

【考点】单位工程竣工验收的程序和组织。

【解析】建设单位收到工程验收报告后,应由建设单位（项目）负责人组织施工（含分包单位）、设计、监理等单位（项目）负责人进行单位（子单位）工程验收。

（单选·第18题）根据《建筑工程施工质量验收统一标准》（GB 50300—2001），建筑工程质量验收的最小单元是（   ）。

A. 单位工程　　　　B. 分部工程　　　　C. 分项工程　　　　D. 检验批

【答案】D

【考点】检验批。

【解析】检验批是指按同一的生产条件或按规定的方式汇总起来供检验用的,由一定数量样本组成的检验体。它是建筑工程质量验收的最小单元。

（多选·第6题）基坑开挖完毕后,必须参加现场验槽并签署意见的单位有（   ）。

A. 质监站　　　　　　　　　　　　B. 监理（建设）单位

C. 设计单位　　　　　　　　　　　D. 勘察单位

E. 施工单位

【答案】BCDE

【考点】验槽程序。

【解析】由总监理工程师或建设单位项目负责人组织建设、监理、勘察、设计及施工单位的项目负责人、技术质量负责人,共同按设计要求和有关规定进行验槽。

（多选·第7题）必须参加施工现场起重机械设备验收的单位有（   ）。

A. 建设单位　　　　B. 监理单位　　　　C. 总承包单位　　　　D. 出租单位

E. 安装单位

【答案】CDE

【考点】对施工单位使用施工起重机械的验收规定。

【解析】对施工单位使用施工起重机械的验收规定:施工单位在使用施工起重机械前,应当组织有关单位进行验收,也可以委托具有相应资质的检验检测机构进行验收。使用承租的机械设备和施工机具及配件的,由总承包单位、分包单位、出租单位和安装单位共同进行验收,验收合格的方可使用。验收程序:安装结束后施工总包单位项目经理组织有关单位（总包、分包、出租、安装等单位）验收合格后,请有资质的检测机构检测合格,出具检测合格证,然后在30日内到建设行政主管部门登记,并将登记标志挂在设备的显著位置,方可投入使用。

（案例分析题·第2题）

背景资料

某高校新建一栋办公楼和一栋实验楼,均为现浇钢筋混凝土框架结构,办公楼地下一层,地上十一层,建筑檐高48m;实验楼六层,建筑檐高22m,建设单位与某施工总承包单位签订了施工总承包合同。合同约定:（1）电梯安装工程由建设单位指定分包;（2）保温工程保修期限为10年。

施工过程中，发生了如下事件：

事件一：总承包单位上报的施工组织设计中，办公楼采用1台塔吊；在七层楼面设置有自制卸料平台；外架采用悬挑脚手架，从地上2层开始分三次到顶。实验楼采用1台物料提升机；外架采用落地式钢管悬挑脚手架。监理工程师按照《危险性较大的分部分项工程安全管理办法》（建质〔2009〕87号）的规定，要求总承包单位编制与之相关的专项施工方案并上报。

事件二：实验楼物料提升机安装总高度26m，采用一组缆风绳锚固，与各楼层连接处搭设卸料通道，与相应的楼层接通后，仅在通道两侧设置了临时安全防护设施。地面进料口处仅设置安全防护门，且在相应位置挂设了安全警示标志牌。监理工程师认为安全设施不齐全，要求整改。

事件三：办公楼电梯安装工程早于装饰装修工程施工完成，提前由总监理工程师组织验收，总承包单位未参加，验收后电梯安装单位将电梯工程有关资料移交给建设单位。整体工程完成时，电梯安装单位已撤场。由建设单位组织，监理、设计、总承包单位参与进行了单位工程质量验收。

事件四：总承包单位在提交竣工验收报告的同时，还提交了《工程质量保修书》。其中保温工程保修期按《民用建筑节能条例》的规定承诺保修5年。建设单位以《工程质量保修书》不合格为由拒绝接收。

问题：

（1）事件一中，总承包单位必须单独编制哪些专项施工方案？

（2）指出事件二中错误之处，并分别给出正确做法。

（3）指出事件三中错误之处，并分别给出正确做法。

（4）事件四中，总承包单位和建设单位做法是否合理？

【答案】

（1）必须单独编制专项施工方案的项目有：

①办公楼工程专项施工方案：基坑支护、降水工程；土方开挖工程（地下一层，显然基坑深度≥3m）；采用塔吊进行安装的工程；塔吊自身的安装、拆卸；自制卸料平台工程；悬挑式脚手架工程。

②实验楼工程专项施工方案：采用物料提升机进行安装的工程；物料提升机自身的安装、拆卸。

（2）①错误之处：物料提升机安装总高度26m，采用一组缆风绳锚固。

正确做法：物料提升机采用不少于2组缆风绳锚固。

②错误之处：仅在通道两侧设置了临时安全防护设施。

正确做法：在卸料通道两侧应按临边防护规定设置防护栏杆及挡脚板；各层通道口处都应设置常闭型的防护门。

③错误之处：地面进料口处仅设置安全防护门，且在相应位置挂设了安全警示标志牌。

正确做法：地面进料口处设置常闭型安全防护门，相应位置挂设安全警示标志牌，搭设双层防护棚，防护棚的尺寸应视架体的宽度和高度而定，防护棚两侧应封挂安全立网。

（3）①错误之处：电梯安装工程由总监理工程师组织验收，总承包单位未参加。

正确做法：电梯安装工程属于分部工程，应由总监理工程师组织，施工单位（包括总承包和电梯安装分包单位）项目负责人和技术、质量负责人等进行检收。

②错误之处：电梯安装单位将电梯工程有关资料移交给建设单位。

正确做法：电梯安装单位将电梯工程有关资料移交给施工总承包单位，由施工总承包单位统一汇总后移交给建设单位，再由建设单位上交到城建档案馆。

③错误之处：由建设单位组织，监理、设计、总承包单位参与进行了单位工程质量验收。

正确做法：由建设单位（项目）负责人组织施工单位（含电梯安装分包单位）、设计单位、监理单位等项目负责人进行单位（子单位）工程验收。

（4）总承包单位做法不合理。

理由：合同约定保温工程保修期10年，总承包单位在《工程质量保修书》中承诺保修期5年短于合同约定。

建设单位做法合理。

理由：工程质量保修期限，同时不得低于法规规定的最低保修期限和合同约定的期限。《工程质量保修书》中承诺保修期5年短于合同约定，所以拒收是合理的。

（案例分析题·第3题）

背景资料

某高校新建宿舍楼工程，地下一层，地上五层，钢筋混凝土框架结构，采用悬臂式钻孔灌注桩排桩作为基坑支护结构，施工总承包单位按规定在土方开挖过程中实施桩顶位移监测，并设定了监测预警值。

施工过程中，发生了如下事件：

事件一：项目经理安排安全员制作了安全警示标志牌，并设置于存在风险的重要位置，监理工程师在巡查施工现场时，发现仅设置了警告类标志，要求补充齐全其他类型警示标志牌。

事件二：土方开挖时，在支护桩顶设置了900mm高的基坑临边安全防护栏杆；在紧靠栏杆的地面上堆放了砌块、钢筋等建筑材料。挖土过程中，发现支护桩顶向坑内发生的位移超过预警值，现场立即停止挖土作业，并在坑壁增设锚杆以控制桩顶位移。

事件三：在主体结构施工前，与主体结构施工密切相关的国家标准发生重大修改并开始实施，现场监理机构要求修改施工组织设计，重新审批后才能组织实施。

事件四：由于学校开学在即，建设单位要求施工总承包单位在完成室内装饰装修工程后立即进行室内环境质量验收，并邀请了具有相应检测资质的机构到现场进行了检测，施工总承包单位对此做法提出异议。

问题：

（1）事件一中，除了安全警示标志外，施工现场通常还应设置哪些类型的安全警示标志？

（2）指出事件二中错误之处，并写出正确做法。针对该事件中的桩顶位移问题，还可以采取哪些应急措施？

（3）除了事件三中国家标准发生重大修改的情况外，还有哪些情况发生后也需要修改施工组织设计并重新审批？

（4）事件四中，施工总承包单位提出异议是否合理？并说明理由。根据《民用建筑工程室内环境污染控制规范》（GB 50325），室内环境污染浓度检测应包括哪些检测项目？

【答案】

（1）除了安全警示标志（黄色外），通常还有：禁止标志（白色）、指令标志（蓝色）、提示标志（绿色）、消防标志（红色）。

（2）①错误之处：支护桩顶设置了基坑临边安全防护栏杆。

正确做法：当栏杆在基坑四周固定时，可采用钢管打入地面50～70cm深，钢管离边口的距离不应小于50cm。

②错误之处：设置了900mm高的基坑临边安全防护栏杆。

正确做法：应设置1.0～1.2m高的基坑临边安全防护栏杆，挂安全警示标志牌，夜间还应设红灯示警和红灯照明。

③错误之处：在紧靠栏杆的地面上堆放了砌块、钢筋等建筑材料。

正确做法：基坑边缘堆置土方和建筑材料，或沿挖方边缘移动运输工具和机械，应距基坑上部边缘不少于2m，堆置高度不应超过1.5m。在垂直的坑壁边，此安全距离还应适当加大。

④桩顶位移，除了在坑壁增设锚杆外，还可采取的应急措施有：采用支护墙背后卸载、加

快垫层施工及增加垫层厚度等方法及时处理。

（3）除了国家标准发生重大修改的情况外，还需要修改施工组织设计的情形有：

①工程设计有重大修改；

②有关法律、法规、规范和标准实施、修订和废止；

③主要施工方法有重大调整；

④主要施工资源配置有重大调整；

⑤施工环境有重大改变。

（4）①合理。理由：根据规范规定，民用建筑工程及室内装修工程的室内环境质量验收，应在工程完工至少7d以后、工程交付使用前进行。

②室内环境污染浓度检测项目应包括：氡、甲醛、苯、氨、总挥发性有机化合物（TVOC）浓度等五个检测项目。

（案例分析题·第4题）

背景资料

某开发商投资新建一住宅小区工程，包括住宅楼五幢、会所一幢，以及小区市政管网和道路设施，总建筑面积24 000m²。经公开招投标，某施工总承包单位中标，双方依据《建设工程施工合同（示范文本）》（GF—1999—0201）签订了施工总承包合同。

施工总承包合同中约定的部分条款如下：（1）合同造价3 600万元，除设计变更、钢筋与水泥价格变动，及承包合同范围外的工作内容据实调整外，其他费用均不调整；（2）合同工期306天，自2012年3月1日起至2012年12月31日止。工期奖罚标准为2万元/天。

在合同履行过程中，发生了如下事件：

事件一：因钢筋价格上涨较大，建设单位与施工总承包单位签订了《关于钢筋价格调整的补充协议》，协议价款为60万。

事件二：施工总承包单位进场后，建设单位将水电安装及住宅楼塑钢窗指定分包给A专业公司，并指定采用某品牌塑钢窗。A专业公司为保证工期，又将塑钢窗分包给B公司施工。

事件三：2012年3月22日，施工总承包单位在基础底板施工期间，因连续降雨发生了排水费用6万元。2012年4月4日，某批次国产钢筋常规松节油合格，建设单位以保证工程质量为由，要求施工总承包单位还需对该批次钢筋进行化学成分分析，施工总承包单位委托具备资质的检测单位进行了检测，化学成分检测费8万元，检测结果合格。针对上述问题，施工总承包单位按索赔程序和时限要求，分别提出6万元排水费用、8万元检测费用的索赔。

事件四：工程竣工验收后，施工总承包单位于2012年12月28日向建设单位提交了竣工验收报告，建设单位于2013年1月5日确认验收通过，并开始办理结算。

问题：

（1）《建设工程施工合同（示范文本）》（GF—1999—0201）由哪些部分组成？并说明事件一中《关于钢筋价格调整的补充协议》归属于合同哪个部分？

（2）指出事件二中发包行为的错误之处？并分别说明理由。

（3）分别指出事件三中施工总承包单位的两项索赔是否成立？并说明理由。

（4）指出本工程的竣工验收日期是哪一天，工程结算总价是多少万元？根据《建设工程价款结算暂行办法》（财建〔2004〕369号）规定，分别说明会所结算、住宅小区结算属于哪种结算方式？

【答案】

（1）①《建设工程施工合同（示范文本）》（GF—1999—0201）由"协议书"、"通用条款"、"专用条款"三部分组成；

②《关于钢筋价格调整的补充协议》是洽商文件，归属于合同"协议书"部分。

（2）①错误之处：建设单位将水电安装及住宅楼塑钢窗指定分包给A专业公司。

理由：发包人不得将应当由一个承包人完成的建设工程肢解成若干部分发包给几个承包人。

②错误之处：建设单位指定采用某品牌塑钢窗。

理由：根据《中华人民共和国建筑法》（以下简称《建筑法》）规定，按照合同约定，建筑材料、建筑构配件和设备由工程承包单位采购，发包单位不得指定承包单位购入用于工程的建筑材料、建筑构配件和设备或者指定生产厂、供应商。

③错误之处：A专业公司又将塑钢窗分包给B公司施工。

理由：根据《建筑法》规定，禁止分包单位将其承包的工程再分包。

（3）①6万元排水费用索赔不成立。

理由：连续降雨（相当于季节性连续下雨）属于一个有经验的承包商可以预见的事情（如果是暴雨或特大暴雨，才能认定为不可抗力事件），由此发生排水费用，已经包括在合同价款中的雨季施工措施费中。

②8万元检测费用索赔成立。

理由：根据建标E20031206号文规定，材料费中的检验试验费是指对建筑材料、构件和建筑安装物进行一般鉴定、检查所发生的费用。不包括新结构、新材料的试验费、建设单位对具有出厂合格证明的材料进行检验、对构件做破坏性试验及其他特殊要求检验试验的费用。

（4）①本工程的竣工验收日期是2012年12月28日。

②工程结算总价：a. 合同造价：3 600万元；b. 钢筋涨价费：60万；c. 索赔费用：8万元检测费用；d. 工期提前3天，奖励：3天×2万元/天=6（万元）。合计工程结算总价为：3 600+60+8+6=3 674（万元）。

③根据《建设工程价款结算暂行办法》（财建〔2004〕369号）规定，会所结算属于单项工程竣工结算；住宅小区结算属于建设项目竣工总结算。

2012年真题

（单选题·第11题）关于模板拆除施工的做法，错误的是（ ）。

A. 跨度2m的双向板，混凝土强度达到设计要求的50%时，开始拆除底模

B. 后张预应力混凝土结构底模在预应力张拉前拆除完毕

C. 拆模申请手续经项目技术负责人批准后，开始拆模

D. 模板设计无具体要求，先拆非承重的模板，后拆承重的模板

【答案】B

【考点】模板拆除施工。

【解析】选项B，后张预应力混凝土结构底模必须在预应力张拉完毕后，才能进行拆除。

（单选题·第13题）不属于专业承包资质类别的是（ ）。

A. 建筑幕墙   B. 电梯安装   C. 混凝土作业   D. 钢结构

【答案】C

【考点】专业承包资质类别。

【解析】专业承包资质的常有类别：地基与基础工程、建筑装修装饰、建筑幕墙工程、钢结构、机电设备安装、电梯安装、消防设施、建筑防水、防腐保温、园林古建筑、爆破与拆除、电信工程、管道工程等。

【说明】此考点最新教材已删除。

（单选题·第14题）下列施工合同文件的排序符合优先解释顺序的是（ ）。

A. 施工合同协议书、施工合同专用条款、中标通知书、投标书及其附件

B. 施工合同协议书、中标通知书、投标书及其附件、施工合同专用条款

C. 施工合同专用条款、施工合同协议书、中标通知书、投标书及其附件

D. 施工合同专用条款、中标通知书、投标书及其附件、施工合同协议书

【答案】 B

【考点】 施工合同文件的优先解释顺序。

【解析】 施工合同文件的组成：①施工合同协议书；②中标通知书；③投标书及其附件；④施工合同专用条款；⑤施工合同通用条款；⑥标准、规范及有关技术文件；⑦图纸；⑧工程量清单；⑨工程报价单或预算书。当合同文件中出现不一致时，上述顺序就是合同的优先解释顺序。

【说明】 此考点最新教材已删除。

（单选题·第15题）下列污染物中，不属于民用建筑工程室内环境污染物浓度检测时必须检测项目的是（　　）。

A. 氡　　　　　　　B. 氯　　　　　　　C. 氨　　　　　　　D. 甲醛

【答案】 B

【考点】 民用建筑工程室内环境污染物浓度检测。

【解析】 民用建筑工程室内环境中甲醛、苯、氨、氡、总挥发性有机化合物浓度检测时，对采用集中空调的民用建筑，应在空调正常运转的条件下进行，对采用自然通风的民用建筑工程，检测应在对外门窗关闭1h后进行。

（多选题·第4题）某搭设高度45m的落地式钢管脚手架工程，下列做法正确的是（　　）。

A. 采用拉筋和顶撑配合使用的附墙连接方式

B. 每搭设完15m进行一次检查和验收

C. 停工两个月后，重新开工时，对脚手架进行检查验收

D. 每层连墙件均在其上可拆杆件全部拆除完成后才进行拆除

E. 遇六级大风，停止脚手架拆除作业

【答案】 CDE

【考点】 脚手架工程。

【解析】 选项A，24m以上的双排脚手架必须采用刚性连墙件与建筑物可靠连接；选项B，每搭设10~13m高度后进行检查和验收；选项C，停用超过一个月的，在重新投入使用之前，对脚手架进行检查和验收；选项D，每层连墙件均在其上部可拆杆件全部拆除完成后才进行拆除；选项E，当有六级及六级以上大风和雾、雨、雪天气时，应停止脚手架拆除作业。

【说明】 此考点最新教材已删除。

（多选题·第6题）关于塔吊安装、拆除的说法，正确的有（　　）。

A. 塔吊安装、拆除之前，应制定专项施工方案

B. 安装和拆除塔吊的专业队伍可不具备相应的资质，但需要有类似施工经验

C. 塔吊安装完毕，经验收合格，取得政府相关部门核发的《准用证》后方可使用

D. 施工现场多塔作业，塔吊间应保持安全距离

E. 塔吊在六级大风中作业时，应减缓起吊速度

【答案】 ACD

【考点】 塔吊安装、拆除。

【解析】 选项A，塔吊安装和拆卸之前必须针对其类型特点、说明书的技术要求，结合作业条件制定详细的施工方案；选项B，塔吊的安装和拆除作业必须由取得相应资质的专业队伍进行；选项C，塔吊安装完毕，经验收合格，取得政府相应部门核发的《准用证》后方可使用；选项D，施工现场多塔作业，塔吊间应保持安全距离，以避免作业过程中发生碰撞；选项E，塔吊遇六级以上大风等恶劣天气，应停止作业，将吊钩升起。

（多选题·第7题）必须参加单位工程竣工验收的单位有（　　）。

A. 建设单位　　　B. 施工单位　　　C. 勘察单位　　　D. 监理单位

E. 设计单位

【答案】ABDE

【考点】单位工程竣工验收的程序和组织。

【解析】建设单位收到工程验收报告后，应由建设单位负责人组织施工、设计、监理等单位负责人进行单位工程验收。

【说明】此考点最新教材已删除。

（多选题·第9题）下列子分部工程，属于主体结构分部的有（   ）。

A. 混凝土基础   B. 混凝土结构

C. 砌体结构   D. 钢结构

E. 网架和索膜结构

【答案】BCDE

【考点】主体结构分部。

【解析】属于主体结构分部的有混凝土结构、砌体结构、钢结构、网架和索膜结构。

（案例分析题·第2题）

背景资料

某公司承建某大学城项目，在装饰装修阶段，大学城建设单位追加新建校史展览馆，紧临在建大学城项目，总建筑面积 2 140m²，总造价 408 万元，工期 10 个月。部分陈列室采用木龙骨石膏板吊顶。

考虑到工程较小，某公司也具备相应资质，建设单位经当地建设相关主管部门批准后，未通过招投标直接委托该公司承建。

展览馆项目设计图纸已齐全，结构造型简单，且施工单位熟悉周边环境及现场条件，甲、乙双方协商采用固定总价计价模式签订施工承包合同。

考虑到展览馆项目紧临大学城项目，用电负荷较小，且施工组织仅需 6 台临时用电设备，某公司依据《施工组织设计》编制了《安全用电和电气防火措施》，决定不单独设置总配电箱，直接从大学城项目总配电箱引出分配电箱，施工现场临时用电设备直接从分配电箱连接供电，项目经理安排了一名有经验的机械工进行用电管理。

施工过程中发生如下事件：

事件一：开工后，监理工程师对临时用电管理进行检查，认为存在不妥，指令整改。

事件二：吊顶石膏面板大面积安装完成，施工单位请监理工程师通过预留未安装面板部位对吊顶工程进行隐蔽验收，被监理工程师拒绝。

问题：

（1）大学城建设单位将展览馆项目直接委托给某公司是否合法？说明理由。

（2）该工程采用固定总价合同是否妥当？请给出固定总价合同模式适用的条件。除背景材料中固定总价合同模式外，常用的合同计价模式还有哪些（至少列出三项）？

（3）指出校史展览馆工程临时用电管理中的不妥之处，并分别给出正确的做法。

（4）事件二中监理工程师的做法是否正确？并说明理由。木龙骨石膏板吊顶工程应对哪些项目进行隐蔽验收？

【答案】

（1）大学城建设单位将展览馆项目直接委托给某公司不合法。

理由：施工单项合同超过 200 万元，必须进行公开招标。单项工程合同额 300～3 000 万元属于中型工程。

（2）该工程采用固定总价合同妥当。因为图纸齐全、结构简单、造价较低、工期较短，且为在建工程附属工程，施工单位熟悉周边环境和现场施工条件，风险较小。

固定总价合同适用的条件：工期不长，技术不复杂且设计完善，造价相对较低。

常用的合同计价模式还有：固定单价合同、可调价格合同、成本加酬金合同。

（3）临时用电设备有6台，编制《安全用电和电气防火措施》不妥，应编制《用电组织设计》，三级配电总—分—开。

安排机械工管理用电不妥，应由电工持证上岗。

（4）事件二中监理工程师的做法正确，因为石膏面板已经大面积安装完成，隐蔽验收的部位只能指定验收一小块，而且施工单位未经隐蔽验收就安装石膏面板，做法不合理。

木龙骨石膏板吊顶工程应对下列项目进行隐蔽验收：

①吊顶内管道设备的安装及水管试压；

②木龙骨防火、防腐处理；

③预埋件或拉结筋；

④吊杆安装；

⑤龙骨安装；

⑥填充材料的设置。

（案例分析题·第3题）

背景资料

某工程基坑深8m，支护采用桩锚体系，桩数共计200根，基础采用桩筏形式，桩数共计400根，毗邻基坑东侧12m处即有密集居民区，居民区和基坑之间的道路下1.8m处埋设有市政管道。

项目实施过程中发生如下事件：

事件一：在基坑施工前，施工总承包单位要求专业分包单位组织召开深基坑专项施工方案专家论证会，本工程勘察单位项目技术负责人作为专家之一，对专项方案提出了不少合理化建议。

事件二：工程地质条件复杂，设计要求对支护结构和周围环境进行监测，对工程桩采用不少于总数1%的静载荷试验方法进行承载力检验。

事件三：基坑施工过程中，因为工期较紧，专业分包单位夜间连续施工，挖掘机、打桩机等施工机械噪音较大，附近居民意见很大，到有关部门投诉，有关部门责成总承包单位严格遵守文明施工作业时间段规定，现场噪音不得超过国家标准《建筑施工场界噪声限值》的规定。

问题：

（1）事件一中存在哪些不妥？并分别说明理由。

（2）事件二中，工程支护结构和周围环境监测分别包含哪些内容？最少需多少根桩做静载荷试验？

（3）根据《建筑施工场界噪声限值》的规定，挖掘机、打桩机昼间和夜间施工噪声限值分别是多少？

（4）根据文明施工的要求，在居民密集区进行强噪音施工，作业时间段有什么具体规定？特殊情况需要昼夜连续施工，需做好哪些工作？

【答案】

（1）不妥之处：施工总承包单位要求专业分包单位组织召开专家论证会。

理由：专项施工方案应由总承包单位技术负责人编制。

不妥之处：勘察单位技术负责人作为专家。

理由：本项目技术负责人不得作为专家参与专项论证。

（2）①支护结构的监测包括：对围护墙侧压力、弯曲应力和变形的监测；对支撑锚杆轴力、弯曲应力监测；对腰梁（围檩）轴力、弯曲应力的监测；对立柱沉降、抬升的监测。

②周围环境的监测包括：邻近建筑物的沉降和倾斜的监测；地下管线的沉降和位移监测等；坑外地形的变形监测。

③做静载荷试验最少需要4根桩。

（3）昼间施工挖掘机：75分贝；打桩机：85分贝。

夜间施工挖掘机：55分贝；打桩机：禁止施工。

（4）作业时间：晚10：00至次日早6：00停止施工。

需做好以下工作：在噪声敏感建筑物集中区域内，到环保部门办理夜间施工审批手续，公告附近居民，做好降噪措施。

经典例题训练

一、单项选择题

1. 钢筋混凝土灌注桩用卵石作为粗骨料时，最大半径不超过(   )mm。

A. 100   B. 60   C. 50   D. 40

2. 某工程一次性要安装同一种类520樘塑料门窗，则需要做的检验批数量是(   )。

A. 6   B. 5   C. 3   D. 1

3. 高强度螺栓最大扩孔量不应超过(   )d（d 为螺栓直径）。

A. 2   B. 1.5   C. 1.2   D. 1.1

4. 下列各项中，不是幕墙竣工验收时应提供的检测报告的是(   )。

A. 风压变形性能   B. 气密性能   C. 水密性能   D. 透光性能

5. 一般脚手架主节点处两个直角扣件的中心距不应大于(   )mm。

A. 300   B. 200   C. 150   D. 100

6. 下列各项中，不是三级安全教育的教育层次的是(   )。

A. 特殊工种   B. 施工班组   C. 项目经理部   D. 公司

7. "三一"砌砖法即(   )。

A. 一块砖、一铲灰、一勾缝   B. 一块砖、一铲灰、一测量

C. 一块砖、一铲灰、一揉压   D. 一块砖、一铲灰、一搭接

8. 一间80m² 的民用建筑验收时，室内环境污染物浓度检测点数量为(   )个。

A. 4   B. 3   C. 2   D. 1

9. 电焊焊接时，预热区在焊缝两侧，每侧宽度均应大于焊件厚度的(   )倍以上。

A. 2.5   B. 2   C. 1.5   D. 1

10. 隧道、人防工程、高温、有导电灰尘、比较潮湿或灯具离地面高度低于2.5m等场所的照明，电源电压不得大于(   )V。

A. 12   B. 24   C. 36   D. 220

11. 下列不需要单独编制专项施工方案的是(   )。

A. 开挖深度不超过10m的基坑、槽支护与降水工程

B. 开挖深度超过5m（含5m）的基坑、槽的土方开挖工程

C. 水平混凝土构件模板支撑系统及特殊结构模板工程

D. 地下供电、供气、通风、管线及毗邻建筑物防护工程

12. 以下砌筑皮数杆间距最合适的是(   )m。

A. 8   B. 12   C. 16   D. 21

13. 我国消防安全的基本方针是(   )。

A. 预防为主、防消结合、综合治理   B. 消防为主、防消结合、综合治理

C. 安全第一、预防为主、综合治理   D. 安全第一、防消结合、综合治理

14. 关于模板拆除施工，说法错误的是( )。

A. 非承重模板，只要混凝土强度能保证其表面及棱角不因拆除模板而受损时，即可进行拆除

B. 拆模之前必须要办理拆模申请手续

C. 模板拆除的顺序和方法，无具体要求时，可按先支的后拆，后支的先拆，先拆非承重的模板，后拆承重的模板及支架进行

D. 承重模板，应在试块强度达到规定要求时，方可进行拆除

15. 关于钢结构工程螺栓施工的做法，正确的是( )。

A. 现场对螺栓孔采用气割扩孔
B. 螺栓的紧固顺序从节点边缘向中间施拧
C. 当天安装的螺栓均在当天终拧完毕
D. 螺栓安装均一次拧紧到位

16. 关于模板安装施工的做法，错误的是( )。

A. 操作架子上长期堆放大量模板

B. 高耸结构的模板作业设有避雷措施

C. 遇到六级大风，停止模板安装作业

D. 高压电线旁进行模板施工时，按规定采取隔离防护措施

17. 开关箱中作为末级保护的漏电保护器，额定漏电动作时间不应大于( )s。

A. 0.01　　　　　B. 0.1　　　　　C. 0.3　　　　　D. 0.5

18. 必须单独编制施工方案的分部分项工程是( )。

A. 悬挑脚手架工程

B. 挖深度为2.5m的基坑支护工程

C. 采用常规起重设备，单件最大起重量为8kN的起重吊装工程

D. 搭设高度10m的落地式钢管脚手架工程

19. 关于施工现场安全用电的做法，正确的是( )。

A. 所有用电设备用同一个专用开关箱

B. 总配电箱无需加装漏电保护器

C. 现场用电设备10台编制了用电组织设计

D. 施工现场的动力用电和照明用电形成一个用电回路

20. 建筑工程施工质量检查中的"三检制"是指( )。

A. 各道工序操作人员自检、互检和专职质量管理人员专检

B. 各道工序操作人员自检、专职质量管理人员专检和监理人员专检

C. 各道工序操作人员自检、互检和监理人员专检

D. 各道工序操作人员互检、专职质量管理人员专检和监理人员专检

21. 当在使用中对水泥质量有怀疑或水泥出厂超过( )个月时，应进行复验，并按复验结果使用。

A. 1　　　　　B. 2　　　　　C. 3　　　　　D. 5

22. 关于正常使用条件下建设工程的最低保修期限的说法，正确的是( )。

A. 房屋建筑的主体结构工程为30年
B. 屋面防水工程为3年
C. 电气管线、给排水管道为2年
D. 装饰装修工程为1年

二、多项选择题

1. 在劳务分包合同的应用中，下列属于工程承包人义务的有( )。

A. 组建与工程相适应的项目管理班子，全面履行总（分）包合同

B. 负责编制施工组织设计，统一制定各项管理目标

C. 按合同约定，向劳务分包人支付劳动报酬

D. 按时提交报表、完整的技术经济资料，配合工程分包人办理交工验收

E. 负责与发包人、监理、设计及有关部门联系，协调现场工作关系

2. 单位（子单位）工程质量验收应符合（　　）。

A. 单位（子单位）工程所含分部（子部分）工程的质量均应验收合格

B. 质量控制资料部分可以不予保留

C. 主要功能项目的抽查结果应符合相关专业质量验收规范的规定

D. 对观感质量方面验收不予保留

E. 单位（子单位）工程所含分部工程的有关安全和功能的检测资料应完整

3. 关于脚手架工程的安装与拆除，错误的有（　　）。

A. 高度在 24m 以下的单、双排脚手架，剪刀撑之间的净距不应大于 18m

B. 主节点处两个直角扣件的中心距不应大于 150mm

C. 50m 以下脚手架一般按 3 步 3 跨布置连墙件

D. 分段拆除时，高差应不大于 3 步；如高差大于 3 步，应增设连墙件加固

E. 在拆除第一排连墙件前，应适当设抛撑以确保架子稳定

4. 钢筋混凝土预制桩打桩顺序为（　　）。

A. 先深后浅　　　　　　　　　　B. 先大后小，先长后短

C. 自两端向中间对称进行　　　　D. 自四周向中间进行

E. 由一侧向单一方向进行

5. 幕墙节能工程施工中，应增加对（　　）部位或项目进行隐蔽工程验收。

A. 单元式幕墙的封口节点

B. 被封闭的保温材料厚度和保温材料的固定

C. 变形缝及墙面转角处的构造节点

D. 冷凝水收集和排放构造

E. 幕墙的通风换气装置

6. 屋面卷材防水层上有重物覆盖或基层变形较大时，卷材铺贴（　　）。

A. 应优先采用空铺法，但距屋面周边 600mm 内以及叠层铺贴的各层卷材之间应满粘

B. 点粘法，但距屋面周边 800mm 内以及叠层铺贴的各层卷材之间应满粘

C. 条粘法，但距屋面周边 800mm 内以及叠层铺贴的各层卷材之间应满粘

D. 冷粘法，但距屋面周边 1 000mm 内以及叠层铺贴的各层卷材之间应满粘

E. 机械固定法，但距屋面周边 1 000mm 内以及叠层铺贴的各层卷材之间应满粘

7. 关于一般工程拆模的顺序，下列叙述正确的有（　　）。

A. 后支先拆，先支后拆　　　　　B. 先支先拆，后支后拆

C. 先拆除非承重部分，后拆承重部分　　D. 先拆除承重部分，后拆除非承重部分

E. 重大复杂模板的拆除，事先应制定拆除方案

8. 砌体结构施工中，下列可以设置脚手眼的有（　　）。

A. 120mm 厚墙　　　　　　　　　B. 过梁净跨度 1/2 的高度范围以外

C. 宽度为 3m 的窗间墙　　　　　D. 独立柱

E. 砌体门窗洞口两侧 500mm 处

9. 当参加验收各方对工程质量验收意见不一致时，可请（　　）协调处理。

A. 工程监理单位　　　　　　　　B. 合同约定的仲裁机构

C. 当地建设行政主管部门　　　　D. 当地工程质量监督机构

E. 当地质量技术监督局

10. 关于单位工程施工平面图设计要求的说法，正确的有（　　）。

A. 施工道路布置尽量不使用永久性道路　　B. 尽量利用已有的临时工程

C. 短运距、少搬运
D. 尽可能减少施工占用场地

E. 符合劳动保护、安全、防火要求

11. 关于人工拆除作业的做法，正确的有（　　　）。

A. 从上往下施工
B. 逐层分段进行拆除

C. 梁、柱、板同时拆除
D. 直接拆除原用于可燃气体的管道

E. 拆除后材料集中堆放在楼板上

12. 关于民用建筑工程室内环境质量验收的说法，正确的有（　　　）。

A. 应在工程完工至少7天以后、工程交付使用前进行

B. 抽检的房间应有代表性

C. 房间内有2个及以上检测点时，取各点检测结果的平均值

D. 对采用自然通风的工程，检测可在通风状态下进行

E. 抽检不合格，再次检测时，应包含原不合格房间

三、案例分析题

（一）

背景资料

某住宅楼是一幢地上6层、地下1层的砖混结构住宅，总建筑面积3 200m²。在现浇顶层混凝土施工过程中一间屋面出现坍塌事故，坍塌物将与之垂直对应的下面各层预应力空心板砸穿，10名施工人员与4辆手推车、模板及支架、混凝土一起落入地下室，造成2人死亡、3人重伤、经济损失26万元人民币的事故。

从施工事故现场调查得知，屋面现浇混凝土模板采用300mm×1 200mm×55mm和300mm×1 500mm×55mm定型钢模，分三段支撑在平放的50mm×100mm方木龙骨上，龙骨下为4根间距800mm均匀支撑的直径100mm圆木立杆，这4根圆木立杆顺向支撑在作为第6层楼面的3块独立的预应力空心板上，并且这些预应力空心板的板缝混凝土浇筑仅4d，其下面也没有采取任何支撑措施，从而造成这些预应力空心板超载。施工单位未对模板支撑系统进行过计算也无施工方案，监理方也未提出异议，便允许施工单位进行施工。出事故时监理人员未在现场。

问题：

1. 简要分析本次事故发生的原因。

2. 对于本次事故，可以认定为哪种等级的事故？依据是什么？

3. 监理单位在这起事故中是否应该承担责任？为什么？

4. 针对类似模板工程，通常采取什么样的质量安全措施？

（二）

背景资料

某豪华酒店工程项目，18层框架—混凝土结构，全现浇混凝土楼板，主体工程已全部完工，经验收合格，进入装饰装修施工阶段。该酒店的装饰装修工程由某装饰公司承揽了施工任务，装饰装修工程施工工期为150d，装饰公司在投标前已领取了全套施工图纸，该装饰装修工程采用固定总价合同，合同总价为720万元。

该装饰公司在酒店装修的施工过程中采取了以下施工方法：地面镶边施工过程中，在靠墙处采用砂浆填补，在采用掺有水泥拌合料做踢脚线时，用石灰浆进行打底，木竹地面的最后一遍涂饰在裱糊工程开始前进行。对地面工程施工采用的水泥的凝结时间和强度进行复验后开始使用。在水磨石整体面层施工过程中，采用同类材料以分格条设置镶边。

问题：

1. 该酒店的装饰装修工程合同采用固定总价是否妥当？为什么？

2. 建设工程合同按照承包工程计价方式可划分为哪几类？

3. 判断该装饰公司在酒店装修施工过程中采取的施工方法存在哪些不妥之处,并说出正确的做法。

4. 按照《建筑装饰装修工程质量验收规范》(GB 50210 – 2001)和《民用建筑工程室内环境污染控制规范》(GB 50325 – 2010)的规定,一般情况下,装饰装修工程中应对哪些进场材料的种类和项目进行复验?

（三）

背景资料

某市建筑公司承建的工贸公司职工培训楼工程,地下 1 层,地上 12 层,建筑面积24 000m²,钢筋混凝土框架结构,计划竣工日期为 2012 年 8 月 8 日。

2011 年 4 月 28 日,市建委有关管理部门按照《建筑施工安全检查标准》(JGJ 59—2011)等有关规定对本项目进行了安全质量大检查。检查人员在询问项目经理有关安全职责履行情况时,项目经理认为他已配备了专职安全员,而且给予其经济奖罚等权力,自己已经尽到了安全管理责任,安全搞得好坏是专职安全员的事;在对专职安全员进行考核时,当问到《安全管理检查评分表》检查项目的保证项目有哪几项时,安全员只说到了"目标管理""施工组织设计"两项;检查组人员在质量检查时,还发现第 2 层某柱下部混凝土表面存在较严重的"蜂窝"现象。

检查结束后检查组进行了讲评,并宣布部分检查结果如下:

(1) 该工程《文明施工检查评分表》《"三宝""四口"防护检查评分表》《施工机具检查评分表》等分项检查评分表(按百分制)实得分分别为 80 分、85 分和 80 分(以上分项中的满分在汇总表中分别占 20 分、10 分和 5 分);

(2) 起重吊装安全检查评分表实得分为 0 分;

(3) 汇总表得分值为 79 分。

问题:

1. 项目经理对自己应负的安全管理责任的认识全面吗?说明理由。

2. 专职安全员关于《安全管理检查评分表》中保证项目的回答还应包括哪几项?

3. 本工程混凝土表面的"蜂窝"现象应该如何处理?

4. 将各分项检查评分换算成汇总表中相应分项的实得分。

5. 本工程安全生产评价的结果属于哪个等级?说明理由。

（四）

背景资料

某办公大楼由主楼和裙楼两部分组成,平面呈不规则四方形,主楼 29 层,裙楼 4 层,地下 2 层,总建筑面积 81 650m²。该工程 5 月份完成主体施工,屋面防水施工安排在 8 月份。屋面防水层由一层聚氨酯防水涂料和一层自粘 SBS 高分子防水卷材构成。裙楼地下室回填土施工时已将裙楼外脚手架拆除,在裙楼屋面防水层施工时,因工期紧没有搭设安全防护栏杆。工人王某在铺贴卷材后退时不慎从屋面掉下,经医院抢救无效死亡。

裙楼屋面防水施工完成后,聚氨酯底胶配制时用的二甲苯稀释剂剩余不多,工人张某随手将剩余的二甲苯从屋面向外倒在了回填土上。

主楼屋面防水工程检查验收时发现少量卷材起鼓,鼓泡有大有小,直径大的达到 90mm,鼓泡割破后发现有冷凝水珠。经查阅相关技术资料后发现:没有基层含水率试验和防水卷材粘贴试验记录;屋面防水工程技术交底要求自粘 SBS 卷材搭接宽度为 50mm,接缝口应用密封材料封严,宽度不小于 5mm。

问题:

1. 从安全防护措施角度指出发生这起伤亡事故的直接原因。

2. 项目经理部负责人在事故发生后应如何处理此事？

3. 试分析卷材起鼓原因，并指出正确的处理方法。

4. 自粘 SBS 卷材搭接宽度和接缝口密封材料封严宽度应满足什么要求？

5. 将剩余的二甲苯倒在工地上的危害之处是什么？指出正确的处理方法。

（五）

背景资料

某办公楼工程，建筑面积 23 723m²，框架剪力墙结构，地下 1 层，地上 12 层，首层高 4.8m，标准层高 3.6m。顶层房间为有保温层的轻钢龙骨纸面石膏板吊顶。工程结构施工采用外双排落地脚手架，工程于 2007 年 6 月 15 日开工，计划竣工日期为 2009 年 5 月 1 日。

事件一：2008 年 5 月 20 日 7 时 30 分左右，因通道和楼层自然采光不足，瓦工陈某不慎从 9 层未设门槛的管道井竖向洞口处坠落至地下一层混凝土底板上，当场死亡。

事件二：顶层吊顶安装石膏板前，施工单位仅对吊顶内管道设备安装申报了隐蔽工程验收，监理工程师提出隐蔽工程申报验收有漏洞，应补充验收申报项目。

问题：

1. 本工程结构施工脚手架是否需要编制专项施工方案？说明理由。

2. 事件一中，从安全管理方面分析，导致这起事故发生的主要原因是什么？

3. 对落地的竖向洞口应采用哪些方式加以防护？

4. 吊顶隐蔽工程验收还应补充申报哪些验收项目？

（六）

背景资料

甲公司投资建设一幢地下一层、地上五层的框架结构商场工程，乙方施工企业中标后，双方采用《建设工程施工合同（示范文本）》（GF—1999—0201）签订了合同。合同采用固定总价承包方式，合同工期为 405 天，并约定提前或逾期竣工的奖罚标准为每天 5 万元。

合同履行中出现了以下事件：

事件一：乙方施工至首层框架柱钢筋绑扎时，甲方书面通知将首层及以上各层由原设计层高 4.30m 变更为 4.80m，当日乙方停工。25 天后甲方才提供正式变更图纸，工程恢复施工，复工当日乙方立即提出停窝工损失 150 万元和顺延工期 25 天的书面报告及相关索赔资料，但甲方收到后始终未予答复。

事件二：在工程装修阶段，乙方收到了经甲方确认的设计变更文件，调整了部分装修材料的品种和档次。乙方在施工完毕三个月后的结算中申报了该项设计变更增加费 80 万元，但遭到甲方的拒绝。

事件三：从甲方下达开工令起至竣工验收合格止，本工程历时 425 天。甲方以乙方逾期竣工为由从应付款中扣减了违约金 100 万元，乙方认为逾期竣工的责任在于甲方。

问题：

1. 事件一中，乙方的索赔是否生效？结合合同索赔条款说明理由。

2. 事件二中，乙方申报设计变更增加费是否符合约定？结合合同变更条款说明理由。

3. 事件三中，乙方是否逾期竣工？说明理由并计算奖罚金额。

（七）

背景资料

某办公楼工程，建筑面积 153 000m²，地下 2 层，地上 30 层，建筑物总高度 136.6m，地下钢筋混凝土结构，地上型钢混凝土组合结构，基础埋深 8.4m。

施工单位项目经理根据《建设工程项目管理规范》（GB/T 50326—2006），主持编制了项目管理实施规划，包括工程概况、组织方案、技术方案、风险管理计划、项目沟通管理计划、项目收尾管理计划、项目现场平面布置图、项目目标控制措施、技术经济指标等十六项内容。

风险管理计划中将基坑土方开挖施工作为风险管理的重点之一，评估其施工时发生基坑坍塌的概率为中等，且风险发生后将造成重大损失。为此，项目经理部组织建立了风险管理体系，指派项目技术部门主管风险管理工作。

项目经理指派项目技术负责人组织编制了项目沟通计划。该计划中明确项目经理部与内部作业层之间依据《项目管理目标责任书》进行沟通和协调；外部沟通可采用电话、传真、协商等方式进行；当出现矛盾和冲突时，应借助政府、社会、中介机构等各种力量来解决问题。

工程进入地上结构施工阶段，现场晚上 11 点后不再进行土建作业，但安排了钢结构焊接连续作业。由于受城市交通管制，运输材料、构件的车辆均在凌晨 3~6 点之间进出现场。项目经理部未办理夜间施工许可证。附近居民投诉夜间噪声过大，光线刺眼，且不知晓当日施工安排。项目经理派安全员接待了来访人员。之后，项目经理部向政府环境保护部门进行了申报登记，并委托某专业公司进行了噪声检测。

项目收尾阶段，项目经理部依据项目收尾管理计划，开展各项工作。

问题：

1. 项目管理实施规划还应包括哪些内容（至少列出三项）？

2. 评估基坑土方开挖施工的风险等级。风险管理体系应配合项目经理部哪两个管理体系进行组织建立？指出风险管理计划中项目经理部工作的不妥之处。

3. 指出上述项目沟通管理计划中的不妥之处，说明正确做法。外部沟通还有哪些常见方式？

4. 根据《建筑施工场界噪声限值》（GB 12523—2011），结构施工阶段昼间和夜间的场界噪声限值分别为多少？针对本工程夜间施工扰民事件，写出项目经理部应采取的正确做法。

（八）

背景资料

某建筑公司承接一项综合楼任务，建筑面积 109 828m²，地下 3 层，地上 26 层，箱形基础，主体为框架结构。该项目地处城市主要街道交叉路口，是该地区的标志性建筑物。因此，施工单位在施工过程中加强了对工序质量的控制。在第 5 层楼板钢筋隐蔽工程验收时发现整个楼板受力钢筋型号不对、位置放置错误，施工单位非常重视，及时进行了返工处理。在第 10 层混凝土部分试块检测时发现强度达不到设计要求，但实体经有资质的检测单位检测鉴定，强度达到了要求。由于加强了预防和检查，没有再发生类似情况。该楼最终顺利完工，达到验收条件后，建设单位组织了竣工验收。

问题：

1. 工序质量控制的内容有哪些？

2. 说出第 5 层钢筋隐蔽工程验收的要点。

3. 第 10 层的质量问题是否需要处理？请说明理由。

4. 如果第 10 层混凝土强度经检测达不到要求，施工单位应如何处理？

5. 该综合楼达到什么条件后方可竣工验收？

（九）

背景资料

某大厦工程项目，建设单位与施工单位根据《建设工程施工合同（示范文本）》（GF-1999-0201）签订了工程的总承包施工合同。总承包商将该大厦工程项目的装饰装修工程分包给一家具有相应资质条件的某装饰装修工程公司。该装饰装修工程公司与工程项目建设单位签订了该大厦工程项目的装饰装修施工合同。

该工程总承包施工单位在施工过程中发生了以下事件：

事件一：基坑开挖后用重型动力触探法检查，发现基坑下面存在古墓。

事件二：基坑验槽时，总承包施工单位技术负责人组织建设、设计、勘察、监理等单位的项目技术负责人共同检验，经检验基坑符合要求。

事件三：为了使水泥浆更具黏结力，旋喷桩在旋喷前3h对水泥浆进行搅拌。

事件四：基坑回填过程中，施工总承包单位只检查了排水措施和回填土的含水量，并对其进行了控制。

问题：

1. 该大厦工程项目装饰装修工程的分包过程有何不妥之处？指出并改正。

2.《建设工程施工合同（示范文本）》由哪几部分组成？该文本的三个附件分别是什么？

3. 判断施工总承包单位在施工过程中发生的事件是否妥当，如不妥当，请改正。

4. 基坑验槽时，应重点观察哪些部位？

5. 基坑回填土施工结束后应检查哪些项目，并使其满足设计和规范要求？

6. 旋喷地基质量可采用哪些方法进行检验？

（十）

背景资料

某市建筑集团公司承担一栋20层智能化办公楼工程的施工总承包任务，层高3.3m，其中智能化安装工程分包给某科技公司施工。在工程主体结构施工至第18层、填充墙施工至第8层时，该集团公司对项目经理部组织了一次工程质量、安全生产检查。部分检查情况如下：

（1）现场安全标志设置部位有：现场出入口、办公室门口、安全通道口、施工电梯吊笼内。

（2）杂工班外运的垃圾中混有废弃的有害垃圾。

（3）第15层外脚手架上有工人在进行电焊作业，动火证是由电焊班组申请，项目责任工程师审批。

（4）第5层砖墙砌体发现梁底位置出现水平裂缝。

（5）科技公司工人在第3层后置埋件施工时，打凿砖墙导致墙体开裂。

问题：

1. 指出施工现场安全标志设置部位中的不妥之处。

2. 对施工现场有毒有害的废弃物应如何处置？

3. 案例中电焊作业属几级动火作业？指出办理动火证的不妥之处，写出正确做法。

4. 分析墙体出现水平裂缝的原因并提出防治措施。

5. 针对打凿引起墙体开裂事件，项目经理部应采取哪些纠正和预防措施？

（十一）

背景资料

某企业（甲方）拟投资兴建一栋办公楼，建筑面积2 000m²，结构形式为现浇钢筋混凝土框架结构。招标前已经出齐全部施工图纸，某施工单位（乙方）根据招标文件编制了投标文件，经过投标竞争获得中标。中标后甲、乙双方签订了工程施工承包合同。合同规定：

（1）合同总价为500万元。

（2）本工程要求工期为160d。由于承包方的原因每拖延一天交工，发包方按结算价的万分之二计算违约金，并承担由于拖延竣工给发包方带来的损失，违约金累计不超过结算价的3%。由于非承包方原因造成工期的拖延，发包方给予工期的补偿。

（3）合同总价包括了完成规定项目所需的工料机费用、临时设施费、现场管理费、企业管理费、利润、税金和风险费用。乙方在报价中考虑了市场风险因素，无论实际施工情况如何，合同总价不作调整。

（4）工程款按月结算。

（5）合同价款调整方法：①设计变更和工程洽商，由承包人在接到变更洽商通知后14天内，按甲、乙双方约定的计价办法，提出变更预算书，经发包人确认后进行调整。14 天内没有提出的，由承包人承担有关费用；②施工过程中因不可抗力造成的损失或政策性变化影响造价，由承包人提出，经发包人确认后进行调整。

双方签订合同后，施工单位按合同约定时间于 2012 年 6 月 1 日开工，项目实施过程中发生以下事件：

事件一：施工单位为加快施工进度，未经设计单位同意，将原设计的部分灰土垫层改为 C15 素混凝土，增加费用 3 000 元。

事件二：施工期间因台风迫使工程停工 5 天，并造成施工现场存放的工程材料损失 1.2 万元；台风造成施工单位的施工机械损坏，修复费用 4 000 元。

事件三：施工期间钢材价格上涨，因此导致施工单位材料费用增加 5 万元。

事件四：甲方提出改变部分隔断的装饰材料，施工单位于 8 月 10 日收到工程变更洽商通知，按工程变更洽商进行了施工。竣工验收后进行结算时，施工单位提出由于此项变更增加了施工费用 5 000 元，要求甲方给予补偿。

问题：

1. 该工程合同属于何种形式的合同？本工程采用这种合同形式是否合适？为什么？

2. 该工程施工过程中所发生的以上事件，是否可以进行相应合同价款的调整？为什么？

（十二）

背景资料

北方某高校教学楼装修工程赶工于 2011 年 4 月底完工并投入使用，2012 年 9 月发现如下事件。

事件一：报告厅吊顶采用轻钢龙骨矿棉板，跨度 24m 未起拱。

事件二：化学实验室地面采用现制水磨石地面，800mm×800mm 用铜条分隔。

事件三：教室墙面采用水性涂料涂刷，留坠现象严重。

事件四：外墙采用陶瓷面砖粘贴，有空鼓、脱落现象。

问题：

1. 指出事件一吊顶施工中是否应该进行起拱？计算最大起拱高度。

2. 事件二中，化学实验室地面面层做法是否符合要求？为什么？

3. 事件三中，防止教室墙面涂饰留坠除控制基层水平外，还应该控制什么？

4. 分析事件四中外墙陶瓷面砖发生空鼓、脱落的主要原因。

（十三）

背景资料

某建筑幕墙工程施工过程中，施工项目经理部加强了施工现场的管理，对现场消防的管理措施中摘录如下：

（1）施工现场设置的消防车道的宽度为 2.8m。

（2）施工现场进水干管直径为 120mm。

（3）氧气瓶之间的工作间距为 3m。

（4）油漆和稀料的调配尽量在库房内。

（5）高度超过 24m 的在施工程，随楼层的升高每隔两层设一处消防栓口，配备水龙带。

（6）现场有明显的防火宣传标志。

该项目经理部主要从现场平面管理、现场料具管理、现场消防和保卫管理、现场临时用水和用电管理及现场文明施工管理方面做了大量工作。

问题：

1. 逐条判断施工项目经理部对现场消防的管理措施是否妥当，如不妥，请改正。

2. 施工项目经理部应对现场料具管理采取哪些措施？

（十四）

背景资料

某工程建筑面积 13 000m²，地处繁华城区。东、南两面紧邻市区主要路段，西、北两面紧靠居民小区一般路段。在项目实施过程中发生如下事件：

事件一：对现场平面布置进行规划，并绘制了施工现场平面布置图。

事件二：为控制成本，现场围墙分段设计，实施全封闭式管理。即东南两面紧邻市区主要路段，设计为 1.8m 高砖围墙，并按市容管理要求进行美化；西、北两面紧靠居民小区一般路段，设计为 1.8m 高普通钢围挡。

事件三：为宣传企业形象，总承包单位在现场办公室前空旷场地树立了悬挂企业旗帜的旗杆，旗杆与基座预埋件焊接连接。

事件四：为确保施工安全，总承包单位委派一名经验丰富的同志到项目担任安全总监。项目经理部建立了施工安全管理机构，设置了以安全总监为第一责任人的项目安全管理领导小组。在工程开工前，安全总监向项目有关人员进行了安全技术交底。专业分包单位进场后，编制了相应的施工安全技术措施，报批完毕后交项目经理部安全部门备案。

问题：

1. 施工现场平面布置图通常应包含哪些内容？（至少列出 4 项）

2. 分别说明现场砖围墙和普通钢围挡设计高度是否妥当？如有不妥，给出符合要求的最低设计高度。

3. 事件三中，旗杆与基座预埋件焊接是否需要开动火证？如需要，说明动火等级并给出相应的审批程序。

（十五）

背景资料

某高层建筑外立面采用隐框玻璃幕墙，幕墙的立柱、横梁和玻璃板块都由加工厂制作。玻璃与铝合金框采用双组分硅酮结构密封胶粘结，玻璃板块安排在专用的注胶间制作，注胶间的温度控制在 20～25℃，相对湿度保持在 45% 以上。玻璃板块打胶完成后，移送到室外养护。养护 6d 后，即运到现场安装。工程完成后，施工单位提供了玻璃板块注胶记录和玻璃板块安装的隐蔽工程验收记录，未提供注胶过程中和出厂前的有关试验记录，竣工验收时发现玻璃板块底部没有安装金属托条。

问题：

1. 玻璃板块制作的环境温度和相对湿度应如何控制？养护条件是否符合要求？为什么？

2. 采用双组分硅酮结构密封胶注胶过程中，除了做好注胶记录外，还应当进行哪些试验？

3. 幕墙玻璃板块的安装时间是否正确？为什么？在出厂前，还应进行什么试验？

4. 玻璃板块安装完成后，在嵌缝前进行的隐蔽工程验收应主要检查哪些内容？

（十六）

背景资料

某工程监理公司承担施工阶段监理任务，建设单位采用公开招标方式选择承包单位。在招标文件中对省内与省外投标人提出了不同的资格要求，并规定 2008 年 10 月 30 日为投标截止时间。甲、乙等多家承包单位参加投标，乙承包单位 11 月 5 日方提交投标保证金，11 月 3 日由招标办主持举行了开标会。但本次招标由于招标人原因导致招标失败。

建设单位重新招标后确定甲承包单位中标，并签订了施工合同。施工开始后，建设单位要求提前竣工，并与甲承包单位协商签订了书面协议，写明了甲承包单位为保证施工质量采取的措施和建设单位应支付的赶工费用。

施工过程中发生了混凝土工程质量事故。经调查技术鉴定，认为是甲承包单位为赶工拆模过早、混凝土强度不足造成的。该事故未造成人员伤亡，导致直接经济损失4.8万元。

质量事故发生后，建设单位以甲承包单位的行为与投标书中的承诺不符，不具备履约能力，又不可能保证提前竣工为由，提出终止合同，甲承包单位认为事故是因建设单位要求赶工引起，不同意终止合同，建设单位按合同约定提请仲裁，仲裁机构裁定终止合同，甲承包单位决定向具有管辖权的法院提起诉讼。

问题：

1. 指出该工程招标投标过程中的不妥之处，并说明理由。招标人招标失败造成投标单位损失是否应给予补偿？说明理由。

2. 上述质量事故发生后，在事故调查前，总监理工程师应做哪些工作？

3. 上述质量事故的调查组应由谁组织？监理单位是否应参加调查组？说明理由。

4. 上述质量事故的技术处理方案应由谁提出？技术处理方案核签后，总监理工程师应完成哪些工作？该质量事故处理报告应由谁提出？

5. 建设单位与甲承包单位所签协议是否具有与施工合同相同的法律效力？说明理由。具有管辖权的法院是否可依法受理甲承包单位的诉讼请求？为什么？

（十七）

背景资料

某中学的实验楼，室外楼梯间的楼面梁和楼梯平台梁的一端由三根独立柱支撑，另外一端支撑在阶梯教室的山墙内，室外楼梯及门斗及3根独立柱基础属于非采暖基础，而阶梯外山墙基础属于采暖基础，由于冻涨不均匀，导致阶梯外教室山墙开裂，检查发现施工单位在施工准备阶段未对设计图进行认真审读，也未确定关键工序和特殊过程及作业指导书。

问题：

1. 简要分析造成山墙开裂的原因及处理措施。

2. 简述图纸会审对项目质量控制的必要性。

3. 特殊过程控制应符合哪些规定？

（十八）

背景资料

某多层旅游宾馆建筑外墙为玻璃幕墙，每层楼板与幕墙之间的空隙处用100mm厚的岩棉封堵。下面采用1.5mm厚的镀锌板承托，承托板与结构之间采用硅酮耐候密封胶密封，岩棉紧贴幕墙玻璃，铺设饱满、密实。幕墙的防雷设施完成后，经电阻试验测试后合格，项目部对防雷设施均未进行隐蔽验收，监理工程师提出每层防雷措施均应进行隐蔽验收，项目管理部以防雷设施验收合格为由，认为不需要进行隐蔽工程验收。玻璃幕墙完工后，新施工现场水压低，四层玻璃幕墙未进行淋水试验。

问题：

1. 指出楼面防火层的错误，并提出纠正措施和理由。

2. 防雷工程电阻测试合格试验是否可以代替防雷工程的工程隐蔽验收？说明理由。

3. 四层以上的玻璃幕墙现场淋水试验应如何补做？

（十九）

背景资料

某建设工程项目通过招标投标选择了一家建筑公司作为该项目的总承包单位，业主委托某监理公司对该工程实施施工监理。在施工过程中，由于总承包单位对地基和基础工程的施工存在一定的技术限制，将此分部工程分包给某基础工程公司。在施工及验收过程中，发生如下情况：

（1）地基与基础工程的检验批和分项工程质量由总包单位项目专业质检员组织分包单位项目专业质检员进行验收，监理工程师不参与对分包单位检验批和分项工程质量的验收。

（2）地基与基础分部工程质量由总包单位项目经理组织分包单位项目经理进行验收，监理工程师参与验收。

（3）主体结构施工中，各检验批的质量由专业监理工程师组织总包单位项目专业质量检查员进行验收。各分项工程的质量由专业监理工程师组织总包单位项目专业技术负责人进行验收。

（4）主体结构分部工程、建筑电气分部工程、装饰装修分部工程的质量由总监理工程师组织总包单位项目经理进行验收。

（5）单位工程完成后，由承包商进行竣工初验，并向建设单位报送了工程竣工报验单。

建设单位组织勘察、设计、施工、监理等单位有关人员对单位工程质量进行了验收，并由各方签署了工程竣工报告。

问题：

1. 以上各条的质量验收做法是否妥当？如不妥，请予以改正。

2. 单位工程竣工验收的条件是什么？

3. 单位工程竣工验收的基本要求是什么？

4. 单位工程竣工验收备案由谁组织？备案时间上有什么要求？

参考答案及解析

一、单项选择题

1. C【解析】钢筋混凝土灌注桩用卵石作为粗骨料时，应采用质地坚硬的卵石、碎石，粒径应用 15～25mm。卵石不宜大于 50mm，碎石不宜大于 40mm，含泥量不大于 2%。

2. A【解析】同一品种、类型和规格的木门窗、金属门窗、塑料门窗及门窗玻璃，每 100 樘划分为一个检验批，不足 100 樘的也划分为一个检验批，故需做检验批的数量是 6。

3. C【解析】高强度螺栓应自由穿入螺栓孔，不应气割扩孔，其最大扩孔量不应超过 1.2d。

4. D【解析】规范要求工程竣工验收时应提供建筑幕墙的风压变形性能、气密性能、水密性能的检测报告（通常称为"三性试验"）。必要时可增加平面内变形性能及其他（如保温、隔声等）性能检测。

5. C【解析】脚手架主节点处必须设置一根横向水平杆，用直角扣件扣接在纵向水平杆上且严禁拆除，主节点处两个直角扣件的中心距不应大于 150mm；在双排脚手架中，横向水平杆靠墙一端的外伸长度不应大于杆长的 0.4 倍，且不应大于 500mm。

6. A【解析】三级安全教育是指公司、项目经理部、施工班组三个层次的安全教育。教育的内容、时间及考核过程要有记录。

7. C【解析】砌筑方法宜采用"三一"砌砖法，即"一铲灰、一块砖、一揉压"的操作方法。

8. C【解析】民用建筑工程验收时，室内环境污染物浓度检测点数量应按房屋面积设置：①房间面积 <50m^2 时，设 1 个检测点；②房间面积为 50～100m^2 时，设 2 个检测点；③房间面积 >100m^2 时，设 3～5 个检测点。

9. C【解析】对于需要进行焊前预热和焊后热处理的焊缝，其预热温度或后热温度应符合国家现行有关标准的规定或通过工艺试验确定。电焊焊接时，预热区在焊缝两侧，每侧宽度均应大于焊件厚度的 1.5 倍以上，且不应小于 100mm。

10. C【解析】隧道、人防工程、高温、有导电灰尘、比较潮湿或灯具离地面高度低于 2.5m 等场所的照明，电源电压不得大于 36V。

11. A【解析】对于达到一定规模、危险性较大的工程，需要单独编制专项施工方案。选项A，较小工程不需要单独编制专项施工方案。

12. B【解析】砌筑工程，砌筑前设立皮数杆，皮数杆应立于房屋四角及内外墙交接处，间距以12~15m为宜，砌块应按皮数杆拉线砌筑。

13. A【解析】施工现场防火的一般规定：现场的消防安全工作应以"预防为主、防消结合、综合治理"为方针。健全防火组织，认真落实防火安全责任制。

14. D【解析】保证模板拆除施工安全的基本要求有：①不承重的侧模板，只要混凝土强度能保证其表面及棱角不因拆除模板而受损时，即可进行拆除；②承重模板，应在与结构同条件养护的试块强度达到规定要求时，方可进行拆除；③拆模之前必须要办理拆模申请手续，在同条件养护试块强度记录达到规定要求时，技术负责人方可批准拆模；④各类模板拆除的顺序和方法，应根据模板设计的要求进行。如果模板设计无具体要求时，可按先支的后拆，后支的先拆，先拆非承重的模板，后拆承重的模板及支架进行。

15. C【解析】高强度螺栓应自由穿入螺栓孔，不应气割扩孔，其最大扩孔量不应超过1.2d（d为螺栓直径）。高强度螺栓的紧固顺序应使螺栓群中所有螺栓都均匀受力，从节点中间向边缘施拧，初拧和终拧都应按一定顺序进行。当天安装的螺栓应在当天终拧完毕，外露丝扣应为2~3扣。

16. A【解析】模板安装施工的要求有：①保证模板安装施工安全的基本要求；②操作架子上、平台上不宜堆放模板，必须短时间堆放时，一定要码放平稳，数量必须控制在架子或平台的允许荷载范围内；③雨期施工，高耸结构的模板作业，要安装避雷装置，沿海地区要考虑抗风和加固措施；④在架空输电线路下方进行模板施工，如果不能停电作业，应采取隔离防护措施。在六级及六级以上强风和雷电、暴雨、大雾等恶劣气候条件下，不得进行露天高处作业。

17. B【解析】开关箱中作为末级保护的漏电保护器，额定漏电动作时间不应大于0.1s，其额定漏电动作电流不应大于30mA。

18. A【解析】根据中华人民共和国住房和城乡建设部颁布的《危险性较大的分部分项工程安全管理办法》规定，搭设高度24m及以上的落地式钢管脚手架工程、附着式整体和分片提升脚手架工程、悬挑式脚手架工程、吊篮脚手架工程需要单独编制专项施工方案。

19. C【解析】施工现场临时用电设备在5台及以上或设备总容量在50kW及以上者，应编制用电组织设计。临时用电设备在5台以下和设备总容量在50 kW以下者，应制定安全用电和电气防火措施。为保证临时用电配电系统三相负荷平衡，施工现场的动力用电和照明用电应形成两个用电回路，动力配电箱与照明配电箱应该分别设置。施工现场所有用电设备必须有各自专用的开关箱。施工用电回路和设备必须加装两级漏电保护器，总配电箱（配电柜）中应加装总漏电保护器，作为初级漏电保护，末级漏电保护器必须装配在开关箱内。

20. A【解析】建筑工程的施工，应建立各道工序的操作人员"自检"、"互检"和专职质量管理人员"专检"相结合的"三检"制度，并有完整的检验记录。未经建设（监理）单位对上道工序的检查确认，不得进行下道工序的施工。

21. C【解析】进场的水泥必须对其强度、安定性、初凝时间及其他必要的性能指标进行复试。当在使用中对水泥质量有怀疑或出厂超过3个月（快硬硅酸盐水泥超过1个月）时，应进行复验，并按复验结果使用。

22. C【解析】在正常使用条件下，建设工程的最低保修期限为：①基础设施工程、房屋建筑的地基基础工程和主体结构工程，为设计文件规定的该工程的合理使用年限；②屋面防水工程、有防水要求的卫生间、房间和外墙面的防渗漏，为5年；③供热与供冷系统，为2个采暖期、供冷期；④电气管线、给排水管道、设备安装为2年；⑤装修工程为2年。

二、多项选择题

1. ABCE【解析】选项D，按时提交报表、完整的技术经济资料应是分包人的义务。

2. ACE【解析】单位工程质量验收合格应符合下述规定：①单位工程所含分部（子分部）工程的质量均应验收合格；②质量控制资料应完整；③单位工程所含分部工程有关安全和功能的检测资料应完整；④主要功能项目的抽查结果应符合相关专业质量验收规范的规定；⑤观感质量验收应符合要求。

3. AD【解析】选项A，高度在24m以下的单、双排脚手架，剪刀撑之间的净距不应大于15m；选项D，分段拆除时，高差应不大于2步；如高差大于2步，应增设连墙件加固。

4. ABE【解析】打桩时，由于桩对土体的挤密作用，先打入的桩被后打入的桩水平挤推而造成偏移和变位或被垂直挤拔造成浮桩；而后打入的桩难以达到设计标高或入土深度，造成土体隆起和挤压，截桩过大。所以，群桩施工时，为了保证质量和进度，防止周围建筑物破坏，打桩前根据桩的密集程度、桩的规格、长短以及桩架移动是否方便等因素来选择正确的打桩顺序。常用的打桩顺序一般有下面几种：由一侧向单一方向进行，自中间向两个方向对称进行，自中间向四周进行。具体为：①从中间向四周沉设，由中及外；②从靠近现有建筑物最近的桩位开始沉设，由近及远；③先沉设入土深度深的桩，由深及浅；④先沉设断面大的桩，由大及小；⑤先沉设长度大的桩，由长及短。

5. BDE【解析】应增加对下列部位或项目进行隐蔽工程验收：①被封闭的保温材料厚度和保温材料的固定；②幕墙周边与墙体的接缝处保温材料的填充；③隔汽层；④热桥部位、断热节点；⑤冷凝水收集和排放构造；⑥幕墙的通风换气装置。

6. BC【解析】屋面卷材防水层上有重物覆盖或基层变形较大时，应优先采用空铺法、点粘法、条粘法或机械固定法，但距屋面周边800mm内以及叠层铺贴的各层卷材之间应满粘。

7. ACE【解析】模板及其支架的拆除时间和顺序必须按施工技术方案确定的顺序进行，一般按后支先拆、先支后拆，先拆除非承重部分，后拆除承重部分的拆模顺序进行。重大复杂模板的拆除，事先应制定拆除方案。

8. BCE【解析】砌体结构施工中，不得设置脚手眼的墙体或部位有：①120mm厚墙、料石清水墙和独立柱；②过梁上与过梁成60°角的三角形范围及过梁净跨度1/2的高度范围内；③宽度小于1m的窗间墙；④砌体门窗洞口两侧200mm（石砌体为300mm）和转角处450mm（石砌体为600mm）范围内；⑤梁或梁垫下及其左右500mm范围内；⑥设计不允许设置脚手眼的部位。

9. CD【解析】当参加验收各方对工程质量验收意见不一致时，可请建设行政主管部门、工程质量监督机构协调处理，他们属于负责工程质量监督的管理部门，在工程质量验收结果协调处理方面具有权威性。

10. BCDE【解析】尽量利用已有道路或永久性道路、尽量避开拟建建筑物和地下有拟建管道的地方。《建筑施工组织设计规范》（GB/T 50502—2009）规定，施工平面布置应符合下列原则：①平面布置科学合理，施工场地占用面积少；②合理组织运输，减少二次搬运；③施工区域的划分和场地的临时占用应符合总体施工部署和施工流程的要求，减少相互干扰；④充分利用既有建（构）筑物和既有设施为项目施工服务，降低临时设施的建造费；⑤临时设施应方便生产和生活，办公区、生活区和生产区宜分离设置；⑥符合节能、环保、安全和消防等要求。

11. AB【解析】人工拆除作业安全控制要点：①施工程序应从上至下，按板、非承重墙、梁、承重墙、柱顺序依次进行，或依照先非承重结构后承重结构的原则进行拆除；②拆除施工应逐层拆除分段进行，不得垂直交叉作业，作业面的孔洞应封闭；③建筑楼板上严禁多人聚集或集中堆放材料，作业人员应站在稳定的结构或脚手架上操作，被拆除的构件应有安全的放置场所；④拆除建筑的栏杆、楼梯、楼板等构件，应与建筑结构整体拆除进度相配合。建筑的承重梁、柱，应在其所承载的全部构件拆除后，再进行拆除；⑤人工拆除建筑墙体时，不得采用掏掘或推倒的方法。拆除梁或悬挑构件时，应采取有效的塌落控制措施，方可切断两端的支撑；⑥拆除原用于有毒有害、可燃气体的管道及容器时，必须查清其残留物的种类、化学性质及残留量，采取相应措施后，方可进行拆除作业。

12. ABCE【解析】选项A，民用建筑工程及室内装修工程的室内环境质量验收，应在工程完工至少7天以后、工程交付使用前进行；选项B，民用建筑工程验收时，应抽检有代表性的房间室内环境污染物浓度，抽检数量不少于5%，并不少于3间；选项C，房间内有≥2个检测点时，取各点检测结果的平均值为该房间的检测值；选项D，对采用自然通风的民用建筑工程，检测应在对外门窗关闭1h后进行；选项E，当室内环境污染物浓度检测结果不符合规范的规定时，应查找原因并采取措施进行处理，并可对不合格项进行再次检测。再次检测时，抽检数量应增加1倍，并应包含同类型房间及原不合格房间。

三、案例分析题

（一）

1. 本次事故发生的原因：

（1）违背了国家建设工程的有关规定，违背科学规律。

（2）施工管理不到位，未按模板支撑系统进行计算，设计计算存在问题。

（3）无施工方案，也无分析论证，盲目施工，施工管理制度未落实。

（4）监理方监理不到位。无施工方案和未对模板支撑系统进行计算便允许施工，且事故发生时监理人员不在现场。

2. 本次事故可以认定为一般事故。

依据：具备以下条件之一者为一般事故：死亡3人以下，或重伤10人以下，或直接经济损失100万元以上1 000万元以下。

3. 该工程的施工过程已实施了工程监理，监理单位应对该起质量事故承担责任。因为监理单位接受了建设单位委托，并收取了监理费用，具备了承担责任的条件。而施工过程中，施工单位未对模板支撑系统进行过计算也无施工方案，这种情况下，监理方却没有任何疑义，允许施工单位进行施工，酿成本次事故，因此必须承担相应责任。

4. 针对该工程的模板工程编制质量的预控措施：

（1）绘制关键性轴线控制图，每层复查轴线标高一次，垂直度以经纬仪检查控制。

（2）绘制预留、预埋图，在自检的基础上进行抽查，看预留、预埋是否符合要求。

（3）回填土分层夯实，支撑下面应根据荷载大小进行地基验算、加设垫块。

（4）重要模板要经过设计计算，保证有足够的强度和刚度。

（5）模板尺寸偏差按规范要求检查验收。

（二）

1. 该酒店的装饰装修工程合同采用固定总价是妥当的。

理由：固定总价合同一般适用于施工条件明确、工程量能够较准确地计算、工期较短、技术不太复杂、合同总价较低且风险不大的工程项目。本案例基本符合这些条件，因此，采用固定总价合同是妥当的。

2. 建设工程合同按照承包工程计价方式可划分为：固定价格合同、可调价格合同和成本加酬金合同。

3. 对该装饰公司在酒店装饰施工过程中采取的施工方法妥当与否的判定如下：

（1）不妥之处：地面镶边施工过程中，在靠墙处采用砂浆填补。

正确做法：地面镶边施工过程中，在靠墙处不得采用砂浆填补。

（2）不妥之处：当采用水泥掺有拌合料做踢脚线时，用石灰浆进行打底。

正确做法：当采用掺有水泥拌合料做踢脚线时，不得用石灰浆打底。

（3）不妥之处：木竹地面的最后一遍涂饰在裱糊工程开始前进行。

正确做法：木竹地面的最后一遍涂饰在裱糊工程完成后进行。

（4）不妥之处：对地面工程施工采用的水泥的凝结时间和强度进行复验后开始使用。

正确做法：地面工程施工采用的水泥，需对其凝结时间安定性和抗压强度进行复验后方可使用。

4. 按照《建筑装饰装修工程质量验收规范》（GB 50210 - 2001）和《民用建筑工程室内环境污染控制规范》（GB 50325 - 2010）的规定，一般情况下，装饰装修工程中应对水泥、防水材料、室内用人造木竹、室内用天然花岗石和室内饰面瓷砖工程、外墙面陶瓷面砖进行复验。

（三）

1. 项目经理对自己应负的安全管理责任的认识不全面。

理由：项目经理对合同工程项目的安全生产负全面领导责任，应认真落实施工组织设计中安全技术管理的各项措施，严格执行安全技术措施审批制度，施工项目安全交底制度和设备、设施交接验收使用制度。

2. 安全保证项目还应包括安全生产责任制、分部工程安全技术交底、安全检查、安全教育。

3. 处理方法为：

（1）小"蜂窝"可先用水冲洗干净，用1：2水泥砂浆修补；大"蜂窝"先将松动的石子和突出颗粒剔除，并剔成喇叭口，然后用清水冲洗干净湿透，再用高一级豆石混凝土捣实后认真养护。

（2）孔洞处理需要与设计单位共同研究制定补强方案，然后按批准后的方案进行处理。在处理梁中孔洞时，应在梁底用支撑支牢，然后再将孔洞处不密实的混凝土凿掉，要凿成斜形（外口向上），以便浇筑混凝土。用清水冲刷干净，并保持湿润72h，然后用高一等级的微膨胀豆石混凝土浇筑、捣实后，认真养护。有时因孔洞大需支模板后才浇筑混凝土。

4. 文明施工实得分16分，"三宝""四口"实得分8.5分，起重吊装实得分4分。

5. 安全等级是不合格，应大于80分（有一项得分为0分，当起重吊装或施工机具检查评分表未得分，且汇总表得分值在80分以下时为不合格）。

（四）

1. 事故直接原因：临边防护未做好。

2. 事故发生后，项目经理应及时上报，保护现场，做好抢救工作，积极配合调查，认真落实纠正和预防措施，并认真吸取教训。

3. 卷材起鼓的原因是在卷材防水层中黏结不实的部位，窝有水分和气体，当其受到太阳照射或人工热源影响后，体积膨胀，造成鼓泡。

正确的处理方法：

（1）直径100mm以下的中、小鼓泡，可用抽气灌胶法治理，并压上几块砖，几天后再将砖移去即可。

（2）直径100～300mm的鼓泡，可先铲除鼓泡处的保护层，再用刀将鼓泡按斜"十"字形割开，放出鼓泡内气体，擦干水分，清除旧胶结料，用喷灯把卷材内部吹干；然后，按顺序把旧卷材分片重新粘贴好，再新粘一块方形卷材（其边长比开刀范围大100mm），压入卷材下；最后，粘贴覆盖好卷材，四边搭接好，并重做保护层。上述分片铺贴顺序是按屋面流水方向为"先下，再左右，后上"。

（3）直径更大的鼓泡用割补法处理。先用刀把鼓泡卷材割除，按上一做法进行基层清理，再用喷灯烘烤旧卷材槎口，并分层剥开，除去旧胶结料后，依次粘贴好旧卷材，上铺一层新卷材（四周与旧卷材搭接不小于100mm）；然后，贴上旧卷材，再依次粘贴旧卷材，上面覆盖第二层新卷材；最后，粘贴卷材，周边压实刮平，重做保护层。

4. 屋面防水工程技术交底要求自粘 SBS 卷材搭接宽度为 60mm，接缝口应用密封材料封严，宽度不小于 10mm。

5. 二甲苯具有毒性，对神经系统有麻醉作用，对皮肤有刺激作用，易挥发，燃点低，对环境造成不良影响。应将其退回仓库保管员处。

（五）

1. 本工程结构施工脚手架需要编制专项施工方案。

理由：根据《危险性较大的分部分项工程安全管理办法》规定，脚手架高度超过 24m 及以上的落地式钢管脚手架、各类工具式脚手架和卸料平台等工程需要单独编制专项施工方案。本工程中，脚手架高度为 $3.6m \times 11 + 4.8m = 44.4m > 24m$，因此必须编制专项施工方案。

2. 导致这起事故发生的主要原因包括：

（1）楼层管道井竖向洞口无防护。

（2）楼层内在自然采光不足的情况下没有设置照明灯具。

（3）现场安全检查不到位，对事故隐患未能及时发现并整改。

（4）工人的安全教育不到位，安全意识淡薄。

3. 采取的防护措施有：墙面等处的竖向洞口，凡落地的洞口应加装开关式、固定式或工具式防护门，门栅网格的间距不应大于 15cm，也可采用防护栏杆，下设挡脚板。

4. 吊顶隐蔽工程验收应补充验收申请的项目有：

（1）设备安装及水管试压。

（2）木龙骨防火、防腐处理。

（3）预埋件或拉结筋。

（4）吊杆安装。

（5）龙骨安装。

（6）填充材料的设置等。

（六）

1. 事件一中，乙方的索赔生效。

理由：该事件是由非承包单位所引起，根据《标准施工招标文件》的要求，承包方按照通用合同条款的约定，在索赔事项发生后 28 天内提交了索赔意向通知及相关索赔资料，提出费用和工期索赔要求，并说明了索赔事件的理由。

2. 事件二中，乙方申报设计变更增加费不符合约定。

理由：乙方已过索赔权利的时效，根据有关规定，乙方必须在发生索赔事项 28 天内经过工程师同意，提交索赔报告，但本案例中乙方三个月后才提，超出索赔时效，丧失要求索赔的权利，所以甲方可不赔偿。

3. 事件三中，乙方不是逾期竣工。

理由：因为造成工程延期是由建设单位提出变更引起，非施工单位责任，乙方已有效提出索赔要求，所以甲方应给予工期补偿；甲方给乙方的费用索赔为 $20 \times 5 = 100$（万元），延长工期 20 天。

（七）

1. 项目管理实施规划还应包括的内容有：总体工作计划、进度计划、质量计划、职业健康安全与环境管理计划、成本计划、资源需求计划、信息管理计划。

2. （1）基坑土方开挖施工的风险等级为 4 级。

（2）风险管理体系应配合项目经理部的项目质量管理体系、职业健康安全管理体系与环境管理体系进行组织建立。

（3）风险管理计划中项目经理部工作的不妥之处：指派项目技术部门主管风险管理工作，

没有明确管理层人员的工作职责。

3.（1）上述项目沟通管理计划中的不妥之处与正确做法如下：

①不妥之处：项目经理与内部作业层之间依据《项目管理目标责任书》进行沟通和协调。

正确做法：项目内部沟通应依据项目沟通计划、规章制度、《项目管理目标责任书》、控制目标等进行。

②不妥之处：当出现矛盾或冲突时借助政府、社会、中介机构等各种力量来解决。

正确做法：当出现矛盾或冲突时，采用协商、让步、缓和、强制和退出等方法，使项目的相关方了解项目计划，明确项目目标，并搞好变更管理。

（2）外部沟通的常见方式还有：联合检查、宣传媒体和项目进展报告等。

4. 根据《建筑施工场界噪声限值》（GB 12523—2011），结构施工阶段昼间和夜间的场界噪声限值分别为 75dB（A）与 55dB（A）。

针对本工程夜间施工扰民事件，项目经理部应采取的正确做法有：办理夜间施工许可证；应公告附近社区居民；给受影响的居民予以适当的经济补偿；尽量采取降低施工噪声的措施。

（八）

1. 工序质量控制的内容包括：

（1）严格遵守工艺规程。

（2）主动控制工序活动条件的质量。

（3）及时检查工序活动效果的质量。

（4）设置工序质量控制点。

2. 第5层楼板钢筋隐蔽验收要点：

（1）按施工图核查纵向受力钢筋，检查钢筋的品种、规格、数量、位置、间距、形状。

（2）检查混凝土保护层厚度，构造钢筋是否符合构造要求。

（3）钢筋锚固长度，箍筋加密区及加密间距。

（4）检查钢筋接头，如绑扎搭接，要检查搭接长度，接头位置和数量（错开长度、接头百分率）；焊接接头或机械连接，要检查外观质量，取样试件力学性能试验是否达到要求，接头位置（相互错开）、数量（接头百分率）。

3. 第10层的混凝土不需要处理。

混凝土试块检测强度不足后，对工程实体混凝土进行的测试证明能够达到设计强度要求，故不需进行处理。

4. 如果第10层实体混凝土强度经检测达不到设计强度要求，应按如下程序处理：

（1）施工单位应将试块检测和实体检测情况向监理单位和建设单位报告。

（2）由原设计单位进行核算。如经设计单位核算混凝土强度能满足结构安全和工程使用功能，可予以验收；如经设计单位核算混凝土强度不能满足要求，需根据混凝土实际强度情况制定拆除、重建、加固补强、结构卸荷、限制使用等相应的处理方案。

（3）施工单位按批准的处理方案进行处理。

（4）施工单位将处理结果报请监理单位进行检查验收。

（5）施工单位对发生的质量事故剖析原因，采取预防措施予以防范。

5. 该综合楼工程应达到下列条件，方可竣工验收：

（1）完成建设工程设计和合同规定的内容。

（2）有完整的技术档案和施工管理资料。

（3）有工程使用的主要建筑材料、建筑构配件和设备的进场试验报告。

（4）有勘察、设计、施工、工程监理等单位分别签署的质量合格文件。按设计内容完成，工程质量和使用功能符合规范规定的设计要求，并按合同规定完成了协议内容。

（九）

1. 该大厦工程项目装饰装修工程的分包过程的不妥之处是：装饰装修工程公司与建设单位签订装饰装修施工合同。

正确做法：该装饰装修施工分包合同应由装饰装修工程公司与施工总承包单位签订。

2. 《建设工程施工合同（示范文本）》由协议、通用条款和专用条款三部分组成。

该文本的三个附件分别是"承包人承揽工程项目一览表"、"发包人供应材料设备一览表"和"工程质量保证书"。

3. 施工总承包单位在施工过程中发生的事件的妥当与否的判断如下：

（1）事件一不妥。

正确做法：基坑开挖后用钎探法或轻型动力触探法等检查基坑是否存在软弱土下卧层及空穴、古墓、古井、防空掩体、地下埋设物等及相应的位置、深度、形状。

（2）事件二不妥。

正确做法：基坑（槽）验收应由总监理工程师或建设单位项目负责人组织施工、设计、勘察等单位的项目和技术质量负责人共赴现场，按设计、规范和施工方案等要求进行检查，并做好基坑验槽记录和隐蔽工程记录。

（3）事件三不妥。

正确做法：水泥浆的搅拌宜在旋喷前1h内搅拌。

（4）事件四不妥。

正确做法：基坑回填土施工过程中，应检查排水措施、每层填筑厚度、回填土的含水量控制和压实程序等是否满足规定的要求。

4. 基坑验槽时，应重点观察柱基、墙角、承重墙下或其他受力较大部位。

5. 基坑回填土施工结束后应检查回填土料、标高、边坡坡度、表面平整度、压实程度等，并使其满足设计和规范要求。

6. 旋喷地基质量可采用取芯、标准贯入试验、载荷实验及开挖检查等方法进行检验。

（十）

1. 安全标志设置部位中的不妥之处有：办公室门口、施工电梯吊笼内。

2. 对有毒有害的废弃物应分类送到专门的有毒有害废弃物中心消纳。

3.（1）电焊作业属于二级动火作业。

（2）不妥之处：动火证由电焊班组申请，由项目责任工程师审批。

正确做法：二级动火作业由项目责任工程师组织拟定防火安全技术措施，填写动火申请表，报项目安全管理部门和项目负责人审查批准。

4. 原因分析：

（1）砖墙砌筑时一次到顶。

（2）砌筑砂浆饱满度不够。

（3）砂浆质量不符合要求。

（4）砌筑方法不当。

防治措施：

（1）墙体砌至接近梁底时应留一定空隙，待全部砌完后至少隔7d（或静置）后，再补砌挤紧。

（2）提高砌筑砂浆的饱满度。

（3）确保砂浆质量符合要求。

（4）砌筑方法正确。

（5）轻微裂缝可挂钢丝网或采用膨胀剂填塞。

（6）严重裂缝拆除重砌。

5. 针对打凿引起墙体开裂事件，项目经理部应采取的纠正和预防措施如下：

（1）立即停止打砸行为，采取加固或拆除等措施处理开裂墙体。

（2）对后置埋件的墙体采取无损或影响不大的措施。

（3）对分包单位及相关人员进行批评、教育，严格实施奖罚制度。

（4）加强工序交接检查。

（5）加强作业班组的技术交底和教育工作。

（6）尽量采用预制埋件。

（十一）

1.（1）该工程合同属于固定总价合同。

（2）本工程采用这种形式的合同是合适的。

理由：固定总价合同适用于工程量不大、能够较准确计算、工期较短、技术不太复杂、风险不大的项目。

2. 事件一：不可调整。

理由：施工单位不可擅自进行工程变更，由此造成的费用应由施工单位承担。

事件二：由于不可抗力导致的费用，用于施工的材料损失，应由发包人承担；施工单位机械设备损坏的损失，应由施工单位承担。

事件三：不可调整。

理由：本工程采用的是固定总价合同，合同价款应当考虑材料市场变化的因素。

事件四：不可调整。

理由：施工单位没有按合同规定的期限提出工程变更预算书，按合同应由承包人承担相关费用。

（十二）

1. 事件一中跨度24m的吊顶工程应该起拱；$24\,000 \times 0.003 = 72$（mm），吊顶的最大起拱高度为72mm。

2. 事件二中化学实验室地面面层做法不符合要求。

理由：不应使用容易产生火花的铜条做分格嵌条。

3. 事件三中，防止教室墙面涂饰留坠除控制基层水平外，还应控制一次涂膜厚度、涂膜间隔时间、施工环境温度。

4. 事件四中外墙陶瓷面砖发生空鼓、脱落的主要原因可能是外墙砖吸水率和抗冻性不符合要求。按规范规定，外墙砖的吸水率和抗冻性应做复验，合格方可使用。

（十三）

1. 对施工项目经理部的现场消防管理措施的判断：

（1）不妥。正确做法：施工现场设置的消防车道的宽度不得小于4m。

（2）正确。

（3）不妥。正确做法：氧气瓶之间的工作间距不应小于5m。

（4）不妥。正确做法：不准在建筑物及库房内调配油漆和稀料。

（5）不妥。正确做法：高度超过24m的在施工程，随楼层的升高每隔一层设一处消防栓口，配备水龙带。

（6）正确。

2. 施工项目经理部应对现场料具管理采取如下措施：

（1）现场外堆料要有批准手续，并堆放整齐，不妨碍交通和影响市容。

（2）建筑物内外存放的各种料具要分规格码放整齐，符合要求。

（3）材料保管要有防雨、防潮、防损坏措施。

（4）贵重物品应及时入库。

（5）水泥库内外散落灰必须及时清运。

（6）工人操作能做到活完、料净、脚下清。

（7）施工垃圾集中存放，及时分拣、包收、清运。

（8）现场余料、包装容器回收及时，堆放整齐。

（9）现场无长流水、无长明灯。

（10）施工组织设计有技术节约措施，并能实施。

（11）材料管理严格，进出场手续齐全。

（12）实行限额领料，领、退料手续齐全。

（十四）

1. 施工现场平面布置图通常应包含的内容有：

（1）已建和拟建的永久性房屋、构筑物及其他设施。

（2）移动式起重机（含有轨式）开行路线及垂直运输设施的位置。

（3）材料、构配件、工业设备等仓库和堆场。

（4）临时设施的布置（包括搅拌站、加工棚、仓库、办公室、供水供电线路、施工道路等）。

（5）测量放线标桩，地形等高线，土方取弃场地。

2. 现场砖围墙设计高度不妥当，该砖围墙设计高度不得低于2.5m。

普通钢围挡设计高度妥当。

3. 旗杆与基座预埋件焊接需要开动火证。该动火等级属三级动火作业。

相应的审批程序：三级动火作业由所在班组填写动火申请表，经项目责任工程师和项目安全管理部门审查批准后，方可动火。

（十五）

1. 玻璃板块制作的环境温度、湿度条件应符合结构胶产品的规定，一般应控制在15～30℃之间，相对湿度应保持在50%以上。玻璃板块制作的温度符合要求，但相对湿度不符合要求。板块在室外养护的条件不符合要求。规范要求板块注胶后，应在温度20℃、湿度50%以上的干净室内养护。

2. 还应进行混匀性（蝴蝶）试验和拉断（胶杯）试验。

3. （1）不正确。因为双组分硅酮结构密封胶的固化时间一般需要7～10d，本案养护时间只有6d，所以不符合要求。

（2）在板块出厂前，还应抽样进行剥离试验，以确定结构胶的固化程度。

4. 主要检查板缝的洁净程度、固定板块的压块或勾块的间距、紧固件的质量以及板块下端的托条等是否符合设计要求。

（十六）

1. （1）不妥之处：对省内与省外投标人提出了不同的资格要求。

理由：公开招标应当平等地对待所有的投标人。

不妥之处：投标截止时间与开标时间不同。

理由：《招标投标法》规定开标应当在提交投标文件截止时间的同一时间公开进行。

不妥之处：招标办主持开标会。

理由：开标会应由招标人或其代理人主持。

不妥之处：乙承包单位提交保证金晚于规定时间。

理由：投标保证金是投标书的组成部分，应在投标截止日前提交。

（2）不予补偿。理由：招标对招标人不具有合同意义上的约束力，不能保证投标人中标。

2. 签发"工程暂停令"，指令承包单位停止相关部位及下道工序施工。要求承包单位防止事故扩大，保护现场。要求承包单位在规定时间内写出书面报告。

3. （1）应由市、县级建设行政主管部门组织。理由：属一般质量事故。

（2）监理单位应该参加。理由：该事故是由于甲承包单位为赶工拆模过早造成的。

4. （1）由原设计单位提出。

（2）签发"工程复工令"；监督技术处理方案的实施；组织检查、验收。

（3）该质量事故处理报告应由甲承包单位提出。

5. （1）所签协议具有法律效力。理由：合同履行中，双方所签书面协议是合同的组成部分。

（2）法院不予受理。理由：仲裁与诉讼两者只可选其一。

（十七）

1. （1）造成山墙开裂的原因有：设计不当，应在采暖与非采暖结构之间采用防冻涨变形缝。当室外独立柱周围土体遭受冻结开裂后，与柱紧紧冻结在一起，在土的切向冻切力作用下，把基础往上抬，因而柱子也往上抬，把山墙顶开裂。

（2）防治措施：在门斗墙与阶梯外山墙之间设置防冻涨变形缝。同时，将独立柱基础周围的冻涨土挖除，回填砂或砂石等非冻涨材料，以消除冻切力作用，避免再遭冻害。

2. 设计图样是施工单位进行质量控制的主要依据，为了在施工前能发现和减少图样的差错，及对图样审读的偏差，项目技术负责人必须主持对图样的审核，并形成审核记录。

3. 特殊过程控制应符合以下规定：

（1）对在项目质量计划中介定的特殊工序，应设置工序质量控制点进行控制。

（2）对特殊过程的控制，除应执行一般过程控制的规定外，还应有专业技术人员编制专门的作业技术指导书，经项目负责人审批后执行。

（3）凡列为特殊过程控制的对象，必须在规定的控制点到来之前通知监理工程师派员到现场监督、检查，未经监理工程师认可不能越过该点继续活动。

（十八）

1. 楼面防火层的错误有两处：

（1）不妥之处：岩棉紧贴幕墙玻璃，铺设饱满、密实。

纠正意见：岩棉与玻璃墙面之间应有装饰板隔离。

理由：岩棉吸热后，传热能力低，会造成与其直接接触的玻璃温度升高，易造成玻璃的自爆和碎裂，所以应用装饰板隔离。

（2）不妥之处：承托板与幕墙结构之间采用硅酮耐候密封胶密封。

纠正意见：采用防火密封胶严密密封。

理由：硅酮胶不耐火，遇火失效后，仍存在冒火、窜烟的现象。

2. 不可以。防雷试验合格，只说明当前该功能具有防雷能力，而不能保证长期具有防雷能力。如果不进行隐蔽工程验收，防雷连接的钢材的规格、焊接、防腐若不符合设计要求，也无法发现和纠正。若干年后有可能因为钢材腐蚀、脱焊等原因造成防雷功能失效，使工程存在防雷隐患，所以必须按照规范要求进行隐蔽工程验收。

3. 当水压不足时，应采用增压泵增压，然后按照"幕墙现场淋水检验方法"补做。

（十九）

1. 第（1）条不妥当。

正确做法：地基与基础工程检验批应由专业监理工程师组织总包单位项目专业质量检验员等进行验收，分包单位派人参加验收，地基与基础工程分项工程应由专业监理工程师组织总包单位项目专业技术负责人等进行验收。

第（2）条不妥当。

正确做法：地基与基础分部工程应由总监理工程师（建设单位项目负责人）组织总包单位项目经理和技术负责人、质量负责人、与地基基础分部工程相关的勘察设计单位工程项目负责人和总包单位技术部门负责人、质量部门负责人参加相关分部工程验收，分包单位的相关人员参与验收。

第（3）条妥当。

第（4）条不妥当。

正确做法：主体结构分部工程应由总监理工程师（建设单位项目负责人）组织总包单位项目负责人和技术负责人、质量负责人、与主体结构分部工程相关的勘察设计单位工程项目负责人和总包单位技术、质量部门负责人参加相关分部工程验收。建筑电气分部工程、装饰装修分部工程应由总监理工程师（建设单位项目负责人）组织总包单位项目负责人和技术、质量负责人等进行验收。

第（5）条不妥当。

正确做法：①当单位工程达到竣工验收条件后，承包商应在自查、自评工作完成后，填写工程竣工报验单，并将全部竣工资料报送项目监理机构，申请竣工验收。总监理工程师应组织各专业监理工程师对竣工资料及各专业工程的质量情况进行初验；②经项目监理机构对竣工资料及实物全面检查，验收合格后，由总监理工程师签署工程竣工报验单，并向建设单位提出质量评估报告；③建设单位收到工程验收报告后，应由建设单位（项目）负责人组织施工（含分包单位）、设计、监理等单位（项目）负责人进行单位（子单位）工程验收。

2. 单位工程竣工验收应当具备下列条件：

（1）完成建设工程设计和合同约定的各项内容。

（2）有完整的技术档案和施工管理资料。

（3）有工程使用的主要建筑材料、建筑构（配）件和设备的进场试验报告。

（4）有勘察、设计、施工、工程监理等单位分别签署的质量合格文件。

（5）有承包商签署的工程保修书。

3. 单位工程验收的基本要求：

（1）质量应符合统一标准和砌体工程及相关专业验收规范的规定。

（2）应符合工程勘察、设计文件的要求。

（3）参加验收的各方人员应具备规定的资格。

（4）质量验收应在承包商自行检查评定的基础上进行。

（5）隐蔽工程在隐蔽前应由承包商通知有关单位进行验收，并形成验收文件。

（6）涉及结构安全的试块、试件及有关材料，应按规定进行见证取样检测。

（7）检验批的质量应按主控项目和一般项目验收。

（8）对涉及结构安全和使用功能的重要分部工程应进行抽样检测。

（9）承担见证取样检测及有关结构安全检测的单位应具有相应资质。

（10）工程的观感质量应由验收人员通过现场检查，并应共同确认。

4. 单位工程竣工验收备案的组织者和时间要求如下：单位工程质量验收合格后，建设单位应在规定时间内将工程竣工验收报告和有关文件报建设行政管理部门备案。备案时间应在单位工程竣工验收合格后15日内进行。

2A330000 建筑工程项目施工相关法规与标准

名师导学

该部分主要介绍了建筑工程专业二级建造师应掌握的相关法律法规与项目施工的标准，包括建筑工程相关法规、建筑工程标准和二级建造师（建筑工程）注册执业管理规定及相关要求三节。本部分应重点掌握的内容多而杂，考生要注意各考点之间的区别与联系。

2A331000 建筑工程相关法规

大纲测试内容及能力等级

章节	大纲要求	能力等级	章节	大纲要求	能力等级
2A331010	建筑工程管理相关法规		2A331015	建筑工程严禁转包的有关规定	★★★☆☆
2A331011	民用建筑节能法规	★★★★☆	2A331016	建筑工程严禁违法分包的有关规定	★★★☆☆
2A331012	建筑市场诚信行为信息管理办法	★★★☆☆	2A331017	工程保修有关规定	★★★☆☆
2A331013	危险性较大工程专项施工方案管理办法	★★★★☆	2A331018	房屋建筑工程竣工验收备案范围、期限与应提交的文件	★★★★☆
2A331014	工程建设生产安全事故发生后的报告和调查处理程序	★★★★☆	2A331019	城市建设档案管理范围与档案报送期限	★★★★☆

本章重难点释义

≫ 2A331010 建筑工程管理相关法规 ≪

2A331011 民用建筑节能法规

☞ **考点1 民用建筑和民用建筑节能的概念**

《民用建筑节能条例》所称民用建筑，是指居住建筑、国家机关办公建筑和商业、服务业、教育、卫生等其他公共建筑。

民用建筑节能，是指在保证民用建筑使用功能和室内热环境质量的前提下，降低使用过程中能源消耗的活动。

☞ **考点2 新建建筑节能**

《民用建筑节能条例》对新建建筑从政府监管到工程建设的各个环节制定了相应的节能措

施。与施工单位有关的主要内容有：

（1）国家推广使用民用建筑节能的新技术、新工艺、新材料和新设备，限制使用或者禁止使用能源消耗高的技术、工艺、材料和设备。

（2）建设单位、设计单位、施工单位不得在建筑活动中使用列入禁止使用目录的技术、工艺、材料和设备。

（3）设计单位、施工单位、工程监理单位及其注册执业人员，应当按照民用建筑节能强制性标准进行设计、施工、监理。

（4）施工期间未经监理工程师签字的墙体材料、保温材料、门窗、采暖制冷系统和照明设备不得在建筑上使用或者安装。

（5）建设单位组织竣工验收，应当对民用建筑是否符合民用建筑节能强制性标准进行查验；对不符合民用建筑节能强制性标准的，不得出具竣工验收合格报告。

（6）在正常使用条件下，保温工程的最低保修期限为5年。保温工程的保修期，自竣工验收合格之日起计算。**提示**（2014年·单选·第19题）考查此知识点。

（7）保温工程在保修范围和保修期内发生质量问题的，施工单位应当履行保修义务，并对造成的损失依法承担赔偿责任。

☞ 考点3 法律责任

（1）违反《民用建筑节能条例》规定的施工单位，未按照民用建筑节能强制性标准进行施工的，由县级以上地方人民政府建设主管部门责令改正，处民用建筑项目合同价款2%以上4%以下的罚款；情节严重的，由颁发资质证书的部门责令停业整顿，降低资质等级或者吊销资质证书；造成损失的，依法承担赔偿责任。

（2）违反《民用建筑节能条例》规定。施工单位有下列行为之一的，由县级以上地方人民政府建设主管部门责令改正，处10万元以上20万元以下的罚款；情节严重的，由颁发资质证书的部门责令停业整顿，降低资质等级或者吊销资质证书；造成损失的，依法承担赔偿责任。

①未对进入施工现场的墙体材料、保温材料、门窗、采暖制冷系统和照明设备进行查验的；
②使用不符合施工图设计文件要求的墙体材料、保温材料、门窗、采暖制冷系统和照明设备的；
③使用列入禁止使用目录的技术、工艺、材料和设备的。

（3）违反本《条例》规定，注册执业人员未执行民用建筑节能强制性标准的，由县级以上人民政府建设主管部门责令停止执业3个月以上1年以下；情节严重的，由颁发资格证书的部门吊销执业资格证书，5年内不予注册。

2A331012 建筑市场诚信行为信息管理办法

☞ 考点1 建筑市场各方主体的概念

建筑市场各方主体是指建设项目的建设单位和参与工程建设活动的勘察、设计、施工、监理、招标代理、造价咨询、检测试验、施工图审查等企业或单位以及相关从业人员。

☞ 考点2 诚信行为信息的分类

诚信行为信息包括良好行为记录和不良行为记录。

良好行为记录指建筑市场各方主体在工程建设过程中严格遵守有关工程建设的法律、法规、规章或强制性标准，行为规范，诚信经营，自觉维护建筑市场秩序，受到各级建设行政主管部门和相关专业部门奖励和表彰，所形成的良好行为记录。

不良行为记录是指建筑市场各方主体在工程建设过程中违反有关工程建设的法律、法规、规章或强制性标准和执业行为规范，经县级以上建设行政主管部门或其委托的执法监督机构查实和行政处罚，形成的不良行为记录。

☞ 考点3　诚信行为记录的公布和奖罚

诚信行为记录由各省、自治区、直辖市建设行政主管部门在当地建筑市场诚信信息平台上统一公布。其中，不良行为记录信息的公布时间为行政处罚决定做出后7日内，公布期限一般为6个月至3年；良好行为记录信息公布期限一般为3年，法律、法规另有规定的从其规定。

公布内容应与建筑市场监管信息系统中的企业、人员和项目管理数据库相结合，形成信用档案，内部长期保留。属于《全国建筑市场各方主体不良行为记录认定标准》范围的不良行为记录除在当地发布外，还将由建设部统一在全国公布，公布期限与地方确定的公布期限相同，法律、法规另有规定的从其规定。各省、自治区、直辖市建设行政主管部门将确认的不良行为记录在当地发布之日起7d内报建设部。

各级建设行政主管部门，应当依据国家有关法律、法规和规章，按照诚信激励和失信惩戒的原则，逐步建立诚信奖惩机制，在行政许可、市场准入、招标投标、资质管理、工程担保与保险、表彰评优等工作中，充分利用已公布的建筑市场各方主体的诚信行为信息，依法对守信行为给予激励，对失信行为进行惩处。

2A331013　危险性较大工程施工方案管理办法

☞ 考点1　危险性较大的分部分项工程安全专项施工方案的定义

危险性较大的分部分项工程安全专项施工方案（以下简称"专项方案"），是指施工单位在编制施工组织（总）设计的基础上，针对危险性较大的分部分项工程单独编制的安全技术措施文件，即在危险性较大的分部分项工程施工前施工单位应当编制专项方案；对于超过一定规模的危险性较大的分部分项工程，施工单位应当组织专家对专项方案进行论证。

☞ 考点2　危险性较大的分部分项工程范围

表 4－1　　　　　　　　　　危险性较大的分部分项工程范围

项目	内容
基坑支护、降水工程	开挖深度超过3m（含3m）或虽未超过3m但地质条件和周边环境复杂的基坑（槽）支护、降水工程。
土方开挖工程	开挖深度超过3m（含3m）的基坑（槽）的土方开挖工程。
模板工程及支撑体系	①各类工具式模板工程：包括大模板、滑模、爬模、飞模等工程。 ②混凝土模板支撑工程：搭设高度5m及以上；搭设跨度10m及以上；施工总荷载10kN/m²及以上；集中线荷载15kN/m²及以上；高度大于支撑水平投影宽度且相对独立无联系构件的混凝土模板支撑工程。 ③承重支撑体系：用于钢结构安装等满堂支撑体系
起重吊装及安装拆卸工程	①采用非常规起重设备、方法，且单件起吊重量在10kN及以上的起重吊装工程； ②采用起重机械进行安装的工程； ③起重机械设备自身的安装、拆卸
脚手架工程	①搭设高度24m及以上的落地式钢管脚手架工程； ②附着式整体和分片提升脚手架工程； ③悬挑式脚手架工程； ④吊篮脚手架工程； ⑤自制卸料平台、移动操作平台工程； ⑥新型及异型脚手架工程

续表

项目	内容
拆除、爆破工程	①建筑物、构筑物拆除工程； ②采用爆破拆除的工程
其他	①建筑幕墙安装工程； ②钢结构、网架和索膜结构安装工程； ③人工挖扩孔桩工程； ④地下暗挖、顶管及水下作业工程； ⑤预应力工程； ⑥采用新技术、新工艺、新材料、新设备及尚无相关技术标准的危险性较大的分部分项工程

☞ **考点3 超过一定规模的危险性较大的分部分项工程的范围**

表4-2 超过一定规模的危险性较大的分部分项工程的范围

项目	内容
深基坑工程	①开挖深度超过5m（含5m）的基坑（槽）的土方开挖、支护、降水工程； ②开挖深度虽未超过5m，但地质条件、周围环境和地下管线复杂，或影响毗邻建筑（构筑）物安全的基坑（槽）的土方开挖、支护、降水工程
模板工程及支撑体系	①工具式模板工程：包括滑模、爬模、飞模工程。 ②混凝土模板支撑工程：搭设高度8m及以上；搭设跨度18m及以上，施工总荷载15kN/m²及以上；集中线荷载20kN/m²及以上。 ③承重支撑体系：用于钢结构安装等满堂支撑体系，承受单点集中荷载700kg以上
起重吊装及安装拆卸工程	①采用非常规起重设备、方法，且单件起吊重量在100kN及以上的起重吊装工程。 ②起重量300kN及以上的起重设备安装工程；高度200m及以上内爬起重设备的拆除工程
脚手架工程	①搭设高度50m及以上落地式钢管脚手架工程； ②提升高度150m及以上附着式整体和分片提升脚手架工程； ③架体高度20m及以上悬挑式脚手架工程
拆除、爆破工程	①采用爆破拆除的工程； ②码头、桥梁、高架、烟囱、水塔或拆除中容易引起有毒有害气（液）体或粉尘扩散、易燃易爆事故发生的特殊建、构筑物的拆除工程； ③可能影响行人、交通、电力设施、通信设施或其他建、构筑物安全的拆除工程； ④文物保护建筑、优秀历史建筑或历史文化风貌区控制范围的拆除工程
其他	①施工高度50m及以上的建筑幕墙安装工程。 ②跨度大于36m及以上的钢结构安装工程；跨度大于60m及以上的网架和索膜结构安装工程。 ③开挖深度超过16m的人工挖孔桩工程。 ④地下暗挖工程、顶管工程、水下作业工程。 ⑤采用新技术、新工艺、新材料、新设备及尚无相关技术标准的危险性较大的分部分项工程

考点4 专项方案的编制、审批及论证

表4-3 专项方案的编制、审批及论证

项目	内容
编制单位	施工单位应当在危险性较大的分部分项工程施工前编制专项方案，实行施工总承包的建筑工程，专项方案应当由施工总承包单位组织编制
专项方案编制的内容	①工程概况：危险性较大的分部分项工程概况、施工平面布置、施工要求和技术保证条件； ②编制依据：相关法律、法规、规范性文件、标准、规范及图纸（国标图集）、施工组织设计等； ③施工计划：包括施工进度计划、材料与设备计划； ④施工工艺技术：技术参数、工艺流程、施工方法、检查验收等； ⑤施工安全保证措施：组织保障、技术措施、应急预案、监测监控等； ⑥劳动力计划：专职安全生产管理人员、特种作业人员等； ⑦计算书及相关图纸
审批流程	施工单位技术部门组织本单位施工技术、安全、质量等部门的专业技术人员对编制的专项施工方案进行审核。经审核合格后，由施工单位技术负责人签字，实行施工总承包的，专项方案应当由总承包单位技术负责人及相关专业承包单位技术负责人签字。确定不需专家论证的专项方案，经施工单位审核合格后报监理单位，由项目总监理工程师审核签字
专家论证	①超过一定规模的危险性较大的分部分项工程专项方案应当由施工单位组织召开专家论证会。实行施工总承包的，由施工总承包单位组织召开专家论证会。 ②专家论证会的参会人员：专家组成员；建设单位项目负责人或技术负责人；监理单位项目总监理工程师及相关人员；施工单位分管安全的负责人、技术负责人、项目负责人、项目技术负责人、专项方案编制人员、项目专职安全生产管理人员；勘察、设计单位项目技术负责人及相关人员。 ③专家组成员应当由5名及以上符合相关专业要求的专家组成，本项目参建各方的人员不得以专家身份参加专家论证会

2A331014 工程建设生产安全事故发生后的报告和调查处理程序

考点1 生产安全事故报告及处理的原则

（1）事故报告的原则。

事故报告应当及时、准确、完整，任何单位和个人对事故不得迟报、漏报、谎报或者瞒报。

（2）事故处理的原则。

事故调查处理应当坚持实事求是、尊重科学的原则，及时准确地查清事故经过、事故原因和事故损失，查明事故性质，认定事故责任，总结事故教训，提出整改措施，并对事故责任者依法追究责任。

考点2 事故报告的期限和内容

表4-4 事故报告的期限和内容

项目	内容
事故报告的期限	事故发生后，事故现场有关人员应当立即向施工单位负责人报告；施工单位负责人接到报告后，应当于1h内向事故发生地县级以上人民政府建设主管部门和有关部门报告。实行施工总承包的建设工程，由总承包单位负责上报事故。事故报告后出现新情况，以及事故发生之日起30d内伤亡人数发生变化的，应当及时补报

项目	内容
报告的内容	①事故发生的时间、地点和工程项目、有关单位名称； ②事故的简要经过； ③事故已经造成或者可能造成的伤亡人数（包括下落不明的人数）和初步估计的直接经济损失； ④事故的初步原因； ⑤事故发生后采取的措施及事故控制情况； ⑥事故报告单位或报告人员； ⑦其他应当报告的情况

☞ **考点3　事故处理应注意的问题**

事故发生后，有关单位和人员应当妥善保护事故现场以及相关证据，任何单位和个人不得破坏事故现场、毁灭相关证据。

因抢救人员、防止事故扩大以及疏通交通等原因，需要移动事故现场物件的，应当做出标志，绘制现场简图并做出书面记录，妥善保存现场重要痕迹、物证。

2A331015　建筑工程严禁转包的有关规定

所谓"转包"，是指建筑工程的承包方将其承包的建筑工程倒手转让给他人，使他人实际上成为该建筑工程新的承包方的行为。

关于建筑工程转包的问题在《中华人民共和国建筑法》、《中华人民共和国合同法》和《中华人民共和国招标投标法》等法律中有明确的规定。《建筑法》第28条规定，禁止承包单位将其承包的全部建筑工程转包给他人，禁止承包单位将其承包的全部工程肢解以后以分包的名义分别转包给他人。《合同法》第227条也规定，承包人不得将其承包的全部工程转包给第三人或者将其承包的全部工程以分包的名义分别转包给第三人。《招标投标法》第48条规定，中标人应当按照合同约定履行义务，完成中标项目；中标人不得向他人转让中标项目，也不得将中标项目肢解后分别向他人转让。三部法律分别从不同的角度对工程项目的转包作出了禁止性规定，必须严格遵照执行。

2A331016　建筑工程严禁违法分包的有关规定

☞ **考点1　分包的定义及分包问题的相关规定**

所谓分包是指对中标项目实行总承包的单位，将其总承包的中标项目的部分非主体、非关键性工作项目分包给其他承包人，与其签订总承包的合同项下分包合同，此时中标人就成为分包合同的发包人。

关于分包问题《建筑法》第29条规定，建筑工程总承包单位可以将承包工程中的部分工程发包给具有相应资质条件分包单位；但是，除总承包合同中约定的分包外，必须经建设单位认可。《招标投标法》第48条第2款规定，中标人按照合同约定或者经招标人同意，可以将中标项目的部分非主体、非关键性工作分包给他人完成。接受分包的人应当具备相应的资格条件，并不得再次分包。《合同法》第272条规定，总承包人或者勘察、设计、施工承包人经发包人同意，可以将其部分工作交由第三人完成。

☞ **考点2　分包必须遵守的相关规定**

（1）中标人只能将中标项目的非主体、非关键性工作分包给具有相应资质条件的单位；施工总承包的，建筑工程主体结构的施工必须由总承包单位自行完成。

（2）为防止中标人擅自将应当由自己完成的工程分包出去或者将工程分包给中标人所不信任的承包单位，分包的工程必须是招标采购合同约定可以分包的工程，合同中没有约定的，必须经招标人认可。

（3）禁止承包人将工程分包给不具备相应资质条件的单位。禁止分包单位将其承包的工程再分包。

（4）承包人不得将其承包的全部建设工程转包给第三人或者将其承包的全部建设工程肢解以后以分包的名义分别转包给第三人。

☞ 考点3　总承包的责任

（1）《招标投标法》第48条第3款规定，中标人应当就分包项目向招标人负责，接受分包的人就分包项目承担连带责任。

（2）《建筑法》第29条规定，建筑工程总承包单位按照总承包合同的约定对建设单位负责；分包单位按照分包合同的约定对总承包单位负责。总承包单位和分包单位就分包工程对建设单位承担连带责任。

（3）《合同法》第272条规定，总承包人或者勘察、设计、施工承包人经发包人同意，可以将自己承包的部分工作交由第三人完成。第三人就其完成的工作成果与总承包人或者勘察、设计、施工承包人一起向发包人承担连带责任。

☞ 考点4　违法转包、分包应承担的法律责任

按照《招标投标法》第58条规定，中标人违法转包、分包的，应承担如下法律责任：

（1）转让、分包无效。

（2）罚款。罚款的金额为转让或分包项目金额的5‰以上10‰以下，具体数额由作出处罚决定的行政机关根据中标人违法行为的情节轻重决定。

（3）有违法行为的，没收违法所得。

（4）可以责令停业整顿。

（5）情节严重的，吊销营业执照。

2A331017　工程保修有关规定

☞ 考点1　《房屋建筑工程质量保修办法》的适应范围、保修期限及保修范围

（1）适应范围。

在中华人民共和国境内新建、扩建、改建各类房屋建筑工程（包括装修工程）的质量保修，适用本办法。

（2）保修期限和保修范围。

房屋建筑工程保修期从工程竣工验收合格之日起计算，在正常使用条件下，房屋建筑工程的最低保修期限为：

①地基基础工程和主体结构工程，为设计文件规定的该工程合理使用年限；

②屋面防水工程、有防水要求的卫生间、房间和外墙面的防渗漏为5年；

③供热与供冷系统，为2个采暖期、供冷期；

④电气管线、给排水管道、设备安装为2年；

⑤装修工程为2年。

其他项目的保修期限由建设单位和施工单位约定。

☞ 考点2　保修期内施工单位的责任

（1）房屋建筑工程在保修期限内出现质量缺陷，建设单位或者房屋建筑所有人应当向施工

单位发出保修通知。

（2）发生涉及结构安全的质量缺陷，建设单位或者房屋建筑所有人应当立即向当地建设行政主管部门报告，采取安全防范措施；由原设计单位或者具有相应资质等级的设计单位提出保修方案，施工单位实施保修，原工程质量监督机构负责监督。

（3）保修完成后，由建设单位或者房屋建筑所有人组织验收。涉及结构安全的，应当报当地建设行政主管部门备案。

（4）施工单位不按工程质量保修书约定保修的，建设单位可以另行委托其他单位保修，由原施工单位承担相应责任。

（5）保修费用由质量缺陷的责任方承担。

（6）在保修期限内，因房屋建筑工程质量缺陷造成房屋所有人、使用人或者第三方人身、财产损害的，房屋所有人、使用人或者第三方可以向建设单位提出赔偿要求。建设单位向造成房屋建筑工程质量缺陷的责任方追偿。

（7）因保修不及时造成新的人身、财产损害，由造成拖延的责任方承担赔偿责任。

☞ **考点 3 不属于《房屋建筑工程质量保修办法》规定的保修范围及处罚**

（1）不属于本办法规定的保修范围。

①因使用不当或者第三方造成的质量缺陷。

②不可抗力造成的质量缺陷。

（2）处罚。

①施工单位有下列行为之一的，由建设行政主管部门责令改正，并处 1 万元以上 3 万元以下的罚款：工程竣工验收后，不向建设单位出具质量保修书的；质量保修的内容、期限违反本办法规定的。

②施工单位不履行保修义务或者拖延履行保修义务的，由建设行政主管部门责令改正，并处 10 万元以上 20 万元以下的罚款。

2A331018 房屋建筑工程竣工验收备案范围、期限与应提交的文件

☞ **考点 1 适应范围**

在中华人民共和国境内新建、扩建、改建各类房屋建筑工程和市政基础设施工程的竣工验收备案，适用本办法。

☞ **考点 2 备案时间和提交的文件**

建设单位应当自工程竣工验收合格之日起 15d 内，依照本办法规定，向工程所在地的县级以上地方人民政府建设行政主管部门（以下简称备案机关）备案。

建设单位办理工程竣工验收备案应当提交下列文件：

（1）工程竣工验收备案表。

（2）工程竣工验收报告。竣工验收报告应当包括工程报建日期，施工许可证号，施工图设计文件审查意见，勘察、设计、施工、工程监理等单位分别签署的质量合格文件及验收人员签署的竣工验收原始文件，市政基础设施的有关质量检测和功能性试验资料以及备案机关认为需要提供的有关资料；

（3）法律、行政法规规定应当由规划、环保等部门出具的认可文件或者准许使用文件。

（4）法律规定应当由公安消防部门出具的对大型的人员密集场所和其他特殊建设工程验收合格的证明文件。

（5）施工单位签署的工程质量保修书。

（6）法规、规章规定必须提供的其他文件。

住宅工程还应当提交《住宅质量保证书》和《住宅使用说明书》。

2A331019 城市建设档案管理范围与档案报送期限

☞ **考点1 城建档案的定义及提交城建档案的内容和时间**

（1）城建档案的定义。

城建档案是指在城市规划、建设及其管理活动中直接形成的对国家和社会具有保存价值的文字、图纸、图表、声像等各种载体的文件材料。

（2）提交城建档案的内容和时间。

①建设系统各专业管理部门（包括城市规划、勘测、设计、施工、监理、园林、风景名胜、环卫、市政、公用、房地产管理、人防等部门）形成的业务管理和业务技术档案。

②有关城市规划、建设及其管理的方针、政策、法规、计划方面的文件、科学研究成果和城市历史、自然、经济等方面的基础资料。

③建设单位应当在工程竣工验收后三个月内，向城建档案馆报送一套符合规定的建设工程档案。

④对改建、扩建和重要部位维修的工程，建设单位应当组织设计、施工单位据实修改、补充和完善原建设工程档案。凡结构和平面布置等改变的，应当重新编制建设工程档案，并在工程竣工后三个月内向城建档案馆报送。

⑤列入城建档案馆档案接收范围的工程，建设单位在组织竣工验收前，应当提请城建档案管理机构对工程档案进行预验收。预验收合格后，由城建档案管理机构出具工程档案认可文件。

☞ **考点2 违反《城市建设档案管理规定》的处罚**

违反本《规定》有下列行为之一的，由建设行政主管部门对直接负责的主管人员或者其他直接责任人员依法给予行政处分；构成犯罪的，由司法机关依法追究刑事责任。

（1）无故延期或者不按照规定归档、报送的。

（2）涂改、伪造档案的。

（3）档案工作人员玩忽职守，造成档案损失的。

（4）建设工程竣工验收后，建设单位未按照本规定移交建设工程档案的。

本章考核热点

➡ 民用建筑节能的概念及法律责任。
➡ 危险性较大的分部分项工程范围。
➡ 专项方案编制内容。
➡ 分包必须遵守的相关规定。
➡ 保修期限和保修范围。
➡ 城建档案的内容和时间。

历年真题回顾

2014年真题

（单选题·第19题）新建民用建筑在正常使用条件下，保温工程的最低保修期为（ ）年。

A. 2　　　　　　　　　　　　　　　　B. 5
C. 8　　　　　　　　　　　　　　　　D. 10

【答案】B

【考点】新建建筑节能的内容。

【解析】在正常使用条件下，保温工程的最低保修期限为5年。保温工程的保修期，自竣工验收合格之日起计算。

（多选题·第10题）下列分部分项工程中，其专项方案必须进行专家论证的有（　　）。

A. 爆破拆除工程　　　　　　　　　　B. 人工挖孔桩工程

C. 地下暗挖工程　　　　　　　　　　D. 顶管工程

E. 水下作业工程

【答案】ACDE

【解析】选项B，开挖深度超过16m的人工挖孔桩工程，其专项方案必须进行专家论证。

2013年真题

（多选题·第5题）下列分部分项工程的专项方案中，必须进行专家论证的有（　　）。

A. 爬模工程

B. 搭设高度8m混凝土模板支撑工程

C. 搭设高度25m的落地式钢管脚手架工程

D. 搭设高度25m的悬挑式脚手架工程

E. 施工高度50m的建筑幕墙安装工程

【答案】ABDE

【考点】分部分项工程的专项方案。

【解析】①工具式模板工程：包括滑模、爬模、飞模工程；②混凝土模板支撑工程：搭设高度8m及以上；搭设跨度18m及以上，施工总荷载15kN/m²及以上；集中线荷载20kN/m及以上；③脚手架工程：搭设高度50m及以上落地式钢管脚手架工程；架体高度20m及以上悬挑式脚手架工程；④其他：施工高度50m及以上的建筑幕墙安装工程。

【说明】该知识点新版教材已改动。

2012年真题

（单选题·第16题）根据《民用建筑节能条例》，在正常使用条件下，保温工程最低保修期限为（　　）年。

A. 3　　　　　　　　B. 4　　　　　　　　C. 5　　　　　　　　D. 6

【答案】C

【考点】保温工程保修期限。

【解析】根据《民用建筑节能条例》规定，在正常使用条件下，保温工程最低保修期限是5年。保温工程的保修期，自竣工验收合格之日起计算。

经典例题训练

一、单项选择题

1. 房屋建筑工程施工管理签章文件中，工程竣工报告属于（　　）。

A. 施工组织管理　　　　　　　　　　B. 合同管理

C. 施工进度管理　　　　　　　　　　D. 质量管理

2. 根据《民用建筑节能条例》规定，建设单位有明示或者暗示施工单位使用不符合施工图设计文件要求的墙体材料、保温材料、门窗、采暖制冷系统和照明设备的，由县级以上地方人民政府建设主管部门责令改正，处（　　）的罚款。

A. 10万元以上30万元以下　　　　　B. 10万元以上40万元以下

C. 20 万元以上 40 万元以下　　　　　　D. 20 万元以上 50 万元以下

二、多项选择题

1. 违反《民用建筑节能条例》的规定，施工单位有(　　)行为的，由县级以上地方人民政府建设主管部门责令改正，处以 10 万元以上 20 万元以下的罚款。

A. 未对进入施工现场的墙体材料、门窗、采暖制冷系统和照明设备进行查验的

B. 使用不符合施工图设计文件要求的墙体材料、采暖制冷系统和照明设备的

C. 未按照民用建筑节能强制性标准实施监理的

D. 使用列入禁止使用目录的技术、工艺、材料和设备的

E. 屋面的保温工程施工时，未采取旁站、巡视和平行检验等形式实施监理的

2. 以下不具有大型工程特点的有(　　)。

A. 30 层的民用住宅　　　　　　　　　　B. 总高 105m 的商业酒店

C. 最大跨度 32m 的大礼堂　　　　　　　D. 单体建筑面积 28 000m²

E. 群体建筑面积 90 000m²

参考答案及解析

一、单项选择题

1. D【解析】根据房屋建筑工程施工管理签章文件目录，工程竣工报告属于质量管理范畴。

2. D【解析】建设单位有下列行为之一的，由县级以上地方人民政府建设主管部门责令改正，处 20 万元以上 50 万元以下的罚款：①明示或者暗示设计单位、施工单位违反民用建筑节能强制性标准进行设计、施工的；②明示或者暗示施工单位使用不符合施工图设计文件要求的墙体材料、保温材料、门窗、采暖制冷系统和照明设备的；③采购不符合施工图设计文件要求的墙体材料、保温材料、门窗、采暖制冷系统和照明设备的；④使用列入禁止使用目录的技术、工艺、材料和设备的。

二、多项选择题

1. ABD【解析】违反《民用建筑节能条例》的规定，施工单位有下列行为之一的，由县级以上地方人民政府建设主管部门责令改正，处以 10 万元以上 20 万元以下的罚款：①未对进入施工现场的墙体材料、保温材料、门窗、采暖制冷系统和照明设备进行查验的；②使用不符合施工图设计文件要求的墙体材料、保温材料、门窗、采暖制冷系统和照明设备的；③使用列入禁止使用目录的技术、工艺、材料和设备的。违反《民用建筑节能条例》的规定，当工程监理单位有 C、E 两项行为之一时，由县级以上地方人民政府建设主管部门责令改正，逾期未改正的，处以 10 万元以上 30 万元以下的罚款。

2. DE【解析】工业、民用和公共建筑大型工程标准：建筑物层数≥25 层；建筑物高度≥100m；单体建筑面积≥30 000m²；单跨跨度≥30m。住宅小区或建筑群体大型工程标准：建筑群建筑面积≥100 000m²。其他一般房屋建筑大型工程标准：单项工程合同额≥3 000 万元。

2A332000　建筑工程标准

大纲测试内容及能力等级

章节	大纲要求	能力等级	章节	大纲要求	能力等级
2A332010	建筑工程管理相关标准		2A332030	建筑装饰装修工程相关技术标准	
2A332011	建设工程项目管理的有关规定	★★☆☆☆	2A332031	建筑幕墙工程技术规范中的有关规定	★★★★☆
2A332012	建筑工程施工质量验收的有关规定	★★★★☆	2A332032	住宅装饰装修工程施工的有关规定	★★★☆☆
2A332013	建筑施工组织设计的有关规定	★★★★☆	2A332033	建筑内部装修设计防火的有关规定	★★★☆☆
2A332014	建设工程文件归档整理的有关规定	★★★★☆	2A332034	建筑内部装修防火施工及验收的有关规定	★★★★☆
2A332020	建筑地基基础及主体结构工程相关技术标准		2A332035	建筑装饰装修工程质量验收的有关规定	★★★★☆
2A332021	建筑地基基础工程施工质量验收的有关规定	★★★★☆	2A332040	建筑工程节能相关技术标准	
2A332022	砌体结构工程施工质量验收的有关规定	★★★★☆	2A332041	节能建筑评价的有关规定	★★★★☆
2A332023	混凝土结构工程施工质量验收的有关规定	★★★★☆	2A332042	公共建筑节能改造技术的有关规定	★★★★☆
2A332024	钢结构工程施工质量验收的有关规定	★★★☆☆	2A332043	建筑节能工程施工质量验收的有关规定	★★★☆☆
2A332025	屋面工程质量验收的有关规定	★★★★☆	2A332050	建筑工程室内环境控制相关技术标准	
2A332026	地下防水工程质量验收的有关规定	★★★★☆	2A332051	民用建筑工程室内环境污染控制的有关规定	★★★☆☆
2A332027	建筑地面工程施工质量验收的有关规定	★★★★☆	—	—	—

》 2A332010　建筑工程管理相关标准 《

2A332011　建设工程项目管理的有关规定

☞ **考点1　项目管理规划的分类及项目实施规划的内容**

（1）项目管理规划的分类。

项目管理规划应包括项目管理规划大纲和项目管理实施规划两类文件。项目管理规划大纲应由组织的管理层或组织委托的项目管理单位编制；项目管理实施规划应由项目经理组织编制。提示（2012年·多选·第8题）考查此知识点

（2）项目管理实施规划应包括下列内容：项目概况；总体工作计划；组织方案；技术方案；进度计划；质量计划；职业健康安全与环境管理计划；成本计划；资源需求计划；风险管理计划；信息管理计划；项目沟通管理计划；项目收尾管理计划；项目现场平面布置图；项目目标控制措施；技术经济指标。

☞ **考点2 项目管理组织和项目经理责任制**

（1）项目管理组织。

建立项目经理部应遵循下列步骤：①根据项目管理规划大纲确定项目经理部的管理任务和组织结构；②根据项目管理目标责任书进行目标分解与责任划分；③确定项目经理部的组织设置；④确定人员的职责、分工和权限；⑤制定工作制度、考核制度与奖惩制度。

（2）项目经理责任制。

①项目经理应由法定代表人任命，并根据法定代表人授权的范围、期限和内容，履行管理职责，并对项目实施全过程、全面管理。

②项目管理目标责任书应在项目实施之前，由法定代表人或其授权人与项目经理协商制定。项目管理目标责任书可包括下列内容：项目管理实施目标；组织与项目经理部之间的责任、权限和利益分配；项目设计、采购、施工、试运行等管理的内容和要求；项目需用资源的提供方式和核算办法；法定代表人向项目经理委托的特殊事项；项目经理部应承担的风险；项目管理目标评价的原则、内容和方法；对项目经理部进行奖惩的依据、标准和办法；项目经理解职和项目经理部解体的条件及办法。

☞ **考点3 建筑工程项目管理的其他内容**

表5-1 建筑工程项目管理的其他内容

项 目	内 容
项目合同管理	①承包人的合同管理应遵循下列程序：合同评审；合同订立；合同实施计划；合同实施控制；合同综合评价；有关知识产权的合法使用 ②合同评审应包括下列内容：招标内容和合同的合法性审查；招标文件和合同条款的合法性和完备性审查；合同双方责任、权益和项目范围认定；与产品或过程有关要求的评审；合同风险评估
项目采购管理	①组织应编制采购计划。采购计划应包括下列内容：采购工作范围、内容及管理要求；采购信息，包括产品或服务的数量、技术标准和质量要求；检验方式和标准；供应方资质审查要求；采购控制目标及措施 ②组织应对采购报价进行有关技术和商务的综合评审，评审记录应保存
项目进度管理	①项目经理部应按下列程序进行进度管理：制定进度计划；进度计划交底；落实责任；实施进度计划，跟踪检查，对存在的问题分析原因并纠正偏差，必要时对进度计划进行调整；编制进度报告，报送组织管理部门。 ②作业性进度计划可包括下列内容：分部分项工程进度计划；月（旬）作业计划。 ③各类进度计划应包括下列内容：编制说明；进度计划表；资源需要量及供应平衡表。 ④进度计划的检查应包括下列内容：工程量的完成情况；工作时间的执行情况；资源使用及进度的匹配情况；上次检查提出问题的整改情况。 ⑤进度计划的调整应包括下列内容：工程量；起止时间；工作关系；资源提供；必要的目标调整

项目	内容
项目质量管理	①质量管理应坚持预防为主的原则。 ②项目质量管理应按下列程序实施：进行质量策划，确定质量目标；编制质量计划；实施质量计划；总结项目质量管理工作，提出持续改进的要求。 ③质量计划应确定下列内容：质量目标和要求；质量管理组织和职责；所需的过程、文件和资源；产品（或过程）所要求的评审、验证、确认、监视、检验和试验活动，以及接收准则；记录的要求；所采取的措施
项目职业健康安全管理	①项目职业健康安全技术措施计划应由项目经理主持编制，经有关部门批准后，由专职安全管理人员进行现场监督实施； ②项目经理部应建立职业健康安全生产责任制，并把责任目标分解落实到人； ③结构复杂的分项工程实施前，项目经理部的技术负责人应进行安全技术交底；**提示**（2013年·单选·第19题）考查此知识点 ④项目经理部进行职业健康安全事故处理应坚持"事故原因不清楚不放过，事故责任者和人员没有受到教育不放过，事故责任者没有处理不放过，没有制定纠正和预防措施不放过"的原则 **提示**（2014年·案例分析题·第2题第2问）考查此知识点
项目环境管理	①项目的环境管理应遵循下列程序：确定项目环境管理目标；进行项目环境管理策划；实施项目环境管理策划；验证并持续改进。 ②项目文明施工应包括下列工作：①进行现场文化建设；②规范场容，保持作业环境整洁卫生；③创造有序生产的条件；④减少对居民和环境的不利影响
项目成本管理	①项目经理部的成本管理应包括：成本计划、成本控制、成本核算、成本分析、成本考核； ②项目经理部应依据下列文件编制项目成本计划：合同文件、项目管理实施规划、可研报告和相关设计文件、市场价格信息、相关定额、类似项目的成本资料； ③项目经理部应依据下列资料进行成本控制：合同文件、成本计划、进度报告、工程变更与索赔资料； ④项目成本核算应坚持形象进度、产值统计、成本归集的三同步原则
项目资源管理	①资源管理包括人力资源管理、材料管理、机械设备管理、技术管理和资金管理； ②资源管理计划应包括建立资源管理制度，编制资源使用计划、供应计划和处置计划，规定控制程序和责任体系； ③资源管理控制应包括按资源管理计划进行资源的选择、资源的组织和进场后的管理等内容
项目信息管理	①项目信息管理应遵循下列程序：确定项目信息管理目标、进行项目信息管理策划、项目信息收集、项目信息处理、项目信息运用、项目信息管理评价； ②项目信息管理工作应采取必要的安全保密措施（包括：信息的分级、分类管理方式），确保项目信息的安全、合理、有效使用
项目风险管理	项目风险管理过程应包括项目实施全过程的风险识别、风险评估、风险响应和风险控制
项目沟通管理	①项目沟通与协调的对象是项目所涉及的内部和外部有关组织及个人，包括建设单位和勘察设计、施工、监理、咨询服务等单位以及其他相关组织； ②项目沟通计划应包括信息沟通方式和途径，信息收集归档格式，信息的发布和使用权限，沟通管理计划的调整以及约束条件和假设等内容

续表

项目	内容
项目收尾管理	项目经理部应全面负责项目竣工收尾工作，组织编制项目竣工计划，报上级主管部门批准后按期完成。竣工应包括下列内容：竣工项目名称、竣工项目收尾具体内容、竣工项目质量要求、竣工项目进度计划安排、竣工项目文件档案资料的整理要求

2A332012 建筑工程施工质量验收的有关规定

☞ **考点1 建筑工程施工质量验收的基本规定**

（1）施工现场质量管理要求。

应有相应的施工技术标准、健全的质量管理体系、施工质量检验制度和综合施工质量水平考核制度。

（2）建筑工程应按下列规定进行施工质量控制：

①建筑工程采用的主要材料、半成品、成品、建筑构配件、器具和设备应进行现场验收。

②各工序应按施工技术标准进行质量控制，每道工序完成后，应进行检查。

③相关各专业工种之间，应进行交接检验，并形成记录。未经监理工程师检查认可，不得进行下道工序施工。

（3）建筑工程施工质量应按下列要求进行验收：

①建筑工程质量应符合本标准和相关专业验收规范的规定；

②建筑工程施工应符合工程勘察、设计文件的要求；

③参加工程施工质量验收的各方人员应具备规定的资格；

④工程质量的验收均应在施工单位自行检查评定的基础上进行；

⑤隐蔽工程在隐蔽前应由施工单位通知有关单位进行验收，并应形成验收文件；

⑥涉及结构安全的试块、试件以及有关材料，应按规定进行见证取样检测；

⑦检验批的质量应按主控项目和一般项目验收；

⑧对涉及结构安全和使用功能的重要分部工程应进行抽样检测；

⑨承担见证取样检测及有关结构安全检测的单位应具有相应资质；

⑩工程的观感质量应由验收人员通过现场检查，并应共同确认。

☞ **考点2 建筑工程质量验收的划分**

建筑工程质量验收应划分为单位（子单位）工程、分部（子分部）工程、分项工程和检验批。

（1）具备独立施工条件并有形成独立使用功能的建筑物及构筑物为一个单位工程。建筑规模较大的单位工程，可将其能形成独立使用功能的部分作为一个子单位工程。

（2）分部工程的划分应按专业性质、建筑部位确定。当分部工程较大或较复杂时，可按材料种类、施工特点、施工程序、专业系统及类别等划分若干子分部工程。

（3）分项工程应按主要工程、材料、施工工艺、设备类别等进行划分。

（4）分项工程可由一个或若干检验批组成，检验批可根据施工及质量控制和专业验收需要按楼层、施工段、变形缝等进行划分。

（5）室外工程可根据专业类别和工程规模划分单位（子单位）工程。

☞ **考点3 建筑工程质量验收的相关规定**

（1）检验批合格质量规定。

①主控项目和一般项目的质量经抽样检验合格；

②具有完整的施工操作依据、质量检查记录。

（2）分项工程质量验收合格规定。

①分项工程所含的检验批均应符合合格质量的规定；

②分项工程所含的检验批的质量验收记录应完整。

（3）分部（子分部）工程质量验收合格应符合下列规定：

①分部（子分部）工程所含分项工程的质量均应验收合格；

②质量控制资料应完整；

③地基与基础、主体结构和设备安装等分部工程有关安全及功能的检验和抽样检测结果应符合有关规定；

④观感质量验收应符合要求。 **提示** （2012年·单选·第18题）考查此知识点

（4）单位（子单位）工程质量验收合格应符合下列规定：

①单位（子单位）工程所含分部（子分部）工程的质量均应验收合格；

②质量控制资料应完整；

③单位（子单位）工程所含分部工程有关安全和功能的检测资料应完整；

④主要功能项目的抽查结果应符合相关专业质量验收规范的规定；

⑤观感质量验收应符合要求。

（5）建筑工程质量不合格处理规定。

①经返工重做或更换器具、设备的检验批，应重新进行验收；

②经有资质的检测单位检测鉴定能够达到设计要求的检验批，应予以验收；

③经有资质的检测单位检测鉴定达不到设计要求，但经原设计单位核算认可能够满足结构安全和使用功能的检验批，可予以验收；

④经返修或加固处理的分项、分部工程，虽然改变外形尺寸但仍能满足安全使用要求，可按技术处理方案和协商文件进行验收；

⑤通过返修或加固处理仍不能满足安全使用要求的分部工程、单位（子单位）工程，严禁验收。

☞ 考点4　建筑工程质量验收程序和组织

（1）检验批及分项工程应由监理工程师组织施工单位项目专业质量负责人等进行验收。

（2）分部工程应由总监理工程师组织施工单位项目负责人和技术、质量负责人等进行验收；地基与基础、主体结构分部工程的勘察、设计单位工程项目负责人和施工单位技术、质量部门负责人也应参加相关分部工程验收。

（3）单位工程完工后，施工单位应自行组织有关人员进行检查评定，并向建设单位提交工程验收报告。

（4）建设单位收到工程验收报告后，应由建设单位负责人组织施工、设计、监理等单位负责人进行单位工程验收。

（5）单位工程有分包单位施工时，分包单位对所承包的工程项目按本标准规定的程度检查评定，总包单位应派人参加。分包工程完成后，应将工程有关资料交总包单位。

（6）当参加验收各方对工程质量验收意见不一致时，可请当地建设行政主管部门或工程质量监督机构协调处理。

（7）单位工程质量验收合格后，建设单位应在规定时间内将工程竣工验收报告和有关文件，报建设行政管理部门备案。

2A332013 建筑施工组织设计的有关规定

☞ **考点1 建筑施工组织设计的基本规定**

（1）施工组织设计按编制对象，可分为施工组织总设计、单位工程施工组织设计和施工方案三个层次。

（2）施工组织设计应由项目负责人主持编制，可根据项目实际需要分阶段编制和审批。

（3）施工组织总设计应由总承包单位技术负责人审批；单位工程施工组织设计应由施工单位技术负责人或技术负责人授权的技术人员审批；施工方案应由项目技术负责人审批；重点、难点分部（分项）工程和专项工程施工方案应由施工单位技术部门组织相关专家评审，施工单位技术负责人批准。

（4）由专业承包单位施工的分部（分项）工程或专项工程的施工方案，应由专业承包单位技术负责人或其授权的技术人员审批；有总承包单位时，应由总承包单位项目技术负责人核准备案。

（5）规模较大的分部（分项）工程和专项工程的施工方案应按单位工程施工组织设计进行编制和审批。

（6）施工组织应实行动态管理，当发生重大变动时，应进行相应的修改或补充，经修改或补充的施工组织设计应重新审批后实施。

（7）项目施工前，应进行施工组织设计逐级交底；项目施工过程中，应对施工组织设计的执行情况进行检查、分析并适时调整。

☞ **考点2 施工组织总设计的内容、总体施工部署及施工原则**

（1）施工组织总设计主要包括：工程概况、总体施工部署、施工总进度计划、总体施工准备与主要资源配置计划、主要施工方法、施工总平面布置等几个方面。

（2）总体施工部署应对以下方面进行宏观部署：

①确定项目施工总目标；

②根据总目标，确定项目分阶段（期）交付计划；

③一项目分阶段（期）施工的合理顺序及空间组织。

（3）施工总平面布置应符合如下原则：

①平面布置科学合理，施工场地占用面积少；

②合理组织运输，减少二次搬运；

③施工区域的划分和场地的临时占用应符合总体施工部署和施工流程的要求，减少相互干扰；

④充分利用既有建（构）筑物和既有设施为项目施工服务，降低临时设施的建造费用；

⑤临时设施应方便生产和生活，办公区、生活区和生产区宜分离设置；

⑥符合节能、环保、安全和消防等要求；

⑦遵守当地主管部门和建设单位关于施工现场安全文明施工的相关规定。

☞ **考点3 单位工程施工组织设计的相关内容**

（1）单位工程施工组织设计主要包括工程概况、施工部署、施工进度计划、施工准备与资源配置计划、主要施工方案、施工现场平面布置等几个方面。

（2）单位工程施工阶段的划分一般包括地基基础、主体结构、装饰装修和机电设备安装三个阶段。

（3）施工进度计划可采用网络图或横道图表示，并附必要说明。对于工程规模较大或较复杂的工程，宜采用网络图表示。

（4）单位工程应按照《建筑工程施工质量验收统一标准》（GB 50300—2001）中的分部、分项工程划分原则，对主要分部、分项工程制定有针对性的施工方案。

☞ **考点4　施工方案和主要施工管理计划**

施工方案主要包括工程概况、施工安排、施工进度计划、施工准备与资源配置计划、施工方法及工艺要求等几个方面。

施工管理计划应包括进度管理计划、质量管理计划、安全管理计划、环境管理计划、成本管理计划以及其他管理计划等内容。

其他管理计划宜包括绿色施工管理计划、防火保安管理计划、合同管理计划、组织协调管理计划、创优质工程管理计划、质量保修管理计划以及对施工现场人力资源、施工机具、材料设备等生产要素的管理计划等。

2A332014　建设工程文件归档整理的有关规定

☞ **考点1　建设工程文件归档管理的基本规定**

（1）在工程文件与档案的整理立卷、验收移交工作中，建设单位应履行下列职责：

①在工程招标与勘察、设计、施工、监理等单位签订协议、合同时，应对工程文件的套数、费用、质量、移交时间等提出明确要求；

②收集和整理工程准备阶段、竣工验收阶段形成的文件，并应进行立卷归档；

③负责组织、监督和检查勘察、设计、施工、监理等单位工程文件的形成、积累和立卷归档工作，也可委托监理单位监督、检查工程文件的形成、积累和立卷归档工作；

④收集和汇总勘察、设计、施工、监理等单位立卷归档的工程档案；

⑤在组织工程竣工验收前，应提请当地的城建档案管理机构对工程档案进行预验收；

⑥对列入城建档案馆（室）接收范围的工程，工程竣工验收后3个月内，向当地城建档案馆（室）移交一套符合规定的工程档案。

（2）勘察、设计、施工、监理等单位应将本单位形成的工程文件立卷后向建设单位移交。

（3）建设工程项目实行总承包的，总承包单位负责收集、汇总各分包单位形成的工程档案，并应及时向建设单位移交。

（4）在工程竣工验收前，城建档案管理机构应对工程档案进行预验收，验收合格后，须出具工程档案认可文件。

☞ **考点2　建设工程归档文件的质量要求**

（1）归档的工程文件应为原件，工程文件的内容必须真实、准确，与工程实际相符合。

（2）工程文件应采用耐久性强的书写材料，不得使用易褪色的书写材料。

（3）利用施工图改绘竣工图，必须标明变更修改依据。凡施工图结构、工艺、平面布置等有重大改变，或变更部分超过图面1/3的，应当重新绘制竣工图。

（4）工程文件中文字材料幅面尺寸规格宜为A4幅面。

（5）所有竣工图均应加盖竣工图章，图章尺寸为50mm×80mm，应使用不易褪色的红色印泥，盖在图标栏上方空白处。竣工图章的基本内容应包括："竣工图"字样、施工单位、编制人、审核人、技术负责人、编制日期、监理单位、现场监理、总监理工程师。

☞ **考点3　建筑工程文件的立卷**

（1）一个建设工程由多个单位工程组成时，工程文件应按单位工程组卷。

（2）案卷不宜过厚，一般不超过40mm。

（3）文字材料按事项、专业顺序排列。

（4）图纸按专业排列，同专业图纸按图号顺序排列。

（5）既有文字材料又有图纸的案卷，文字材料排前，图纸排后。

（6）卷内目录、卷内备考表、案卷内封面应采用 70g 以上白色书写纸制作，幅面统一采用 A4 幅面。

（7）工程文件的保管期限分为永久、长期、短期三种期限。密级分为绝密、机密、秘密三种。同一案卷内有不同密级的文件，应以高密级为本卷密级。

（8）案卷可采用装订与不装订两种形式。文字材料必须装订，既有文字材料，又有图纸的案卷应装订。装订应采用线绳三孔左侧装订法，要整齐、牢固、便于保管和利用。

☞ 考点 4　建筑工程文件的归档、验收与移交

（1）根据建设程序和工程特点，归档可以分阶段分期进行，也可以在单位或分部工程通过竣工验收后进行。

（2）工程档案一般不少于两套，一套由建设单位保管，一套移交当地城建档案馆。

（3）列入城建档案馆接收范围的工程，建设单位在工程竣工验收后 3 个月内，必须向城建档案馆移交一套符合规定的工程档案。

（4）停建、缓建建设工程的档案，暂由建设单位保管。

2A332020　建筑地基基础及主体结构工程相关技术标准

2A332021　建筑地基基础工程施工质量验收的有关规定

☞ 考点 1　建筑地基基础工程施工质量验收的基本规定

（1）地基基础工程施工前，必须具备完备的地质勘察资料及工程附近管线、建筑物、构筑物和其他公共设施的构造情况，必要时应作施工勘察和调查以确保工程质量及临近建筑的安全。

（2）施工单位必须具备相应专业资质，并应建立完善的质量管理体系和质量检验制度。

（3）从事地基基础工程检测及见证试验的单位，必须具备省级以上（含省、自治区、直辖市）建设行政主管部门颁发的资质证书和计量行政主管部门颁发的计量认证合格证书。

（4）地基基础工程是分部工程，如有必要，可再划分若干个子分部工程。

（5）施工过程中出现异常情况时，应停止施工，由监理或建设单位组织勘察、设计、施工等有关单位共同分析情况，解决问题，消除质量隐患，并应形成文件资料。

☞ 考点 2　地基

（1）对灰土地基、砂和砂石地基、土工合成材料地基、粉煤灰地基、强夯地基、注浆地基、预压地基，其竣工后的结果（地基强度或承载力）必须达到设计要求的标准。检验数量，每单位工程不应少于 3 点，1000m² 以上工程，每 100m² 至少应有 1 点，3 000m² 以上工程，每 300m² 至少应有 1 点。每一独立基础下至少应有 1 点，基槽每 20 延米应有 1 点。

（2）对水泥土搅拌复合地基、高压喷射注浆桩复合地基、砂桩地基、振冲桩复合地基、土和灰土挤密桩复合地基、水泥粉煤灰碎石桩复合地基及夯实水泥土桩复合地基，其承载力检验，数量为总数的 0.5% ~1%，但不应少于 3 根。

☞ 考点 3　桩基础

（1）一般规定。

①桩位的放样允许偏差为：群桩 20mm，单排桩 10mm；

②打（压）入桩的桩位偏差，必须符合规定；

③灌注桩的桩位偏差必须符合规定；

④工程桩应进行承载力检验；

⑤桩身质量应进行检验。

（2）静力压桩。

压桩过程中应检查压力、桩垂直度、接桩间歇时间、桩的连接质量及压入深度，重要工程应对电焊接桩的接头做10%的探伤检查。

（3）混凝土灌注桩。

①施工中应对成孔、清查、放置钢筋笼、灌注混凝土等进行全过程检查。人工挖孔桩应复验孔底持力层土（岩）性，嵌岩桩必须有桩端持力层的岩性报告。

②施工结束后，应检查混凝土强度，并应做桩体质量及承载力的检验。

☞ 考点4　基坑工程

（1）基坑土方开挖的顺序、方法必须与设计工况相一致，并遵循"开槽支撑，先撑后挖，分层开挖，严禁超挖"的原则。

（2）基坑（槽）、管沟土方工程验收必须以确保支护结构安全和周围环境安全为前提。当设计有指标时，以设计要求为依据，如无设计指标时应按下表的规定执行。

表 5-2　　　　　　　　　　　　基坑变形的监控值（cm）

基坑类别	围护结构墙顶位移监控值	围护结构墙体最大位移监控值	地面最大沉降监控值
一级基坑	3	5	3
二级基坑	6	8	6
三级基坑	8	10	10

注：1. 符合下列情况之一，为一级基坑：

①重要工程或支护结构做主体结构的一部分；

②开挖深度大于10m；

③与邻近建筑物，重要设施的距离在开挖深度以内的基坑；

④基坑范围内有历史文物、近代优秀建筑、重要管线等需严加保护的基坑。

2. 三级基坑为开挖深度小于7m，且周围环境无特别要求时的基坑。

3. 除一级和三级外的基坑属二级基坑。

4. 当周围已有的设施有特殊要求时，尚应符合这些要求。

（3）锚杆及土钉墙支护工程施工中，应对锚杆或土钉位置，钻孔直径、深度及角度，锚杆或土钉插入长度，注浆配比、压力及注浆量，喷锚墙面厚度及强度、锚杆或土钉应力等进行检查。

（4）钢或混凝土支撑系统施工过程中，应严格控制开挖和支撑的程序及时间，对支撑的位置、每层开挖深度、预加顶力、钢围檩与围护体或支撑与围檩的密贴度应做周密检查。

（5）降水与排水是配合基坑开挖的安全措施，施工前应有降水与排水设计。

2A332022　砌体结构工程施工质量验收的有关规定

☞ 考点1　砌体结构工程施工质量验收的基本规定

（1）砌体结构工程所用的材料应有产品合格证书、产品性能型式检验报告。

（2）砌体结构工程施工前，应编制砌体结构工程施工方案。

（3）砌体结构的标高、轴线，应引自基准控制点。砌筑基础前，应校核放线尺寸。

（4）砌筑顺序应符合下列规定：

①基底标高不同时，应从低处砌起，并应由高处向低处搭砌；

②砌体的转角处和交接处应同时砌筑，当不能同时砌筑时，应按规定留槎、接槎。

（5）在墙上留置临时施工洞口，其侧边离交接处墙面不应小于500mm，洞口净宽度不应超过1m。

（6）施工脚手眼补砌时，灰缝应填满砂浆，不得用干砖填塞。

（7）设计要求的洞口、沟槽、管道应于砌筑时正确留出或预埋，未经设计同意，不得打凿墙体和在墙体上开凿水平沟槽。宽度超过300mm的洞口上部，应设置钢筋混凝土过梁。

（8）砌筑完基础或每一楼层后，应校核砌体的轴线和标高。

（9）砌体施工质量控制等级分为A、B、C三级，配筋砌体不得为C级施工。

（10）砌体结构工程检验批的划分应同时符合下列规定：

①所用材料类型及同类型材料的强度等级相同；

②不超过250m³砌体；

③主体结构砌体一个楼层，填充墙砌体量少时可多个楼层合并。

（11）砌体结构工程检验批验收时，其主控项目应全部符合本规范的规定，一般项目应有80%及以上的抽检处符合本规范的规定。有允许偏差的项目，最大超差值为允许偏差值的1.5倍。

（12）在墙体砌筑过程中，当砌筑砂浆初凝后，块体被撞动或需移动时，应将砂浆清除后再铺浆砌筑。

☞ **考点2 砌筑砂浆的要求**

（1）水泥进场使用前，应分批对其强度、安定性进行复验。检验批应以同一生产厂家、同一编号为一批。

（2）砂浆用砂不得含有有害杂物。砂浆用砂的含泥量应满足要求；人工砂、山砂及特细砂，应经试配能满足砌筑砂浆技术条件要求。

（3）严禁采用脱水硬化的石灰膏；建筑生石灰粉、消石灰粉不得替代石灰膏配制水泥石灰砂浆。

（4）施工中不应采用强度等级小于M5的水泥砂浆替代同强度等级水泥混合砂浆，如需替代，应将水泥砂浆提高一个强度等级。

（5）凡在砂浆中掺入有机塑化剂、早强剂、缓凝剂、防冻剂等，应经检验和试配符合要求后，方可使用。有机塑化剂应有砌体强度的型式检验报告。

（6）砌筑砂浆试块强度验收时，同一验收批砂浆试块抗压强度平均值应大于或等于设计强度等级值的1.10倍，同一验收批砂浆试块抗压强度的最小一组平均值应大于或等于设计强度等级值的85%，其强度才能判定为合格。

（7）砂浆强度应以标准养护且龄期28d的试块抗压强度为准，制作砂浆试块的砂浆稠度应与配合比设计一致。

（8）每一检验批且不超过250m³砌体的各类、各强度等级的普通砌筑砂浆，每台搅拌机应至少抽检一次。

☞ **考点3 砖砌体工程的一般规定**

（1）砌体砌筑时，混凝土多孔砖、混凝土实心砖、蒸压灰砂砖、蒸压粉煤灰砖等块体的产品龄期不应小于28d。不同品种的砖不得在同一楼层混砌。

（2）有冻胀环境和条件的地区，地面以下或防潮层以下的砌体，不应采用多孔砖。

（3）240mm厚承重墙的每层墙最上一皮砖，砖砌体的阶台水平面上及挑出层的外皮砖，应整砖丁砌。

（4）砖过梁底部的模板及其支架拆除时，灰缝砂浆强度不应低于设计强度的75%。

☞ **考点4 混凝土小型空心砌块砌体工程的一般规定**

（1）施工时所用的小砌块的产品龄期不应小于28d。

（2）底层室内地面以下或防潮层以下的砌体，应采用强度等级不低于 C20（或 Cb20）的混凝土灌实小砌块的孔洞。

（3）承重墙体使用的小砌块应完整、无破损、无裂缝。

（4）小砌块墙体应孔对孔、肋对肋错缝搭砌。

（5）小砌块应将生产时的底面朝上反砌于墙上。

☞ **考点5　填充墙砌体工程的一般规定**

（1）砌筑填充墙时，轻骨料混凝土小型空心砌块和蒸压加气混凝土砌块的产品龄期不应小于 28d，蒸压加气混凝土砌块的含水率宜小于 30%。

（2）烧结空心砖、蒸压加气混凝土砌块、轻骨料混凝土小型空心砌块等的运输、装卸过程中，严禁抛掷和倾倒。进场后应按品种、规格分别堆放整齐，堆置高度不宜超过 2m。

（3）采用普通砌筑砂浆砌筑填充墙时，烧结空心砖、吸水率较大的轻骨料混凝土小型空心砌块应提前 1~2d 浇（喷）水湿润。

（4）在厨房、卫生间、浴室等处采用轻骨料混凝土小型空心砌块、蒸压加气混凝土砌块砌筑墙体时，墙底部宜现浇混凝土坎台，其高度宜为 150mm。

2A332023　混凝土结构工程施工质量验收的有关规定

☞ **考点1　模板分项工程的一般规定与安装**

（1）一般规定。

①模板及其支架应根据工程结构形式、荷载大小、地基土类别、施工设备和材料供应等条件进行设计；

②在浇筑混凝土之前，应对模板工程进行验收；

③模板安装和浇筑混凝土时，应对模板及其支架进行观察和维护；

④模板及其支架拆除的顺序及安全措施应按施工技术方案执行。

（2）模板安装。

①安装现浇结构的上层模板及其支架时，下层楼板应具有承受上层荷载的承载能力，或加设支架；上、下层支架的立柱应对准，并铺设垫板。

②在涂刷模板隔离剂时，不得沾污钢筋和混凝土接槎处。

③对跨度不小于 4m 的现浇钢筋混凝土梁、板，其模板应按设计要求起拱；当设计无具体要求时，起拱高度宜为跨度的 1/1 000~3/1 000。

☞ **考点2　钢筋分项工程的一般规定及钢筋加工**

（1）一般规定。

①当钢筋的品种、级别或规格需作变更时，应办理设计变更文件；

②在浇筑混凝土之前，应进行钢筋隐蔽工程验收。

（2）钢筋加工。

①受力钢筋的弯钩和弯折应符合下列规定：

a. HPB300 级钢筋末端应作 180° 弯钩，其弯弧内直径不应小于钢筋直径的 2.5 倍，弯钩的弯后平直部分长度不应小于钢筋直径的 3 倍；

b. 当设计要求钢筋末端需作 135° 弯钩时，HRB335 级、HRB400 级钢筋的弯弧内直径不应小于钢筋直径的 4 倍，弯钩的弯后平直部分长度应符合设计要求；

c. 钢筋作不大于 90° 的弯折时，弯折处的弯弧内直径不应小于钢筋直径的 5 倍。

检查数量：按每工作班同一类型钢筋、同一加工设备抽查不应少于 3 件。

②除焊接封闭环式箍筋外，箍筋的末端应做弯钩，弯钩形式应符合设计要求；当设计无具体要求时，应符合下列规定：

a. 箍筋弯钩的弯弧内直径不小于受力钢筋直径。

b. 箍筋弯钩的弯折角度：一般结构不应小于90°；有抗震要求的结构应为135°。

c. 箍筋弯后平直部分长度：一般结构不宜小于箍筋直径的5倍；有抗震等要求的结构，不应小于箍筋直径的10倍。

检查数量：每工作班同一类型钢筋、同一加工设备抽查不应少于3件。

③钢筋调直后应进行力学性能和重量偏差的检验，其强度应符合标准的规定。当采用无延伸功能的机械设备调直的钢筋，可不进行此项检验。

④钢筋宜采用无延伸功能的机械设备进行调直，也可采用冷拉调直。当采用冷拉调直时，HPB300光圆钢筋的冷拉率不宜大于4%；HRB335、HRB400、HRB500、HRBF335、HRBF400、HRBF500及RRB400带肋钢筋的冷拉率不宜大于1%。

检查数量：每工作班按同一类型钢筋、同一加工设备抽查不应少于3件。

☞ **考点3 混凝土分项工程的一般规定及混凝土施工**

（1）一般规定。

①检验评定混凝土强度用的混凝土试件的尺寸及强度的尺寸换算系数应按下表取用；

表5－3 底模拆除时的混凝土强度要求

骨料最大粒径（mm）	试件尺寸（mm）	强度的尺寸换算系数
≤31.5	100×100×100	0.95
≤40	150×150×150	1.00
≤63	200×200×200	1.05

②结构构件拆模、出池、出厂、吊装、张拉、放张及施工期间临时负荷时的混凝土强度，应根据同条件养护的标准尺寸试件的混凝土强度确定。

★ 钢筋混凝土结构、预应力混凝土结构中，严禁使用含氯化物的水泥。

提示 （2013年·单选·第20题）考查此知识点

（2）混凝土施工。

①结构混凝土的强度等级必须符合设计要求。用于检查结构构件混凝土强度的试件，应在混凝土的浇筑地点随机抽取。取样与试件留置应符合下列规定：

a. 每拌制100盘且不超过100m³同配合比的混凝土，取样不得少于一次；

b. 每工作班拌制的同一配合比混凝土不足100盘时，取样不得少于一次；

c. 当一次连续浇筑超过1 000m³时，同一配合比的混凝土每200m³取样不得少于一次；

d. 每一楼层、同一配合比的混凝土，取样不得少于一次；

e. 每次取样至少留置一组标准养护试件，同条件养护试件留置组数根据实际需要确定。

②对有抗渗要求的混凝土结构，其混凝土试件应在浇筑地点随机取样。同一工程、同一配合比的混凝土，取样不应少于一次，留置组数应根据实际需要确定。

☞ **考点4 现浇结构分项工程**

（1）现浇结构拆模后，应由监理（建设）单位、施工单位对外观质量和尺寸偏差进行检查，作出记录，并应及时按施工技术方案对缺陷进行处理。

（2）现浇结构的外观质量不应有严重缺陷。

（3）现浇结构不应有影响结构性能和使用功能的尺寸偏差。

（4）对超过尺寸允许偏差且影响结构性能和安装、使用功能的部位，由施工单位提出技术处理方案，经监理（建设）单位认可后进行处理。对经处理的部位，应重新检查验收。

☞ 考点5　混凝土结构子分部工程

（1）对涉及混凝土结构安全的重要部位应进行结构实体检验。

（2）混凝土结构子分部工程施工质量验收时，应提供下列文件和记录：

设计变更文件；原材料出厂合格证和进场复验报告；钢筋接头的试验报告；混凝土工程施工记录；混凝土试件的性能试验报告；装配式结构预制构件的合格证和安装验收记录；预应力筋用锚具、连接器的合格证和进场复验报告；预应力筋安装、张拉及灌浆记录；隐蔽工程验收记录；分项工程验收记录；混凝土结构实体检验记录；工程的重大质量问题的处理方案和验收记录；其他必要的文件和记录。

（3）混凝土结构子分部工程施工质量验收合格应符合下列规定：

有关分项工程施工质量验收合格；应有完整的质量控制资料；观感质量验收合格；结构实体检验结果满足本规范的要求。

（4）当混凝土结构施工质量不符合要求时，应按下列规定进行处理：

①经返工、返修或更换构件、部件的检验批，应重新进行验收；

②经有资质的检测单位检测鉴定达到设计要求的检验批，应予以验收；

③经有资质的检测单位检测鉴定达不到设计要求，但经原设计单位核算并确认仍可满足结构安全和使用功能的检验批，可予以验收；

④经返修或加固处理能够满足结构安全使用要求的分项工程，可根据技术处理方案和协商文件进行验收。

2A332024　钢结构工程施工质量验收的有关规定

☞ 考点1　钢结构工程的原材料及成品进场

（1）钢材。

钢材的表面外观质量除应符合国家现行有关标准的规定外，尚应符合下列规定：

当钢材的表面有锈蚀、麻点或划痕等缺陷时，其深度不得大于该钢材厚度负允许偏差值的1/2；钢材端边或断口处不应有分层、夹渣等缺陷。

（2）焊接材料。

①焊接材料的品种、规格、性能等应符合现行国家产品标准和设计要求。

检查数量：全数检查。

检验方法：检查焊接材料的质量合格证明文件、中文标志及检验报告等。

②重要钢结构采用的焊接材料应进行抽样复验，复验结果应符合现行国家产品标准和设计要求。

③焊条外观不应有药皮脱落、焊芯生锈等缺陷；焊剂不应受潮结块。

（3）连接用紧固标准件。

①钢结构连接用高强度大六角头螺栓连接副、扭剪型高强度螺栓连接副、钢网架用高强度螺栓、普通螺栓、铆钉、自攻钉、拉铆钉、射钉、锚栓（机械型和化学试剂型）、地脚锚栓等紧固标准件及螺母、垫圈等标准配件，其品种、规格、性能等应符合现行国家产品标准和设计要求。

高强度大六角头螺栓连接副和扭剪型高强度螺栓连接副出厂时应分别随箱带有扭矩系数和紧固轴力（预拉力）的检验报告。

检查数量：全数检查。

检验方法：检查产品的质量合格证明文件、中文标志及检验报告等。

②高强度大六角头螺栓连接副应检验其扭矩系数，扭剪型高强度螺栓连接副应检验预拉力，其检验结果应符合规范相关规定。

检验方法：检查复验报告。

☞ **考点2 钢结构焊接工程和紧固件连接工程**

（1）钢结构焊接工程。

碳素结构钢应在焊缝冷却到环境温度、低合金结构钢应在完成焊接24h以后，进行焊缝探伤检验。

（2）紧固件连接工程。

永久普通螺栓紧固应牢固、可靠、外露丝扣不应少于2扣。

检查数量：按连接节点数抽查10%，且不应少于3个。

检验方法：观察和用小锤敲击检查。

☞ **考点3 单层钢结构安装工程和压型金属板工程**

（1）单层钢结构安装工程。

①单层钢结构主体结构的整体垂直度允许偏差不超过H/1 000，且不应大于25mm；整体平面弯曲的允许偏差不超过L/1 500，且不应大于25mm。

②当钢桁架（或梁）安装在混凝土柱上时，其支座中心对定位轴线的偏差不应大于10mm；当采用大型混凝土屋面板时，钢桁架（或梁）间距的偏差不应该大于10mm。

（2）压型金属板、泛水板和包角板等应固定可靠、牢固、防腐涂料涂刷和密封材料敷设应完好，连接件数量、间距应符合设计要求和国家现行有关标准规定。

☞ **考点4 钢结构涂装工程**

（1）防腐涂料涂装。

①主控项目：涂料、涂装遍数、涂层厚度均应符合设计要求。当设计对涂层厚度无要求时，涂层干漆膜总厚度：室外应为150μm，室内应为125μm，其允许偏差为－25μm。每遍涂层干漆膜厚度的允许偏差为－5μm。

②一般项目：构件表面不应误涂、漏涂、涂层不应脱皮和返锈等。涂层应均匀、无明显皱皮、流坠、针眼和气泡等。

（2）防火涂料涂装。

①主控项目：薄涂型防火涂料的涂层厚度应符合有关耐火极限的设计要求。厚涂型防火涂料涂层的厚度，80%及以上面积应符合有关耐火极限的设计要求，且最薄处厚度不应低于设计要求的85%。薄涂型防火涂料涂层表面裂纹宽度不应大于0.5mm；厚涂型防火涂料涂层表面裂纹宽度不应大于1mm。

②一般项目：防火涂料涂装基层不应有油污、灰尘和泥砂等污垢。

2A332025 屋面工程质量验收的有关规定

☞ **考点1 屋面工程质量验收的基本规定**

（1）施工单位应取得建筑防水和保温工程相应等级的资质证书，作业人员应持证上岗。施工单位应编制屋面工程专项施工方案，并应经监理单位或建设单位审查确认后执行。

（2）屋面防水工程完工后，应进行观感质量检查和雨后观察或淋水、蓄水试验，不得有渗漏和积水现象。

（3）屋面工程各分项工程宜按屋面面积每500～1 000m²划分为一个检验批，不足500m²应按一个检验批，每个检验批的抽检数量应按本规范相关规定执行。

☞ **考点2 基层与保护工程**

（1）屋面找坡应满足设计排水坡度要求，结构找坡不应小于3%，材料找坡宜为2%；檐沟、天沟纵向找坡不应小于1%，沟底水落差不得超过200mm。

（2）基层与保护工程各分项工程每个检验批的抽检数量，应按屋面面积每100m^2抽查1处，每处应为10m^2，且不得少于3处。

（3）找坡层宜采用轻骨料混凝土，找平层宜采用水泥砂浆或细石混凝土。找平层分格缝纵横间距不宜大于6m，分格缝的宽度宜为5~20mm。

（4）隔汽层应设置在结构层与保温层之间，在屋面与墙的连接处，隔汽层应沿墙面向上连续铺设，高出保温层上表面不得小于150mm。

（5）当采用干铺塑料膜、土工布、卷材时，应铺设平整，其搭接宽度不应小于50mm，不得有皱折；当采用低强度等级砂浆时，其表面应压实、平整，不得有起壳、起砂现象。

（6）待防水层卷材铺贴完成或涂料固化成膜，并经检验合格后才能进行其上的保护层施工。

（7）用块体材料做保护层时，宜设置分格缝，分格缝纵横间距不应大于10m，分格缝宽度宜为20mm。用水泥砂浆做保护层时，表面应抹平压光，并应设表面分格缝，分格面积宜为1m^2。用细石混凝土做保护层时，应振捣密实，表面应抹平压光，分格缝纵横间距不应大于6m。缝宽度宜为10~20mm。

☞ **考点3 保温与隔热工程**

（1）保温材料的导热系数、表观密度或干密度、抗压强度或压缩强度、燃烧性能，必须符合设计要求。

（2）保温与隔热工程各分项工程每个检验批的抽检数量，应按屋面面积每100m^2抽查1处，每处应为10m^2，且不得少于3处。

（3）板状材料保温层采用干铺法施工时，保温材料应紧靠在基层表面上，且应铺平垫稳；分层铺设的板块上下层接缝应相互错开，板间缝隙应采用同类材料的碎屑嵌填密实。

（4）纤维材料保温层的纤维材料填充后，不得上人踩踏。

（5）一个作业面应分遍喷涂完成，每遍厚度不宜大于15mm；当日的作业面应当日连续喷涂施工完毕。硬泡聚氨酯喷涂后20min内严禁上人，喷涂完成后，应及时做保护层。

（6）在浇筑泡沫混凝土前，应将基层上的杂物和油污清理干净。

（7）种植隔热层与防水层之间宜设细石混凝土保护层。种植隔热层的屋面坡度大于20%时，其排水层、种植土层应采取防滑措施。

（8）设计无要求时，架空隔热层高度宜为180~300mm。当屋面宽度大于10m时，应在屋面中部设置通风屋脊，通风口处应设置通风箅子。架空隔热制品支座底面的卷材、涂膜防水层，应采取加强措施。架空隔热制品距山墙或女儿墙不得小于250mm。架空隔热制品：非上人屋面的砌块强度等级不应低于MU7.5，上人屋面的砌块强度等级不应低于MU10；混凝土板的强度等级不应低于C20，板厚及配筋应符合设计要求。

（9）蓄水隔热层与屋面防水层之间应设隔离层。蓄水池的所有孔洞应预留，不得后凿，所设置的给水管、排水管和溢水管等，均应在蓄水池混凝土施工前安装完毕。每个蓄水区的防水混凝土应一次浇筑完毕，不得留施工缝。防水混凝土初凝后应覆盖养护，终凝后浇水养护不得少于14d；蓄水后不得断水。

☞ **考点4 防水与密封工程**

（1）卷材防水层。

①屋面坡度大于25%时，卷材应采取满粘和钉压固定措施。

②卷材铺贴方向宜平行于屋脊，且上下层卷材不得相互垂直铺贴。

③平行屋脊的卷材搭接缝应顺流水方向，相邻两幅卷材短边搭接缝应错开，且不得小于500mm；上下层卷材长边搭接缝应错开，且不得小于幅宽的1/3。

（2）涂膜防水层。

①防水涂料应多遍涂布，并应待前一遍涂布的涂料干燥成膜后，再涂布后一遍涂料，且前后两遍涂料的涂布方向应相互垂直。

②铺设胎体增强材料应符合下列规定：

a. 胎体增强材料宜采用聚酯无纺布或化纤无纺布；

b. 胎体增强材料长边搭接宽度不应小于50mm，短边搭接宽度不应小于70mm；

c. 上下层胎体增强材料的长边搭接应错开，且不得小于幅宽的1/3；

d. 上下层胎体增强材料不得相互垂直铺设。

③涂膜防水层的平均厚度应符合设计要求，且最小厚度不得小于设计厚度的80%。

（3）复合防水层。

①卷材与涂料复合使用时，涂膜防水层宜设置在卷材防水层的下面；

②卷材与涂膜应粘贴牢固，不得有空鼓和分层现象；

③复合防水层的总厚度应符合设计要求。

检验方法：针测法或取样量测。

（4）接缝密封防水

①密封防水部位的基层应清洁、干燥，并应无油污、无灰尘。且基层应牢固，表面应平整、密实，不得有裂缝、蜂窝、麻布、起皮和起砂现象；嵌入的背衬材料与接缝壁间不得留有空隙。

②密封材料嵌填应密实、连续、饱满，粘结牢固，不得有气泡、开裂、脱落等缺陷。

③密封材料嵌填完成后，在固化前应避免灰尘、破损及污染，且不得踩踏。

2A332026 地下防水工程质量验收的有关规定

☞ 考点1 地下防水工程质量验收的基本规定

（1）地下工程防水等级分为4级，各级标准应符合下表的规定。

表5-4　　　　　　　　　　地下工程防水等级标准

防水等级	防水标准
一级	不允许渗水，结构表面无湿渍
二级	不允许漏水，结构表面可有少量湿渍； 房屋建筑地下工程：总湿渍面积不应大于总防水面积（包括顶板、墙面、地面）的1‰，任意100m²防水面积上的湿渍不超过2处，单个湿渍的最大面积不大于0.1m²；其他地下工程：总湿渍面积不应大于总防水面积的2‰，任意100m²防水面积上的湿渍不超过3处，单个湿渍的最大面积不大于0.2m²
三级	有少量漏水点，不得有线流和漏泥砂； 任意100m²防水面积上的漏水或湿渍点数不超过7处，单个漏水点的最大漏水量不大于2.5L/d，单个湿渍的最大面积不大于0.3m²
四级	有漏水点，不得有线流和漏泥砂； 整个工程平均漏水量不大于2L/（m²·d），任意100m²防水面积上的平均漏水量不大于4L/（m²·d）

（2）地下防水工程施工期间，必须保持地下水位稳定在工程底部最低高程500mm以下，必要时应采取降水措施。对采用明沟排水的基坑，应保持基坑干燥。

（3）地下防水工程不得在雨天、雪天和五级风及其以上时施工；防水材料施工环境气温条件宜符合下表规定：

表5-5 防水层施工环境气温条件

防水层材料	施工环境气温	防水层材料	施工环境气温
高聚物改性沥青防水卷材	冷粘法、自粘法不低于5℃ 热熔法不低于-10℃	有机防水涂料	溶剂型-5~35℃ 反应型、水乳型5~35℃
合成高分子防水卷材	冷粘法、自粘法不低于5℃ 焊接法不低于-10℃	无机防水涂料	5~35℃
防水混凝土	5~35℃	膨润土防水涂料	不低于-20℃

（4）地下防水工程是一个子分部工程，其分项工程的划分应符合本规范的规定。各分项工程检验批和抽样检验数量应符合下列规定：

①主体结构防水工程和细部构造防水工程应按结构层、变形缝或后浇带等施工段划分检验批；

②特殊施工法结构防水工程应按隧道区间、变形缝等施工段划分检验批；

③排水工程和注浆工程应各为一个检验批；

④各检验批的抽样检验数量：细部构造全数检查，其他均应符合规范规定。

☞ 考点2 主体结构防水工程的相关规定

（1）防水混凝土。

①防水混凝土所用材料及配合比应符合下列规定：

a. 宜采用普通硅酸盐水泥或硅酸盐水泥，不同品种或强度等级的水泥严禁混用。

b. 砂宜选用中粗砂，不宜使用海砂。当必须使用时，控制氯离子含量不得大于0.06%；

c. 对长期处于潮湿环境的重要结构混凝土用砂、石，应进行碱活性检验；

d. 外加剂的品种和用量应经试验确定，掺加引气剂或引气型减水剂的混凝土，其含气量宜控制在3%~5%；

e. 试配要求的抗渗水压值应比设计值提高0.2MPa。

②防水混凝土拌制和浇筑过程控制应符合下列规定：

a. 拌制混凝土所用材料的品种、规格和用量，每工作班检查不应少于两次；

b. 混凝土在浇筑地点的坍落度，每工作班至少检查两次；

c. 泵送混凝土在交货地点的入泵坍落度，每工作班至少检查两次；

d. 防水混凝土拌合物运输后出现离析时必须二次搅拌。

③防水混凝土结构表面应坚实、平整，不得有露筋、蜂窝等缺陷。防水混凝土结构表面的裂缝宽度不应大于0.2mm，且不得贯通。

④防水混凝土结构厚度不应小于250mm，其允许偏差应为-5~+8mm，主体结构迎水面钢筋保护层厚度不应小于50mm，其允许偏差应为±5mm。

（2）水泥砂浆防水层。

水泥砂浆防水层适用于地下工程主体结构的迎水面或背水面。不适用于受持续振动或环境温度高于80℃的地下工程。

（3）卷材防水层。

①卷材防水层适用于受侵蚀性介质作用或受振动作用的地下工程，卷材防水层应铺设在主体结构的迎水面。

②卷材接缝采用焊接法施工时，应先焊长边搭接缝，后焊短边搭接缝。

③卷材与基层粘贴应采用满粘法，粘结面积不应小于90%，刮涂粘结料应均匀，不得露底、堆积、流淌；固化后的粘结料厚度不应小于1.3mm，卷材接缝部位应挤出粘结料，接缝表面处应刮1.3mm厚50mm宽聚合物水泥粘结料封边；聚合物水泥粘结料固化前，不得在其上行走或进行后续作业。

④防水层经验收合格后应及时做保护层。顶板的细石混凝土保护层与防水层之间宜设置隔离层；细石混凝土保护层厚度：机械回填时不宜小于70mm，人工回填时不宜小于50mm。底板的细石混凝土保护层厚度不应小于50mm。侧墙宜采用软质保护材料或铺抹20mm厚1：2.5水泥砂浆。

⑤卷材防水层分项工程检验批的抽样检验数量，应按铺贴面积每100m²抽查1处，每处10m²，且不得少于3处。

（4）涂料防水层。

①涂料防水层适用于受侵蚀性介质作用或受振动作用的地下工程；有机防水涂料宜用于主体结构的迎水面，无机防水涂料宜用于主体结构的迎水面或背水面。

②有机防水涂料应采用反应型、水乳型、聚合物水泥等涂料；无机防水涂料应采用掺外加剂、掺合料的水泥基防水涂料或水泥基渗透结晶型防水涂料。

③有机防水涂料基面应干燥。

④涂料防水层最小厚度不得小于设计厚度的90%。检验方法：用针测法检查。

⑤涂料防水层分项工程检验批的抽样检验数量，应按涂层面积每100m²抽查1处，每处10m²，且不得少于3处。

☞ 考点3　细部构造防水工程

（1）施工缝。

①施工缝处继续浇筑混凝土时，已浇筑的混凝土抗压强度不应小于1.2MPa。

②墙体水平施工缝应留设在高出底板表面不小于300mm的墙体上。拱、板与墙结合的水平施工缝，宜留在拱、板和墙交接处以下150~300mm处；垂直施工缝应避开地下水和裂隙水较多的地段，并宜与变形缝相结合。

③水平施工缝浇筑混凝土前，应将其表面浮浆和杂物清除，然后铺设净浆、涂刷混凝土界面处理剂或水泥基渗透结晶型防水涂料，再铺30~50mm厚的1：1水泥砂浆，并及时浇筑混凝土。

④垂直施工缝浇筑混凝土前，应将其表面清理干净，再涂刷混凝土界面处理剂或水泥基渗透结晶型防水涂料，并及时浇筑混凝土。

（2）变形缝。

中埋式止水带的接缝应设在边墙较高位置上，不得设在结构转角处，接头宜采用热压焊接。中埋式止水带在转弯处应做成圆弧形，顶板、底板内止水带应安装成盆状，并宜采用专用钢筋套或扁钢固定。

（3）后浇带。

①采用掺膨胀剂的补偿收缩混凝土，其抗压强度、抗渗性能和限制膨胀率必须符合设计要求。

检验方法：检查混凝土抗压强度、抗渗性能和水中养护14d后的限制膨胀率检验报告。

②补偿收缩混凝土浇筑前，后浇带部位和外贴式止水带应采取保护措施。

③后浇带两侧的接缝表面应先清理干净，再涂刷混凝土界面处理剂或水泥基渗透结晶型防水涂料；后浇混凝土的浇筑时间应符合设计要求。

④后浇带混凝土应一次浇筑，不得留施工缝；混凝土浇筑后应及时养护，养护时间不得少

于28d。

2A332027 建筑地面工程施工质量验收的有关规定

☞ **考点1 建筑地面工程施工质量验收的基本规定**

（1）建筑地面工程施工时，各层环境温度的控制应符合下列规定：

①采用掺有水泥、石灰的拌和料铺设以及用石油沥青胶结料铺贴时，不应低于5℃；

②采用有机胶粘剂粘贴时，不应低于10℃；

③采用砂、石材料铺设时，不应低于0℃；

④采用自流平、涂料铺设时，不应低于5℃，也不应高于30℃。

（2）检验同一施工批次、同一配合比水泥混凝土和水泥砂浆强度的试块，应每一层（或检验批）建筑地面工程不少于1组。当每一层（或检验批）建筑地面工程面积大于1 000m²时，每增加1 000m²应增做1组试块；小于1 000m²按1 000m²计算，取样1组。

（3）建筑地面工程施工质量的检验，应符合相关规定。

☞ **考点2 建筑地面工程的基层铺设**

（1）灰土垫层应采用熟化石灰与黏土（或粉质黏土、粉土）的拌和料铺设，其厚度不应小于100mm。熟化石灰可采用磨细生石灰，亦可用粉煤灰代替。

（2）砂垫层厚度不应小于60mm；砂石垫层厚度不应小于100mm。

（3）碎石垫层和碎砖垫层厚度不应小于100mm。

（4）三合土垫层采用石灰、砂（可掺入少量黏土）与碎砖的拌和料铺设，其厚度不应小于100mm；四合土垫层应采用水泥、石灰、砂（可掺少量黏土）与碎砖的拌和料铺设，其厚度不应小于80mm。

（5）炉渣垫层采用炉渣、水泥与炉渣或水泥、石灰与炉渣的拌合料铺设，其厚度不应小于80mm；闷透时间均不得少于5d。

（6）水泥混凝土垫层的厚度不应小于60mm，陶粒混凝土垫层的厚度不应小于80mm。均应铺设在基土上，当气温长期处于0℃以下，设计无要求时，垫层应设置伸缩缝。

（7）在靠近墙面处，应高出面层200～300mm或按设计要求的高度铺涂。

（8）厕浴间和有防水要求的建筑地面必须设置防水隔离层。楼层结构必须采用现浇混凝土或整块预制混凝土板，混凝土强度等级不应小于C20；楼板四周除门洞外，应做混凝土翻边，其高度不应小于200mm，宽同墙厚，混凝土强度等级不应小于C20。

☞ **考点3 建筑地面工程的整体面层铺设**

（1）铺设整体面层时，其水泥类基层的抗压强度不得小于1.2MPa；表面应粗糙、洁净、湿润并不得有积水。铺设前宜凿毛或涂刷界面剂。

（2）整体面层施工后，养护时间不应少于7d；抗压强度应达到5MPa后，方准上人行走；抗压强度应达到设计要求后，方可正常使用。

（3）水泥混凝土面层中混凝土采用的粗骨料，其最大粒径不应大于面层厚度的2/3；细石混凝上面层采用的石子粒径不应大于16mm。水泥混凝土面层的强度等级应符合设计要求，且强度等级不应小于C20。

（4）水泥砂浆面层的砂浆强度等级不应小于M15；宜采用硅酸盐水泥、普通硅酸盐水泥，不同品种、不同强度等级的水泥严禁混用；砂应为中粗砂，当采用石屑时，其粒径应为1～5mm，且含泥量不应大于3%。防水水泥砂浆采用的砂或石屑，其含泥量不应大于1%。同一工程、同一强度等级、同一配合比检查一次。

（5）水磨石面层应采用水泥与石粒的拌合料铺设。面层厚度除有特殊要求外，宜为 12 ~ 18mm，且宜按石粒粒径确定。

（6）水磨石面层的石粒，应采用白云石、大理石等岩石加工而成，石粒应洁净无杂物，其粒径除特殊要求外应为 6 ~ 16mm；颜料应采用耐光、耐碱的矿物原料，不得使用酸性颜料。

（7）当设计无要求时，水泥钢（铁）屑面层铺设厚度不应小于 30mm，抗压强度不应小于 40MPa；水泥石英砂浆面层铺设厚度不应小于 20mm，抗压强度不应小于 30MPa；钢纤维混凝土面层铺设厚度不应小于 40mm，抗压强度不应小于 40MPa。

（8）当设计无要求时，混凝土基层的厚度不应小于 50mm，强度等级不应小于 C25；砂浆基层的厚度不应小于 20mm，强度等级不应小于 M15。

（9）塑胶面层应采用现浇型塑胶材料或塑胶卷材，宜在沥青混凝土或水泥类基层上铺设。铺设时的环境温度宜为 10 ~ 30℃。

（10）地面辐射供暖的整体面层其分格缝应符合设计要求，面层与柱、墙之间应留不小于 10mm 的空隙。

☞ **考点4　建筑地面工程的板块面层铺设**

（1）铺设板块面层时，其水泥类基层的抗压强度不得小于 1.2MPa。

（2）铺设水泥混凝土板块、水磨石板块、人造石板块、陶瓷锦砖、陶瓷地砖、缸砖、水泥花砖、料石、大理石、花岗石等面层的结合层和填缝材料采用水泥砂浆时，在面层铺设后，表面应覆盖、湿润，养护不少于 7d。

（3）条石面层的结合层宜采用水泥砂浆，其厚度应符合设计要求；块石面层的结合层宜采用砂垫层，其厚度不应小于 60mm；基土层应为均匀密实的基土或夯实的基土。

（4）铺贴塑料板面层时，室内相对湿度不宜大于 70%，温度宜在 10 ~ 32℃ 之间。

（5）活动地板面层的金属支架应支承在现浇水泥混凝土基层（或面层）上，基层表面应平整、光洁、不起灰。

（6）地毯面层采用的材料进入施工现场时，应有地毯、衬垫、胶粘剂中的挥发性有机化合物（VOC）和甲醛限量合格的检测报告。

（7）地面辐射供暖板块面层的伸、缩缝及分格缝应符合设计要求，面层与柱、墙之间应留不小于 10mm 的空隙。

➤➤ 2A332030　建筑装饰装修工程相关技术标准 ◄◄

2A332031　建筑幕墙工程技术规范中的有关规定

☞ **考点1　《建筑装饰装修工程质量验收规范》（GB 50210—2001）中的强制性条文**

（1）隐框、半隐框玻璃幕墙所采用的结构粘结材料必须是中性硅酮结构密封胶，其性能必须符合《建筑用硅酮结构密封胶》（GB 16776—2005）的规定；硅酮结构密封胶必须在有效期内使用。

（2）主体结构与幕墙连接的各种预埋件，其数量、规格、位置和防腐处理必须符合设计要求。

（3）幕墙的金属框架与主体结构预埋件的连接、立柱与横梁的连接及幕墙面板的安装必须符合设计要求，安装必须牢固。

☞ **考点2　《玻璃幕墙工程技术规范》（JGJ 102—2003）的强制性条文**

（1）隐框和半隐框玻璃幕墙，其玻璃与铝型材的粘结必须采用中性硅酮结构密封胶。

（2）硅酮结构密封胶和硅酮建筑密封胶必须在有效期内使用。

（3）硅酮结构密封胶使用前，应经国家认可的检测机构进行与其相接触材料的相容性和剥离粘结性试验，并对邵氏硬度、标准状态拉伸粘结性能进行复验。

（4）板面与装修面或结构面之间的空隙不应小于8mm，且应采用密封胶密封。

（5）采用胶缝传力的全玻幕墙，其胶缝必须采用硅酮结构密封胶。

（6）除全玻幕墙外，不应在现场打注硅酮结构密封胶。

（7）当高层建筑的玻璃幕墙安装与主体结构施工交叉作业时，在主体结构的施工层下方应设置防护网；在距离地面约3m高度处，应设置挑出宽度不小于6m的水平防护网。

☞ 考点3 《金属与石材幕墙工程技术规范》（JGJ 133—2001）的强制性条文

（1）花岗石板材的弯曲强度应经法定检测机构检测确定，其弯曲强度不应小于8.0MPa。

（2）同一幕墙工程应采用同一品牌的单组分或双组分的硅酮结构密封胶，并应有保质年限的质量证书。用于石材幕墙的硅酮结构密封胶还应有证明无污染的试验报告。

（3）同一幕墙工程应采用同一品牌的硅酮结构密封胶和硅酮耐候密封胶配套使用。

（4）用硅酮结构密封胶粘结固定构件时，注胶应在温度15℃以上30℃以下、相对湿度50%以上且洁净、通风的室内进行，胶的宽度、厚度应符合设计要求。

（5）金属、石材幕墙与主体结构连接的预埋件，应在主体结构施工时按设计要求埋设。预埋件应牢固，位置准确，预埋件的位置误差应按设计要求进行复查。当设计无明确要求时，预埋件的标高偏差不应大于10mm，预埋件位置差不应大于20mm。

（6）金属板、石板空缝安装时，必须有防水措施，并应有符合设计要求的排水出口。

2A332032　住宅装饰装修工程施工的有关规定

☞ 考点1 住宅装饰装修工程施工的基本要求和材料、设备基本要求

表5-6　　　　　住宅装饰装修工程施工的基本要求和材料、设备基本要求

项目	内容
施工基本要求	①施工前应进行设计交底工作，并应对施工现场进行核查，了解物业管理的有关规定。 ②各工序，各分项工程应自检、互检及交接检。 ③施工中，严禁损坏房屋原有绝热设施；严禁损坏受力钢筋；严禁超荷载集中堆放物品；严禁在预制混凝土空心楼板上打孔安装埋件。 ④施工中，严禁擅自改动建筑主体、承重结构或改变房间主要使用功能；严禁擅自拆改燃气、暖气、通讯等配套设施。 ⑤管道、设备工程的安装及调试应在装饰装修工程施工前完成，必须同步进行的应在饰面层施工前完成。 ⑥施工人员应遵守有关施工安全、劳动保护、防火、防毒的法律、法规。 ⑦施工现场用水应符合下列规定： a. 不得在未做防水的地面蓄水； b. 临时用水管不得有破损、滴漏； c. 暂停施工时应切断水源 ⑧文明施工和现场环境应符合下列要求： a. 施工人员应衣着整齐； b. 施工人员应服从物业管理或治安保卫人员的监督、管理； c. 应控制粉尘、污染物、噪声、震动等对相邻居民、居民区和城市环境的污染及危害； d. 施工堆料不得占用楼道内的公共空间，封堵紧急出口； e. 室外堆料应遵守物业管理规定，避开公共通道、绿化地、化粪池等市政公用设施； f. 工程垃圾宜密封包装，并放在指定垃圾堆放地； g. 不得堵塞、破坏上下水管道、垃圾道等公共设施，不得损坏楼内各种公共标识 ⑨工程验收前应将施工现场清理干净

续表

项目	内容
材料、设备基本要求	①住宅装饰装修工程所用材料的品种、规格、性能应符合设计的要求及国家现行有关标准的规定; ②严禁使用国家明令淘汰的材料; ③住宅装饰装修所用的材料应按设计要求进行防火、防腐和防蛀处理; ④施工单位应对进场主要材料的品种、规格、性能进行验收; ⑤现场配制的材料应按设计要求或产品说明书制作; ⑥应配备满足施工要求的配套机具设备及检测仪器; ⑦住宅装饰装修工程应积极使用新材料、新技术、新工艺、新设备

☞ 考点 2　成品保护和防火安全

表 5-7　　　　　　　　　　　　成品保护和防火安全

项目	内容
成品保护	①施工过程中材料运输应符合下列规定: a. 材料运输使用电梯时,应对电梯采取保护措施; b. 材料搬运时要避免损坏楼道内顶、墙、扶手、楼道窗户及楼道门 ②施工过程中应采取下列成品保护措施: a. 各工种在施工中不得污染、损坏其他工种的半成品、成品; b. 材料表面保护膜应在工程竣工时撤除; c. 对邮箱、消防、供电、电视、报警、网络等公共设施应采取保护措施
防火安全	①施工单位必须制定施工防火安全制度,施工人员必须严格遵守。 ②易燃物品应相对集中放置在安全区域并应有明显标识。施工现场不得大量积存可燃材料。 ③配套使用的照明灯、电动机、电气开关,应有安全防爆装置。 ④使用油漆等挥发性材料时,应随时封闭其容器。 ⑤施工现场动用电气焊等明火时,必须清除周围及焊渣滴落区的可燃物质,并设专人监督。 ⑥施工现场必须配备灭火器、砂箱或其他灭火工具。严禁在施工现场吸烟。 ⑦严禁在运行中的管道、装有易燃易爆的容器和受力构件上进行焊接和切割。 ⑧消防设施的保护

☞ 考点 3　施工工艺要求

(1) 室内涂膜防水施工应符合下列规定:

①涂膜涂刷应均匀一致,不得漏刷。总厚度应符合产品技术性能要求。

②玻纤布的接槎应顺流水方向搭接,搭接宽度应不小于 100mm。两层以上玻纤布的防水施工,上、下搭接应错开幅宽的 1/2。

(2) 抹灰用的水泥宜为硅酸盐水泥、普通硅酸盐水泥,其强度等级不应小于 32.5。不同品种不同强度等级的水泥不得混合使用。抹灰用石灰膏的熟化期不应少于 15d。罩面用磨细石灰粉的熟化期不应少于 3d。

(3) 抹灰应分层进行,每遍厚度宜为 5~7mm。抹石灰砂浆和水泥混合砂浆每遍厚度宜为 7~9mm。当抹灰总厚度超出 35mm 时,应采取加强措施。底层的抹灰层强度不得低于面层的抹灰层强度。

(4) 嵌入墙体、地面的管道应进行防腐处理并用水泥砂浆保护,其厚度应符合下列要求:墙内冷水管不小于 10mm,热水管不小于 15mm,嵌入地面的管道不小于 10mm。嵌入墙体、地面或暗敷的管道应作隐蔽工程验收。

（5）电源线及插座与电视线及插座的水平间距不应小于 500mm。电线与暖气、热水、煤气管之间的平行距离不应小于 300mm，交叉距离不应小于 100mm。同一室内的电源、电话、电视等插座面板应在同一水平标高上，高差应小于 5mm。电源插座底边距地宜为 300mm，平开关板底边距地宜为 1 400mm。

2A332033　建筑内部装修设计防火的有关规定

☞ **考点1　建筑内部装修材料分级**

（1）装修材料按其燃烧性能应划分为四级：

A 级：不燃性；B_1 级：难燃性；B_2 级：可燃性；B_3 级：易燃性。

（2）《建筑内部装修设计防火规范》（GB 50222—1995）（2001 年版）附录 B 中常用建筑内部装修材料燃烧性能等级划分：

①各部位材料 A 级。

天然石材、混凝土制品、石膏板、玻璃、瓷砖、金属制品等。

②顶棚材料。

B_1 级：纸面石膏板、纤维石膏板、水泥刨花板、矿棉装饰吸声板、玻璃棉装饰吸声板、珍珠岩装饰吸声板、难燃胶合板、难燃中密度纤维板、岩棉装饰板、难燃木材、铝箔复合材料、难燃酚醛胶合板、铝箔玻璃钢复合材料等。

③墙面材料。

B_1 级：纸面石膏板、纤维石膏板、水泥刨花板、难燃胶合板、难燃中密度纤维板、矿棉板、玻璃棉板、珍珠岩板、防火装饰塑料板、难燃双面刨花板、多彩涂料、难燃墙纸、难燃墙布、难燃仿花岗石装饰板、氯氧镁水泥装配式墙板、难燃玻璃钢平板、PVC 塑料护墙板、轻质高强复合墙板阻燃模压木质复合板材、彩色阻燃人造板、难燃玻璃钢等。

B_2 级：各类天然材料、木制人造板、竹材、纸制装饰板、装饰微薄木贴面板、印制木纹人造板、塑料贴面装饰板、聚氨酯装饰板、复塑装饰板、塑纤板、胶合板、塑料壁纸、无纺贴墙布、墙布、复合壁纸、天然材料壁纸、人造革等。

④地面材料。

B_1 级：硬 PVC 塑料地板、水泥刨花板、水泥木丝板、氯丁橡胶地板等。

B_2 级：半硬质 PVC 塑料地板、PVC 卷材地板、木地板氯纶地毯等。

⑤装饰织物。

B_1 级：经阻燃处理的各类难燃织物等。

B_2 级：纯毛装饰布、纯麻装饰布、经阻燃处理的其他织物等。

⑥其他装饰材料。

B_1 级：聚氯乙烯塑料板、酚醛塑料、聚碳酸酯塑料、聚四氟乙烯塑料、三聚氰胺、脲醛塑料、硅树脂塑料装饰型材、经阻燃处理的各类织物等。

B_2 级：经阻燃处理的聚乙烯、聚丙烯、聚氨酯、聚苯乙烯、玻璃钢、化纤织物、木制品等。

☞ **考点2　民用建筑的一般规定**

（1）当顶棚或墙面表面局部采用多孔或泡沫状塑料时，其厚度应不大于 15mm，且面积不得超过该房间顶棚或墙面积的 10%。

（2）图书室、资料室、档案室和存放文物的房间，其顶棚、墙面应采用 A 级，地面应采用不低于 B_1 级的装修材料。

（3）消防水泵房、排烟机房、固定灭火系统钢瓶间、配电室、变压器室、通风和空调机房等，其内部所有装修材料均应采用 A 级。

（4）防烟分区的挡烟垂壁，其装修材料应采用 A 级。

（5）建筑内部的变形缝（包括沉降缝、伸缩缝、抗震缝等）两侧的基层应采用 A 级材料，表面装修应采用不低于 B_1 级的装修材料。

（6）照明灯具的高温部位，当靠近非 A 级装修材料时，应采取隔热、散热等防火保护措施，灯饰所用材料的燃烧性能等级不应低于 B_1 级装修材料。

（7）地上建筑的水平疏散走道和安全出口的门厅，其顶棚装饰材料应采用 A 级，其他部位应采用不低于 B_1 级装修材料。

（8）消火栓的门不应被装饰物遮掩，其四周的装修材料颜色应与消火栓门的颜色有明显区别。

（9）建筑内部装修不应遮挡消防设施、疏散指示标志及安全出口，并且不应妨碍消防设施和疏散走道的正常使用。

（10）建筑物内的厨房，其顶棚、墙面、地面均应采用 A 级装修材料。

（11）当设置在地下一层时，室内装修的顶棚、墙面材料应采用 A 级，其他部位应采用不低于 B_1 级装修材料。

☞ 考点3　民用建筑的特殊规定

表 5-8　民用建筑的特殊规定

项目	内容
单层、多层民用建筑	单层、多层民用建筑内面积小于 $100m^2$ 的房间，当采用防火墙和甲级防火门与其他部位分隔时，其装修材料的燃烧性能等级可在《建筑内部装修设计防火规范》的基础上降低一级。
高层民用建筑	①高层民用建筑内部各部位装修材料的燃烧性能等级，除上述 16 条和 100m 以上的高层民用建筑及大于 800 座位的观众厅、会议厅，顶层餐厅外，当设有火灾自动报警装置和自动灭火系统时，除顶棚外，其内部装修材料的燃烧性能等级可在《建筑内部装修设计防火规范》的基础上降低一级； ②电视塔等特殊高层建筑的内部装修，装饰织物不低于 B_1 级，其他均应采用 A 级装修
地下民用建筑	①地下民用建筑的疏散走道和安全出口的门厅，其顶棚、墙面和地面的装修材料应采用 A 级； ②地下商场、地下展览厅的售货柜台、固定货架、展览台等，应采用 A 级装修材料
计算机房	装有贵重机器、仪器的厂房或房间，其顶棚和墙面应采用 A 级装修材料；地面和其他部位应采用不低于 B_1 级的装修材料

2A332034　建筑内部装修防火施工及验收的有关规定

☞ 考点1　建筑内部装修防火施工的基本规定

（1）建筑内部装修工程的防火施工与验收，应按装修材料种类划分为纺织织物子分部装修工程、木质材料子分部装修工程、高分子合成材料子分部装修工程、复合材料子分部装修工程及其他材料子分部装修工程。

（2）建筑内部装修工程防火施工（简称装修施工）应按照批准的施工图设计文件和本规范的有关规定进行。

（3）装修施工应按设计要求编写施工方案。

（4）装修施工前，应对各部位装修材料的燃烧性能进行技术交底。

（5）进入施工现场的装修材料应完好。

（6）装修材料进入施工现场后，应按本规范的有关规定，在监理单位或建设单位监督下，由施工单位有关人员现场取样，并应由具备相应资质的检验单位进行见证取样检验。

（7）装修施工过程中，装修材料应远离火源，并应指派专人负责施工现场的防火安全。

（8）装修施工过程中，应对各装修部位的施工过程作详细记录。

（9）建筑工程内部装修不得影响消防设施的使用功能。

（10）对隐蔽工程的施工，应在施工过程中及完工后进行抽样检验。

☞ **考点2　建筑内部防火工程应见证取样检验的装修材料**

（1）B_1、B_2级纺织织物及现场对纺织织物进行阻燃处理所使用的阻燃剂。

（2）B_1级木质材料及现场进行阻燃处理所使用的阻燃剂及防火涂料。

（3）B_1、B_2级高分子合成材料及现场进行阻燃处理所使用的阻燃剂及防火涂料。

（4）B_1、B_2级复合材料及现场进行阻燃处理所使用的阻燃剂及防火涂料。

（5）B_1、B_2级其他材料及现场进行阻燃处理所使用的阻燃剂及防火涂料。

☞ **考点3　建筑内部防火施工应进行抽样检验的装修材料**

（1）现场阻燃处理后的纺织织物，每种取 $2m^2$ 检验燃烧性能。

（2）施工过程中受湿浸、燃烧性能可能受影响的纺织织物，每种取 $2m^2$ 检验燃烧性能。

（3）现场阻燃处理后的木质材料，每种取 $4m^2$ 检验燃烧性能。

（4）表面进行加工后的 B_1 级木质材料，每种取 $4m^2$ 检验燃烧性能。

（5）现场阻燃处理后的泡沫塑料每种取 $0.1m^3$ 检验燃烧性能。

（6）现场阻燃处理后的复合材料每种取 $4m^2$ 检验燃烧性能。

（7）现场阻燃处理后的复合材料应进行抽样检验燃烧性能。

☞ **考点4　建筑内部防火工程有关主控项目的规定**

（1）木质材料表面进行防火涂料处理时，应对木质材料的所有表面进行均匀涂刷，且不应少于2次，第二次涂刷应在第一次涂层表面干后进行；涂刷防火涂料用量不应少于 $500g/m^2$。

（2）顶棚内采用泡沫塑料时，应涂刷防火涂料。防火涂料宜选用耐火极限大于30min的超薄型钢结构防火涂料或一级饰面型防火涂料，湿涂覆比值应大于 $500g/m^2$。涂刷应均匀，且涂刷不应少于2次。

（3）塑料电工套管的施工应满足以下要求：

①B_2级塑料电工套管不得明敷；

②B_1级塑料电工套管明敷时，应明敷在A级材料表面；

③塑料电工套管穿过 B_1 级以下（含 B_1 级）的装修材料时，应采用A级材料或防火封堵密封件严密封堵。

（4）采用复合保温材料制作的通风管道，复合保温材料的芯材不得暴露。防火涂料湿涂覆比值应大于 $500g/m^2$，且至少涂刷2次。

（5）防火门的表面加装贴面材料或其他装修时，不得减小门框和门的规格尺寸，不得降低防火门的耐火性能，所用贴面材料的燃烧性能等级不应低于 B_1 级。

（6）电气设备及灯具的施工应满足相应要求。

☞ **考点5　建筑内部防火工程质量验收的相关要求**

（1）工程质量验收应符合下列要求：

①技术资料应完整；

②所用装修材料或产品的见证取样检验结果应满足设计要求；

③装修施工过程中的抽样检验结果，包括隐蔽工程的施工过程中及完工后的抽样检验结果

应符合设计要求；

④现场进行阻燃处理、喷涂、安装作业的抽样检验结果应符合设计要求；

⑤施工过程中的主控项目检验结果应全部合格；

⑥施工过程中的一般项目检验结果合格率应达到80%。

（2）工程质量验收应由建设单位项目负责人组织施工单位项目负责人、监理工程师和设计单位项目负责人等进行。

（3）工程质量验收时可对主控项目进行抽查。当有不合格项时，应对不合格项进行整改。

（4）当装修施工的有关资料经审查全部合格、施工过程全部符合要求、现场检查或抽样检测结果全部合格时，工程验收应为合格。

2A332035　建筑装饰装修工程质量验收的有关规定

☞ 考点1　建筑装饰装修工程质量验收的强制性条文

（1）装饰装修设计质量验收强制性条文。

①建筑装饰装修工程必须进行设计，并出具完整的施工图设计文件；

②建筑装饰装修工程设计必须保证建筑物的结构安全和主要使用功能。

（2）装饰装修材料质量验收强制性条文。

①建筑装饰装修工程所用材料应符合国家有关建筑装饰装修材料有害物质限量标准的规定；

②建筑装饰装修工程所使用的材料应按设计要求进行防火、防腐和防虫处理。

（3）装饰装修工程施工质量验收强制性条文。

①建筑装饰装修工程施工中，严禁违反设计文件擅自改动建筑主体、承重结构或主要使用功能；严禁未经设计确认和有关部门批准擅自拆改水、暖、电、燃气、通讯等配套设施。

②施工单位应遵守有关环境保护的法律法规，并应采取有效措施控制施工现场的各种粉尘、废气、废弃物、噪声、振动等对周围环境造成的污染和危害。

③外墙和顶棚的抹灰层与基层之间及各抹灰层之间必须粘接牢固。

④建筑外门窗的安装必须牢固。在砌体上安装门窗禁止使用射钉固定。

⑤饰面板安装工程的预埋件（或后置埋件）、连接件的数量、规格、位置、连接方法和防腐处理必须符合设计要求。

⑥饰面砖粘贴必须牢固。

⑦护栏高度、栏杆间距、安装位置必须符合设计要求。护栏安装必须牢固。

☞ 考点2　建筑装饰装修工程质量验收的有关规定

（1）建筑装饰装修工程质量验收的程序和组织应符合《建筑工程施工质量验收统一标准》GB 50300—2001 的规定。

（2）建筑装饰装修工程的子分部工程及其分项工程应按下表划分。

表5-9　　　建筑装饰装修工程的子分部工程及其分项工程的划分

项次	子分部工程	分项工程
1	抹灰工程	一般抹灰、装饰抹灰、清水砌体勾缝
2	门窗工程	木门窗制作与安装、金属门窗安装、塑料门窗安装、特种门安装、门窗玻璃安装
3	吊顶工程	暗龙骨吊顶、明龙骨吊顶
4	轻质隔墙工程	板材隔墙、骨架隔墙、活动隔墙、玻璃隔墙

项次	子分部工程	分项工程
5	饰面板（砖）工程	饰面板安装、饰面砖安装
6	幕墙工程	玻璃幕墙、金属幕墙、石材幕墙
7	涂饰工程	水性涂料涂饰、溶剂型涂料涂饰、美术涂饰
8	裱糊与软包工程	裱糊、软包
9	细部工程	橱柜制作与安装，窗帘盒、窗台板和暖气罩制作与安装，门窗套制作与安装，护栏和扶手制作与安装，花饰制作与安装
10	建筑地面工程	基层、整体面层、板块面层、竹木面层

（3）子分部工程中各分项工程的质量均应验收合格，并应符合下列规定：

应具备下表所规定的有关安全和功能的检测项目的合格报告。

表 5－10　　有关安全和功能的检测项目表

项次	子分部工程	检测项目
1	门窗工程	1. 建筑外墙金属窗的抗风压性能、空气渗透性能和雨水渗漏性能 2. 建筑外墙塑料窗的抗风压性能、空气渗透性能和雨水渗漏性能
2	饰面板（砖）工程	1. 饰面板后置埋件的现场拉拔强度 2. 饰面砖样板件的粘结强度
3	幕墙工程	1. 硅酮结构胶的相容性试验 2. 幕墙后置埋件的现场拉拔强度 3. 幕墙的抗风压性能、空气渗透性能、雨水渗漏性能及平面变形性能

（4）未经竣工验收合格的建筑装饰装修工程不得投入使用。

➤ 2A332040　建筑工程节能相关技术标准 ◀

2A332041　节能建筑评价的有关规定

☞ 考点1　节能建筑评价总则

（1）本标准适用于新建、改建和扩建的居住建筑和公共建筑的节能评价。

（2）节能建筑评价应符合下列规定：

①节能建筑的评价应包括建筑及其用能系统，涵盖设计和运营管理两个阶段；

②节能建筑的评价应在达到适用的室内环境的前提下进行。

☞ 考点2　节能建筑评价的基本规定

（1）节能建筑评价应包括节能建筑设计评价和节能建筑工程评价两个阶段。

（2）节能建筑工程评价指标体系应由建筑规划、建筑围护结构、采暖通风与空气调节、给水排水、电气与照明、室内环境和运营管理七类指标组成。

☞ 考点3　居住建筑节能评价的有关规定

（1）建筑规划。

①居住建筑的选址和总体规划设计应符合城市规划和居住区规划的要求；

②居住建筑小区的日照、建筑密度应符合要求；

③居住建筑的项目建议书或可行性研究报告、设计文件中应有节能专项的内容。

（2）围护结构。

①严寒、寒冷地区外墙与屋面的热桥部位，外窗（门）洞口室外部分的侧墙面应进行保温处理，保证热桥部位的内表面湿度不低于设计状态下的室内空气露点温度，并减小附加热损失。

夏热冬冷、夏热冬暖地区能保证围护结构热桥部位的内表面温度不低于设计状态下的室内空气露点温度。

②围护结构施工中使用的保温隔热材料的性能指标应符合下表的规定。

表 5-11　　　　　　　围护结构施工使用的保温隔热材料的性能指标

序号	分项工程	性能指标
1	墙体节能工程	厚度、导热系数、密度、抗压强度或压缩强度、燃烧性能
2	门窗节能工程	保温性能、中空玻璃露点、玻璃遮阳系数、可见光透射比
3	屋面节能工程	厚度、导热系数、密度、抗压强度或压缩强度、燃烧性能
4	地面节能工程	厚度、导热系数、密度、抗压强度或压缩强度、燃烧性能
5	严寒地区墙体保温工程粘接材料	冻融循环

表 5-12　　　　　　　建筑材料和产品进行复检项目

序号	分项工程	性能指标
1	墙体节能工程	保温材料的导热系数、密度、抗压强度或压缩强度；粘接材料的粘接性能；增强网的力学性能、抗腐蚀性能
2	门窗节能工程	严寒、寒冷地区气密性、传热系数和中空玻璃露点；夏热冬冷地区遮阳系数
3	屋面节能工程	保温隔热材料的导热系数、密度、抗压强度或压缩强度
4	地面节能工程	保温隔热材料的导热系数、密度、抗压强度或压缩强度
5	严寒地区墙体保温工程粘接材料	冻融循环

③严寒、寒冷地区单元入口门设有门斗或其他避风防渗透措施。

④夏热冬冷、夏热冬暖地区建筑屋面、外墙具有良好的隔热措施，屋面、外墙外表面材料太阳辐射吸收系数小于 0.6。

⑤夏热冬冷、夏热冬暖地区分户墙、分户楼板采取保温措施，传热系数满足国家现行相关节能标准规定。

（3）室内环境。

①厨房和无外窗的卫生间应设有通风措施，或预留安装排风机的位置和条件；

②相对湿度较大的地区围护结构应具有防潮措施。

☞ **考点 4　公共建筑节能评价的有关规定**

（1）建筑规划。

①公共建筑的选址、总体设计、建筑密度和间距规划应符合城市规划的要求；

②新建公共建筑要保证不影响附近既有居住建筑的日照时数；

③项目建议书或设计文件中应有节能专项内容；

④公共建筑规划、建筑单体设计时，进行自然通风专项化设计和分析；

⑤公共建筑规划、建筑单体设计时，进行天然采光专项优化设计和分析。

（2）围护结构。

采暖空调建筑入口处设置门斗、旋转门、空气幕等避风、防空气渗透、保温隔热措施。

寒冷地区、夏热冬冷和夏热冬暖地区，南向、西向、东向的外窗和透明幕墙设有活动的外遮阳装置。活动的外遮阳装置能方便地控制与维护。

（3）室内环境。

①建筑围护结构内部和表面应无结露、发霉现象。

②建筑中每个房间的外窗可开启面积不小于该房间外窗面积的30%；透明幕墙具有不小于房间透明面积10%的可开启部分。

（4）运营管理。

公共建筑夏季室内空调温度设置不应低于28℃，冬季室内空调温度设置不应高于20℃。

2A332042 公共建筑节能改造技术的有关规定

☞ **考点1 公共建筑节能改造的总则**

公共建筑节能改造应在保证室内热舒适环境的基础上，提高建筑的能源利用效率，降低能源消耗。

公共建筑的节能改造应根据节能诊断结果，结合节能改造判定原则，从技术可靠性、可操作性和经济性等方面进行综合分析，选取合理可行的节能改造方案和技术措施。

☞ **考点2 节能诊断**

对于建筑外围护结构热工性能，应根据气候区和外围护结构的类型，对下列内容进行选择性节能诊断：

（1）传热系数。

（2）热工缺陷及热桥部位内表面温度。

（3）遮阳设施的综合遮阳系数。

（4）外围护结构的隔热性能。

（5）玻璃或其他透明材料的可见光透射比、遮阳系数。

（6）外窗、透明幕墙的气密性。

（7）房间气密性或建筑物整体气密性。

☞ **考点3 公共建筑节能改造的判定**

（1）一般规定。

①公共建筑进行节能改造前，应首先根据节能诊断结果，并结合公共建筑节能改造判定原则与方法，确定是否需要进行节能改造及节能改造内容。

②公共建筑节能改造应根据需要采用下列一种或多种判定方法：单项判定；分项判定；综合判定。

（2）外围护结构单项判定。

①当公共建筑因结构或防火等方面存在安全隐患而需进行改造时，宜同步进行外围护结构方面的节能改造。

②当公共建筑外墙、屋面的热工性能存在下列情况时，宜对外围护结构进行节能改造：

a. 严寒、寒冷地区，公共建筑外墙、屋面保温性能不满足内表面温度不结露要求；

b. 夏热冬冷、夏热冬暖地区，公共建筑外墙、屋面隔热性能不满足内表面温度不应低于室内空气露点温度要求。

③公共建筑外窗、透明幕墙的传热系数及综合遮阳系数存在不符合规定数值时，宜对外窗、透明幕墙进行节能改造。

（3）综合判定。

采暖通风空调及生活热水供应系统、照明系统的全年能耗降低30%以上，且静态投资回收期小于或等于6年时，应进行节能改造。

☞ **考点4 外围护结构热工性能改造**

（1）一般规定。

①公共建筑外围护结构进行节能改造后，所改造部位的热工性能应符合不同气候条件及不同房间的设计要求。

②对外围护结构进行节能改造时，应对原结构的安全性进行复核、验算；当结构安全不能满足节能改造要求时，应采取结构加固措施。

③公共建筑的外围护结构节能改造应根据建筑自身特点，确定采用的构造形式以及相应的改造技术。保温、隔热、防水、装饰改造应同时进行。

④外围护结构节能改造施工前应编制施工组织设计文件。

（2）外墙、屋面及非透明幕墙。

①外墙外保温系统与基层应有可靠的结合，保温系统与墙身的连接、粘结强度应符合下表的要求。对于室内散湿量大的场所，应采取防潮措施。

表 5 - 13　　　　　　　　　　　　　保温材料粘结强度性能要求

检验项目	性能要求		
	粘贴 EPS 板外保温系统	胶粉 EPS 颗粒保温浆料外保温系统	EPS 钢丝网架板现浇混凝土外保温系统
保温层与基层墙体粘结强度（MPa）	>0.12	≥0.1	≥0.12
抹面层与保温层粘结强度（MPa）	≥0.12，并且应为保温板破坏	≥0.1，并且应为保温层破坏	不涉及
锚栓锚固力（kN/mm）	≥0.30	≥0.30	不涉及
保温板粘贴面积（%）	≥50	不涉及	不涉及

☞ **考点5 公共建筑节能改造对可再生能源的利用**

（1）公共建筑进行节能改造时，有条件的场所应优先利用可再生能源。

（2）建筑物有生活热水需求时，地源热泵系统宜采用热泵热回收技术提供或预热生活热水。

（3）公共建筑进行节能改造时，应根据当地的年太阳辐照量和年日照时数确定太阳能的可利用情况。

2A332043　建筑节能工程施工质量验收的有关规定

☞ **考点1 建筑节能工程施工质量验收的基本规定**

（1）技术与管理。

①设计变更不得降低建筑节能效果；

②单位工程的施工组织设计应包括建筑节能工程施工内容。

（2）材料与设备。

所有进入施工现场用于节能工程的材料和设备均应具有出厂合格证、中文说明书及相关性能检测报告；进口材料和设备应按规定进行出入境商品检验。

（3）施工与控制。

①建筑节能工程施工应当按照经审查合格的设计文件和经审批的建筑节能工程施工技术方

案的要求施工。

②建筑节能工程的施工作业环境和条件，应满足相关标准和施工工艺的要求。节能保温材料不宜在雨雪天气中露天施工。

（4）验收的划分。

建筑节能工程为单位建筑工程的一个分部工程。建筑节能分项工程和检验批的验收应单独写验收记录，节能验收资料应单独组卷。

☞ **考点2 墙体节能工程的有关规定**

（1）一般规定。

①主体结构完成后进行施工的墙体节能工程，应在基层质量验收合格后施工，施工过程中应及时进行质量检查、隐蔽工程验收和检验批验收，施工完成后应进行墙体节能分项工程验收。与主体结构同时施工的墙体节能工程，应与主体结构一同验收。

②墙体节能工程当采用外保温定型产品或成套技术或产品时，其型式检验报告中应包括安全性和耐候性检验。

③墙体节能工程应对下列部位或内容进行隐蔽工程验收，并应有详细的文字记录和必要的图像资料：保温层附着的基层及其表面处理；保温板粘结或固定；锚固件；增强网铺设；墙体热桥部位处理；预置保温板或预制保温墙板的板缝及构造节点；现场喷涂或浇筑有机类保温材料的界面；被封闭的保温材料的厚度；保温隔热砌块填充墙体。

（2）主控项目。

墙体节能工程的施工，应符合下列规定：

①保温隔热材料的厚度必须符合设计要求；

②保温板材与基层及各构造层之间的粘结或连接必须牢固；

③浆料保温层应分层施工；

④当墙体节能工程的保温层采用预埋或后置锚固件固定时，其锚固件数量、位置、锚固深度和拉拔力应符合设计要求。

（3）一般项目。

①当采用加强网作防止开裂的加强措施时，玻纤网格布的铺贴和搭接应符合设计和施工方案的要求。砂浆抹压应严实，不得空鼓，加强网不得皱褶、外露。

②墙体上容易碰撞的阳角、门窗洞口及不同材料基体的交接处等特殊部位，其保温层应采取防止开裂和破损的加强措施。

☞ **考点3 幕墙节能工程的一般规定**

（1）当幕墙节能工程采用隔热型材时，隔热型材生产企业应提供型材隔热材料的力学性能和热变形性能试验报告。

（2）幕墙节能工程施工中应对下列部位或项目进行隐蔽工程验收，并应有详细的文字记录和必要的图像资料：

①被封闭的保温材料厚度和保温材料的固定；

②幕墙周边与墙体的接缝处保温材料的填充；

③构造缝、沉降缝；

④隔汽层；

⑤热桥部位、断热节点；

⑥单元式幕墙板块间的接缝构造；

⑦凝结水收集和排放构造；

⑧幕墙的通风换气装置。

☞ 考点4 其他节能工程的有关规定

表5－14 其他节能工程的有关规定

项目	内容
门窗节能工程的一般规定	①建筑外门窗工程施工中，应对门窗框与墙体缝隙的保温填充做法进行隐蔽工程验收，并应有隐蔽工程验收记录和必要的图像资料。 ②建筑外窗工程的检查数量应符合下列规定： a. 建筑门窗每个检验批应至少抽查5%，并不少于3樘，不足3樘时应全数检查；高层建筑的外窗，每个检验批应至少抽查10%，并不得少于6樘，不足6樘时应全数检查。 b. 特种门每个检验批应至少抽查50%，并不得少于10樘，不足10樘时应全数检查
屋面节能工程的一般规定	屋面保温隔热工程应对下列部位进行隐蔽工程验收，并应有隐蔽工程验收记录和图像资料： ①基层； ②保温层的敷设方式、厚度；板材缝隙填充质量； ③屋面热桥部位。 ④隔汽层
地面节能工程的一般规定	①地面节能工程的施工，应在主体或基层质量验收合格后进行。 ②地面节能工程应对下列部位进行隐蔽工程验收，并应有详细的文字记录和必要的图像资料： ①基层； ②被封闭的保温材料的厚度； ③保温材料粘结； ④隔断热桥部位

☞ 考点5 建筑节能工程围护结构现场实体检验

（1）建筑围护结构施工完成后，应对围护结构的外墙、屋面和建筑外窗进行现场实体检验。

（2）围护结构节能保温做法的现场实体检测可在监理（建设）人员见证下由施工单位实施，也可在监理（建设）人员见证下取样，委托有资质的见证检测单位实施。

（3）建筑外窗气密性的现场实体检验。

（4）当围护结构节能保温做法或建筑外窗气密性现场实体检验出现不符合设计要求和标准规定的情况时，应委托有资质的检测单位扩大一倍数量抽样，对不符合要求的项目或参数再次检验。仍然不符合要求时应给出"不符合设计要求"的结论。

☞ 考点6 建筑节能分部工程质量验收的规定

建筑节能工程的分部（子分部）工程质量验收，其合格质量应符合下列规定：

（1）分部工程所含的子分部工程、子分部工程所含的分项工程均应合格；

（2）施工技术资料基本齐全，并符合规范的要求；

（3）严寒、寒冷地区的建筑外窗气密性检测结果符合要求；

（4）围护结构节能做法经实体检验符合要求；

（5）建筑设备工程安装调试完成后，系统功能检验结果符合要求。

2A332050 建筑工程室内环境控制相关技术标准

2A332051 民用建筑工程室内环境污染控制的有关规定

☞ 考点1 民用建筑工程室内环境污染的分类

民用建筑工程根据控制室内环境污染的不同要求，划分为以下两类：

（1）Ⅰ类民用建筑工程：住宅、医院、老年建筑、幼儿园、学校教室等。

（2）Ⅱ类民用建筑工程：办公楼、商店、旅馆、文化娱乐场所、书店、图书馆、展览馆、体育馆、公共交通等候室、餐厅、理发店等。

☞ **考点2 无机非金属建筑主体材料和装修材料**

（1）民用建筑工程所使用的砂、石、砖、砌块、水泥、混凝土、混凝土预制构件等无机非金属建筑主体材料，其放射性指标限量应符合下表的规定。

表 5 – 15 无机非金属建筑主体材料放射性指标限量

测定项目	限量	测定项目	限量
内照射指数 I_{Ra}	≤1.0	外照射指数	≤1.0

（2）民用建筑工程所使用的无机非金属装修材料，包括石材、建筑卫生陶瓷、石膏板、吊顶材料、无机瓷质砖粘接剂等，其放射性指标限量应符合下表的规定。

表 5 – 16 无机非金属装修材料放射性指标限量

测定项目	限量	
	A	B
内照射指数（I_{Ra}）	≤1.0	≤1.3
外射指数（I_γ）	≤1.3	≤1.9

☞ **考点3 民用建筑室内环境质量验收的有关规定**

（1）民用建筑工程及室内装修工程的室内环境质量验收，应在工程完工至少7d以后、工程交付使用前进行。

（2）民用建筑工程验收时，必须进行室内环境污染物浓度检测。检测结果应符合下表的规定。

表 5 – 17 民用建筑工程室内环境污染物浓度限量

污染物	Ⅰ类民用建筑工程	Ⅱ类民用建筑工程
氡（mg/m^3）	≤200	≤400
甲醛（mg/m^3）	≤0.08	≤0.12
苯（mg/m^3）	≤0.09	≤0.09
氨（mg/m^3）	≤0.2	≤0.2
TVOC（mg/m^3）	≤0.5	≤0.6

（3）民用建筑工程验收时，应抽检每个建筑单体有代表性的房间室内环境污染物浓度，氡、甲醛、苯、TVOC的抽检数量不得少于房间总数的5%，每个建筑单体不得少于3间；房间总数少于3间时，应全数检测。

（4）民用建筑工程验收时，凡进行了样板间室内环境污染物浓度检测且检测结果合格的，抽检数量减半，并不得少于3间。

（5）民用建筑工程验收时，室内环境污染物浓度检测点数应按下表设置。

表 5 – 18 室内环境污染物浓度检测点数设置

房间使用面积（m^2）	检测点数（个）	房间使用面积（m^2）	检测点数（个）
<50	1	≥500、<1 000	不少于5
≥50、<100	2	≥1 000、<3 000	不少于6
≥100、<500	不少于3	≥3 000	每1 000m² 不少于3

（6）当房间内有2个及以上检测点时，应取各点检测结果的平均值作为该房间的检测值。

（7）民用建筑工程验收时，环境污染物浓度现场检测点应距内墙面不小于 0.5m、距楼地面高度 0.8~1.5m。检测点应均匀分布，避开通风道和通风口。

（8）民用建筑工程室内环境中甲醛、苯、氨、总挥发性有机化合物（TVOC）浓度检测时，对采用集中空调的民用建筑工程，应在空调正常运转的条件下进行；对采用自然通风的民用建筑工程，检测应在对外门窗关闭 1h 后进行。

（9）民用建筑工程室内环境中氡浓度检测时，对采用集中空调的民用建筑工程，应在空调正常运转的条件下进行；对采用自然通风的民用建筑工程，应在房间的对外门窗关闭 24h 以后进行。

（10）当室内环境污染物浓度检测结果不符合本规范的规定时，应查找原因并采取措施进行处理，并可对不合格项进行再次检测。再次检测时，抽检数量应增加 1 倍，并应包含同类型房间及原不合格房间。

（11）室内环境质量验收不合格的民用建筑工程，严禁投入使用。

本章考核热点

➡ 建筑地基基础工程施工质量验收的有关规定。
➡ 混凝土结构工程的一般规定。
➡ 砌体工程施工质量验收规范中质量要求和验收规定的内容。
➡ 屋面工程质量验收的有关规定。
➡ 建筑内部装修防火施工及验收的有关规定。
➡ 节能建筑评价的有关规定。

历年真题回顾

2014年真题

（单选题·第20题）施工项目安全生产的第一责任人是（　　）。

A. 企业安全部门经理　　　　　　　　　B. 项目经理
C. 项目技术负责人　　　　　　　　　　D. 项目安全总监

【答案】B

【考点】项目经理责任制。

【解析】施工项目安全生产的第一责任人是项目经理。

2013年真题

（单选题·第12题）以下砌筑皮数杆间距最合适的是（　　）。

A. 8m　　　　　　B. 12m　　　　　　C. 16m　　　　　　D. 21m

【答案】B

【考点】砌筑工程。

【解析】砌筑工程在砌筑前设立皮数杆，皮数杆应立于房屋四角及内外墙交接处，间距以 12~15m 为宜，砌块应按皮数杆拉线砌筑。

（单选题·第19题）根据《建设工程项目管理规范》（GB/T 50326），分部分项工程实施前，应由（　　）向有关人员进行安全技术交底。

A. 项目经理　　　　　　　　　　　　　B. 项目技术负责人
C. 企业安全负责人　　　　　　　　　　D. 企业技术负责人

【答案】B

【考点】职业健康安全技术交底应符合的规定。

【解析】职业健康安全技术交底应符合下列规定：①工程开工前，项目经理部的技术负责人应向有关人员进行安全技术交底；②分部分项工程实施前，项目经理部的技术负责人应进行安全技术交底；③项目经理部应保存安全技术交底记录。

（单选题·第20题）根据《混凝土结构工程施工质量验收规范》（GB 50204），预应力混凝土结构中，严禁使用（　　）。

A. 减水剂　　　　　　　　　　B. 膨胀剂

C. 速凝剂　　　　　　　　　　D. 含氯化物的外加剂

【答案】D

【考点】混凝土工程施工质量控制。

【解析】预应力混凝土结构中严禁使用含氯化物的外加剂；钢筋混凝土结构中，当使用含有氯化物的外加剂时，混凝土中氯化物的总含量必须符合现行国家标准的规定。混凝土中掺用外加剂的质量及应用技术应符合现行国家标准《混凝土外加剂》（GB 8076—2008）、《混凝土外加剂应用技术规范》（GB 50119—2013）等和有关环境保护的规定。

2012年真题

（单选题·第5题）关于钢筋连接方式，正确的是（　　）。

A. 焊接　　　　　　　　　　B. 普通螺栓连接

C. 铆接　　　　　　　　　　D. 高强螺栓连接

【答案】A

【考点】钢筋连接方式。

【解析】钢筋的连接方式有焊接、机械连接和绑扎连接三种。

（单选题·第18题）某大楼主体结构分部工程质量验收合格，则下列说法错误的是（　　）。

A. 该分部工程所含分项工程质量应合格　　B. 该分部工程质量控制资料应完整

C. 该分部工程观感质量验收应符合要求　　D. 该单位工程质量验收应合格

【答案】D

【考点】分部工程质量验收合格应符合的规定。

【解析】分部工程质量验收合格应符合下列规定：①分部工程所含分项工程的质量均验收合格；②质量控制资料应完整；③地基与基础、主体结构和设备安装等分部工程有关安全及功能的检验和抽样检测结果应符合有关规定；④观感质量验收应符合要求。

（多选题·第8题）关于项目管理规划的说法，正确的有（　　）。

A. 项目管理规划是指导项目管理工作的纲领性文件

B. 项目管理规划包括项目管理规划大纲和项目管理实施规划

C. 项目管理规划大纲应由项目经理组织编制

D. 项目管理实施规划应由项目经理组织编制

E. 项目管理实施规划应进行跟踪检查和必要的调整

【答案】ABDE

【考点】项目管理规划。

【解析】选项A，项目管理规划是指导项目管理工作的纲领性文件，应对项目管理的目标、依据、内容、资源、方法、程序和控制措施进行确定；选项B，项目管理规划包括项目管理规划大纲和项目管理实施规划两类文件；选项C，项目管理规划大纲应由组织的管理层或组织委托的项目管理单位编制；选项D，项目管理实施规划应由项目经理组织编制；选项E，项目管理实施规划应进行跟踪检查和必要的调整。

（多选题·第10题）根据《工程建设施工企业质量管理规范》（GB/T 50430），关于施工企业质量管理基本要求的说法，正确的有（　　）。

A. 施工企业应制定质量方针

B. 施工企业应根据质量方针制定质量目标

C. 施工企业应建立并实施质量目标管理制度

D. 施工企业质量管理部门应对质量方针进行定期评审

E. 施工企业质量管理部门应对质量管理体系进行策划

【答案】ABC

【考点】施工企业质量管理的基本要求。

【解析】施工企业质量管理的基本要求有：①施工企业应制定质量方针；②施工企业的最高管理者应对质量方针进行定期评审并作必要的修订；③施工企业应根据质量方针制定质量目标，明确质量管理和工程质量应达到的水平；④施工企业应建立并实施质量目标管理制度；⑤施工企业的最高管理者应对质量管理体系进行策划。

【说明】此考点新教材已删除。

经典例题训练

一、单项选择题

1. 项目职业健康安全技术措施计划应由（　　）主持编制，经有关部门批准后，由专职安全管理人员进行现场监督实施。

A. 项目负责人 　　　　　　　　　　 B. 专职安全生产管理人

C. 项目经理 　　　　　　　　　　　 D. 项目策划人

2. 三级基坑为开挖深度小于（　　）m，且周围环境无特别要求时的基坑。

A. 3 　　　　　 B. 5 　　　　　 C. 7 　　　　　 D. 10

3. 下列选项中，叙述正确的是（　　）。

A. 薄涂型防火涂料涂层表面裂纹宽度不应大于0.8mm

B. 厚涂型防火涂料涂层的厚度，75%及以上面积应符合有关耐火极限的设计要求

C. 厚涂型防火涂料涂层表面裂纹宽度不应大于5mm

D. 厚涂型防火涂料涂层的厚度，最薄处厚度不应低于设计要求的85%

4. 根据《建筑内部装修设计防火规范》（GB 50222—1995），防烟分区的挡烟垂壁，其装修材料应采用（　　）级装修材料。

A. A 　　　　　 B. B_1 　　　　　 C. B_2 　　　　　 D. B_3

5. 在墙上留置临时施工洞口，其侧边离交接处墙面不应小于（　　）mm，洞口净宽度不应超过1m。

A. 100 　　　　　 B. 200 　　　　　 C. 300 　　　　　 D. 500

6. 同一住宅电气安装工程配线时，保护线（PE）的颜色是（　　）。

A. 黄色 　　　　　 B. 蓝色 　　　　　 C. 蓝绿双色 　　　　　 D. 黄绿双色

7. 关于砌体工程施工的做法，正确的是（　　）。

A. 宽度为350mm的洞口上部未设置过梁

B. 不同品种的水泥混合使用，拌制砂浆

C. 混凝土小型空心砌块底面朝下砌于墙上

D. 蒸压加气混凝土砌块龄期超过28d后砌筑

8. 对于地基基础设计等级为甲级或地质条件复杂，成桩质量可靠性低的灌注桩，应采用静载荷试验的方法进行检验，检验桩数不应少于总数的（　　），且不应少于3根。

A. 1%　　　　　　　B. 3%　　　　　　　C. 5%　　　　　　　D. 10%

9. 装修材料燃烧性能分级，正确的是（　　）。

A. A级：不燃性　　　　　　　　　　　B. B级：阻燃性

C. C级：可燃性　　　　　　　　　　　D. D级：易燃性

10. 根据《民用建筑工程室内环境污染控制规范》（GB 50325—2010）规定，属Ⅱ类要求民用建筑工程的是（　　）。

A. 住宅　　　　　　　B. 学校教室　　　　　　C. 书店　　　　　　D. 医院

二、多项选择题

1. 混凝土的结构工程模板及其支架应根据工程（　　）等条件进行设计。

A. 结构形式　　　　　　　　　　　　　B. 荷载大小

C. 混凝土种类　　　　　　　　　　　　D. 地基土类别

E. 施工设备和材料供应

2. 对于小型空心砌块砌体工程，以下说法中正确的有（　　）。

A. 施工时所用的小砌块的产品龄期不应小于21天

B. 底层室内地面以下或防潮层以下的砌体，应采用强度等级不低于C30的混凝土灌实小砌块的孔洞

C. 承重墙体严禁使用断裂小砌块

D. 小砌块墙体应对错孔缝搭接，搭接长度不应小于90mm

E. 小砌块应底面朝上反砌于墙上

3. 下列各项中，属于钢筋隐蔽工程验收内容的有（　　）。

A. 纵向受力钢筋的品种、规格、数量、位置等

B. 钢筋的连接方式、接头位置、接头数量、接头面积百分率等

C. 箍筋、横向钢筋的品种、规格、数量、间距等

D. 受力钢筋的弯折、弯钩等

E. 预埋件的规格、数量、位置等

4. 检验批的质量验收记录由（　　）组织进行验收，并按照检验批质量验收记录填写。

A. 专业质量检查员　　　　　　　　　　B. 监理工程师

C. 施工单位技术负责人　　　　　　　　D. 建设单位项目专业技术负责人

E. 项目责任师

5. 《混凝土结构工程施工质量验收规范》（GB 50204—2002）要求对涉及混凝土结构安全的重要部位进行结构实体检验的内容包括（　　）。

A. 钢筋强度　　　　　　　　　　　　　B. 混凝土强度

C. 钢筋的混凝土保护层厚度　　　　　　D. 工程合同约定的项目

E. 钢筋的伸长率

6. 建筑内部防火施工应对（　　）材料进行见证取样检验。

A. B_1、B_2级纺织织物及现场对纺织织物进行阻燃处理所使用的阻燃剂

B. B_1、B_2级高分子合成材料及现场进行阻燃处理所使用的阻燃剂及防火涂料

C. B_1、B_2级木质材料及现场进行阻燃处理所使用的阻燃剂及防火涂料

D. B_1、B_2级其他材料及现场进行阻燃处理所使用的阻燃剂及防火涂料

E. B_1、B_2级复合材料及现场进行阻燃处理所使用的阻燃剂及防火涂料

7. 当混凝土结构施工质量不符合要求时，应按（　　　）规定进行处理。

A. 经返工、返修或更换构件、部件的检验批，应重新进行验收

B. 经有资质的检测单位检测鉴定达到设计要求的检验批，应予以验收

C. 经有资质的检测单位检测鉴定达不到设计要求，但经原设计单位核算并确认仍可满足结构安全和使用功能的检验批，可予以验收

D. 经返修或加固处理能够满足结构安全使用要求的分项工程，可根据技术处理方案和协商文件进行验收

E. 经有资质的检测单位检测鉴定达不到设计要求，但经建设单位核算并确认的，可予以验收

8. 按《建筑内部装修防火施工及验收规范》（GB 50354—2005）中的防火施工和验收的规定，下列说法中正确的有（　　　）。

A. 装修施工前，应对各部位装修材料的燃烧性能进行技术交底

B. 装修施工不需按设计要求编写施工方案

C. 建筑工程内部装修不得影响消防设施的使用功能

D. 装修材料进场后，在项目经理监理下，由施工单位材料员进行现场见证取样

E. 装修材料现场进行阻燃处理，应在相应的施工作业完成后进行抽样检验

参考答案及解析

一、单项选择题

1. C【解析】项目职业健康安全技术措施计划应由项目经理主持编制，经有关部门批准后，由专职安全管理人员进行现场监督实施。

2. C【解析】三级基坑为开挖深度小于7m，且周围环境无特别要求时的基坑。

3. D【解析】选项A，薄涂型防火涂料涂层表面裂纹宽度不应大于0.5mm；选项B，厚涂型防火涂料涂层的厚度，80%及以上面积应符合有关耐火极限的设计要求；选项C，厚涂型防火涂料涂层表面裂纹宽度不应大于1mm；选项D，厚涂型防火涂料涂层的厚度，最薄处厚度不应低于设计要求的85%。

4. A【解析】根据《建筑内部装修设计防火规范》（GB 50222—1995），防烟分区的挡烟垂壁，其装修材料应采用A级装修材料。

5. D【解析】在墙上留置临时施工洞口，其侧边离交接处墙面不应小于500mm，洞口净宽度不应超过1m。

6. D【解析】电气安装工程配线时，相线与零线的颜色应不同。同一住宅相线（L）颜色应统一，零线（N）宜用蓝色，保护线（PE）必须用黄绿双色线。

7. D【解析】选项A，宽度超过300mm的洞口上部，应设置过梁；选项B，不同品种的水泥，不得混合使用；选项C，混凝土小型空心砌块应底面朝上反砌于墙上；选项D，蒸压加气混凝土砌块、轻集料混凝土小型空心砌块砌筑时，其产品龄期应超过28d。

8. A【解析】对于地基基础设计等级为甲级或地质条件复杂，成桩质量可靠性低的灌注桩，应采用静载荷试验的方法进行检验，检验桩数不应少于总桩数的1%，且不少于3根。当总桩数少于50根时，不应少于2根。

9. A【解析】装修材料按其燃烧性能应划分为四级，A级：不燃性；B₁级：难燃性；B₂级：可燃性；B₃级：易燃性。

10. C【解析】民用建筑根据控制室内环境污染的不同要求分为两类：①Ⅰ类民用建筑工

程：住宅、医院、老年建筑、幼儿园、学校教室等；②Ⅱ类民用建筑工程：办公楼、商店、旅馆、文化娱乐场所、书店、图书馆、展览馆、体育馆、公共交通等候室、餐厅、理发店等。

二、多项选择题

1. ABDE【解析】模板及其支架应根据工程结构形式、荷载大小、地基土类别、施工设备和材料供应等条件进行设计。模板及其支架应具有足够的承载能力、刚度和稳定性，能可靠地承受浇筑混凝土的重量、侧压力以及施工荷载。

2. CDE【解析】选项A，根据《砌体工程施工质量验收规范》（GB 50203—2011）规定，施工时所用的小砌块的产品龄期不应小于28天；选项B，底层室内地面以下或防潮层以下的砌体，应采用强度等级不低于C20的混凝土灌实小砌块的孔洞；选项C，承重墙体严禁使用断裂小砌块；选项D，小砌块墙体应对错孔缝搭接，搭接长度不应小于90mm，墙体的个别位置不能满足上述要求时，应在灰缝中设置拉结钢筋或钢筋网片；选项E，小砌块应底面朝上反砌于墙上。

3. ABCE【解析】在浇筑混凝土之前，应进行钢筋隐蔽工程验收，其内容包括：①纵向受力钢筋的品种、规格、数量、位置等；②钢筋的连接方式、接头位置、接头数量、接头面积百分率等；③箍筋、横向钢筋的品种、规格、数量、间距等；④预埋件的规格、数量、位置等。

4. BD【解析】检验批及分项工程应由监理工程师（建设单位项目专业技术负责人）组织施工单位项目专业质量（技术）负责人等进行验收。

5. BCD【解析】依据《混凝土结构工程施工质量验收规范》（GB 50204—2002）规定，对涉及混凝土结构安全的重要部位进行结构实体检验的内容包括：混凝土强度、钢筋的混凝土保护层厚度、工程合同约定的项目等。

6. ABDE【解析】选项C应为：B_1级木质材料及现场进行阻燃处理所使用的阻燃剂及防火涂料。

7. ABCD【解析】当混凝土结构施工质量不符合要求时，应按下列规定进行处理：①经返工、返修或更换构件、部件的检验批，应重新进行验收；②经有资质的检测单位检测鉴定达到设计要求的检验批，应予以验收；③经有资质的检测单位检测鉴定达不到设计要求，但经原设计单位核算并确认仍可满足结构安全和使用功能的检验批，可予以验收；④经返修或加固处理能够满足结构安全使用要求的分项工程，可根据技术处理方案和协商文件进行验收。

8. ACE【解析】选项B，装修施工应按设计要求编写施工方案；选项D，装修材料进入施工现场后，应按《建筑内部装修防火施工及验收规范》（GB 50354—2005）中的有关规定，在监理单位或建设单位监督下，由施工单位有关人员现场取样，并应由具备相应资质的检验单位进行见证取样检验。

2A333000 二级建造师（建筑工程）注册执行管理规定及相关要求

📖 大纲测试内容及能力等级

章节	大纲要求	能力等级
2A333001	二级建造师（建筑工程）注册执业工程规模标准	★★☆☆☆
2A333002	二级建造师（建筑工程）注册执业工程范围	★★☆☆☆
2A333003	二级建造师（建筑工程）施工管理签章文件目录	★★☆☆☆

2A333001 二级建造师（建筑工程）注册执业工程规模标准

☞ **考点 1 房屋建筑专业工程规模标准（参见考试指定教材表 2A333001）**

☞ **考点 2 装饰装修专业工程规模标准**

（1）装饰装修工程。

大型：单项工程合同额不小于 1 000 万元；中型：单项工程合同额 100 ~ 1 000 万元；小型：单项工程合同额小于 100 万元。

（2）幕墙工程。

大型：单体建筑幕墙高度不小于 60m 或面积不小于 6 000m²；中型：单体建筑幕墙高度小于 60m 且面积小于 6 000m²；小型：无。

☞ **考点 3 二级建造师（建筑工程）注册执业工程范围**

在《注册建造师执业工程范围》中明确规定了，建筑工程专业工程范围分为房屋建筑、装饰装修，地基与基础、土石方、建筑装修装饰、建筑幕墙、预拌商品混凝土、混凝土预制构件、园林古建筑、钢结构、高耸建筑物、电梯安装、消防设施、建筑防水、防腐保温、附着升降脚手架、金属门窗、预应力、爆破与拆除、建筑智能化、特种专业。

2A333002 二级建造师（建筑工程）注册执业工程范围

在《注册建造师执业工程范围》中明确规定了，建筑工程专业工程范围分为房屋建筑、装饰装修，地基与基础、土石方、建筑装修装饰、建筑幕墙、预拌商品混凝土、混凝土预制构件、园林古建筑、钢结构、高耸建筑物、电梯安装、消防设施、建筑防水、防腐保温、附着升降脚手架、金属门窗、预应力、爆破与拆除、建筑智能化、特种专业。

2A333003 二级建造师（建筑工程）施工管理签章文件目录

☞ **考点 1 建筑工程专业签章文件说明**

（1）按原建设部《注册建造师执业管理办法》（建市〔2008〕48 号）规定，建筑工程专业的注册建造师执业工程范围为房屋建筑工程和装饰装修工程。房屋建筑工程包括：一般房屋建筑工程、高耸构筑物工程、地基与基础、土石方工程、园林古建筑工程、钢结构工程、建筑防水工程、防腐保温工程、附着升降脚手架工程、金属门窗工程、预应力工程、爆破与拆除工程、体育场地设施工程和特种专业工程；装饰装修工程包括建筑装修装饰工程和建筑幕墙工程。《注册建造师施工管理签章文件目录》（建市〔2008〕42 号）规定了建筑工程执行房屋建筑、装饰装修工程签章文件目录。

（2）凡是担任建筑工程项目的施工负责人，根据工程类别必须在房屋建筑、装饰装修工程施工管理签章文件上签字并加盖本人注册建造师专用章。

（3）签章要求：在配套表格中"施工项目负责人（签章）处"签章。

☞ **考点2　房屋建筑工程施工管理签章文件**

（1）房屋建筑工程施工管理签章文件代码为 CA，分为七个部分。

（2）房屋建筑工程施工管理签章文件目录（见下表）。

表6-1　　　　　　　　　　　注册建造师施工管理签章文件目录

工程类别	文件类别	文件名称	代码
一般房屋建筑工程	施工组织管理	项目管理目标责任书	CA101
		项目管理实施计划或施工组织设计报审表	CA102
		主要或专项工程施工技术措施或方案报审表，如高大脚手架方案、深基坑方案、吊装方案等	CA103
		施工项目部施工管理体系、质量管理体系和职业健康安全管理体系、环境管理体系审批表	CA104
		工程开工报告	CA105
		分部工程动工报审单	CA106
		总监理工程师通知回复单	CA107
		工程施工月报	CA108
		工程停工（局部停工）、复工报审表	CA109
		与其他工程参与单位（建设、监理、分包、政府监管单位等）来往的重要函件	CA110
	施工进度管理	总体施工工程进度计划报审表	CA201
		单位工程施工进度计划报审表	CA202
		工程延期申请表	CA203
	合同管理	工程分包合同	CA301
		工程设备、材料招标书和中标书	CA302
		合同补充、变更、中止、终止确认文件	CA303
		涉及合同管理的承诺书（确认函）及外来文、册（确认函）	CA304
		分包工程申请审批表	CA305
		分包工程招标文件	CA306
		合同变更和索赔申请报告	CA307
		工程质量保修书	CA308

工程类别	文件类别	文件名称	代码
一般房屋建筑工程	质量管理	单位（子单位）、分部工程质量验收记录	CA401
		单位（子单位）、分部工程质量报验申请表	CA402
		单位工程质量评定表	CA403
		单位工程竣工（预）验收报验申请表	CA404
		单位工程质量竣工验收记录	CA405
		工程质量重大事故调查处理报告	CA406
		工程竣工报告	CA407
		工程交工验收报告	CA408
	安全管理	工程项目安全生产责任书	CA501
		分包工程安全管理协议书	CA502
		安全事故应急预案	CA503
		其他危险性较大的工程专项施工方案及安全验算结果报审表	CA504
		施工现场消防方案报审表	CA505
		施工现场安全事故上报、调查、处理报告	CA506
	现场环保文明施工管理	施工环境保护措施及管理方案报审表	CA601
		施工现场文明施工措施报批表	CA602
	成本费用管理	工程进度款支付报告	CA701
		工程费用和价款变更报告	CA702
		工程费用索赔申请表	CA703
		月工程进度款报审表	CA704
		工程竣工结算报告及报审表	CA705
		竣工结算报审表	CA706
		安全经费计划表及费用使用申请报告	CA707

3

DI SAN BU FEN

最新真题

2014年全国二级建造师执业资格考试
《建筑工程管理与实务》真题

一、单项选择题（共20题，每题1分。每题的备选项中，只有1个最符合题意）

1. 下列用房通常可以设置在地下室的是（　　）。
   A. 游艺厅 　　　　　　　　　　　　B. 医院病房
   C. 幼儿园 　　　　　　　　　　　　D. 老年人生活用房

2. 某杆件受理形式示意图如下，该杆件的基本受力形式是（　　）。

   A. 压缩 　　　　B. 弯曲 　　　　C. 剪切 　　　　D. 扭转

3. 根据《建筑结构可靠度设计统一标准》（GB50064），普通房屋的设计使用年限通常为（　　）年。
   A. 40 　　　　B. 50 　　　　C. 60 　　　　D. 70

4. 下列指标中，属于常用水泥技术指标的是（　　）。
   A. 和易性 　　　　B. 可泵性 　　　　C. 安定性 　　　　D. 保水性

5. 硬聚氯乙烯（PVC－U）管不适用于（　　）。
   A. 排污管道 　　　B. 雨水管道 　　　C. 中水管道 　　　D. 饮用水管道

6. 用于测定砌筑砂浆抗压强度的试块，其养护龄期是（　　）天。
   A. 7 　　　　B. 14 　　　　C. 21 　　　　D. 28

7. 深基坑工程的第三方检测应由（　　）委托。
   A. 建设单位 　　　B. 监理单位 　　　C. 设计单位 　　　D. 施工单位

8. 直接承受动力荷载的钢筋混凝土结构构件，其纵向钢筋连接应优先采用（　　）。
   A. 闪光对焊 　　　　　　　　　　　B. 绑扎搭接
   C. 电弧焊 　　　　　　　　　　　　D. 直螺纹套筒连接

9. 砌筑砂浆用砂宜优先选用（　　）。
   A. 特细砂 　　　B. 细砂 　　　C. 中砂 　　　D. 粗砂

10. 按厚度划分，钢结构防火涂料可分为（　　）。
    A. A类、B类 　　　　　　　　　　B. B类、C类
    C. C类、D类 　　　　　　　　　　D. B类、H类

11. 单位工程完工后，施工单位应在自行检查评定合格的基础上，向（　　）提交竣工验收报告。
    A. 监理单位 　　　　　　　　　　　B. 设计单位
    C. 建设单位 　　　　　　　　　　　D. 工程质量监督站

12. 按层次分类，地上十层的住宅属于（　　）。
    A. 低层住宅 　　　　　　　　　　　B. 多层住宅

C. 中高层住宅   D. 高层住宅

13. 下列金属框安装做法中，正确是( )。

A. 采用预留洞口后安装的方法施工   B. 采用边安装边砌口的方法施工

C. 采用先安装砌口的方法施工   D. 采用射钉固定于砌体上的方法施工

14. 关于建筑幕墙预埋件制作的说法，正确的是( )。

A. 不得采用 HRB400 级热轧钢筋制作锚筋   B. 可采用冷加工钢筋制作锚筋

C. 直锚筋与锚板应采用 T 行焊接   D. 应将锚筋筋弯成 L 形与锚板焊接

15. 采用邀请指标时，应至少邀请( )家投标人。

A. 1   B. 2   C. 3   D. 4

16. 关于某建设工程（高度 28m）施工现场临时用水的说法，正确的是( )。

A. 现场临时用水仅包括生产用水、机械用水和消防用水三部分

B. 自行设计的消防用水系统，其消防干管直径不小于 75mm

C. 临时消防监管管径不得小于 75mm

D. 临时消防竖管可兼作施工用水管线

17. 下列标牌类型中，不属于施工现场安全警示牌的是( )。

A. 禁止标志   B. 警告标志

C. 指令标志   D. 指示标志

18. 向当地城建档案管理部门移交工程竣工档案的责任单位是( )。

A. 建设单位   B. 监理单位   C. 施工单位   D. 分包单位

19. 新建民用建筑在正常使用条件下，保温工程的最低保修期为( )年。

A. 2   B. 5   C. 8   D. 10

20. 施工项目安全生产的第一责任人是( )。

A. 企业安全部门经理   B. 项目经理

C. 项目技术负责人   D. 项目安全总监

二、多项选择题（共 10 题，每题 2 分。每题的备选项中，有 2 个或 2 个以上符合题意，至少有 1 个错项。错选，本题不得分；少选，所选的每个选项得 0.5 分）

21. 房屋结构的可靠性包括( )。

A. 经济型   B. 安全性

C. 适用性   D. 耐久性

E. 美观性

22. 关于混凝土条形基础施工的说法，正确的有( )。

A. 宜分段分层连续浇筑   B. 一般不留施工缝

C. 各段层间应相互衔接   D. 每段浇筑长度应控制在 4～5m

E. 不宜逐段逐层呈阶梯形向前推进

23. 对于跨度 6m 的钢筋混凝土简支梁，当设计无要求时，其梁底木模板跨中可采用的起拱高度有( )。

A. 5mm   B. 10mm

C. 15mm   D. 20mm

E. 25mm

24. 关于钢筋混凝土工程雨期施工的说法，正确的有( )。

A. 对水混合掺合料应采取防水和防潮措施

B. 对粗、细骨料含水率进行实时监测

C. 浇筑板、墙、柱混凝土时，可适当减小滑落度

D. 应选用具有防雨水冲刷性能的模板脱模剂

E. 钢筋焊接接头可采用雨水急速降温

25. 下列影响扣件式钢管脚手架整体稳定性的因素中，属于主要影响因素的有（   ）。

A. 立杆的间距   B. 立杆的接长

C. 水平杆的步距   D. 水平杆的接长方式

E. 连墙杆的设置

26. 下列垂直运输机械的安全控制做法中，正确的有（   ）。

A. 高度23米的物料提升机采用一组缆风绳

B. 在外用电梯底笼2.0米范围内设置牢固的防护栏杆

C. 塔吊基础的设计计算作为固定式塔吊专项施工方案内容之一

D. 现场多塔吊作业时，塔机间保持安全距离

E. 遇六级大风以上恶劣天气时，塔吊停止作业，并将吊钩放下

27. 根据《建筑施工安全检查标准》，建筑安全检查评定的等级有（   ）。

A. 优秀   B. 良好

C. 一般   D. 合格

E. 不合格

28. 下列分项工程中，属于主体结构分部工程的有（   ）。

A. 模板   B. 预应力

C. 填充墙   D. 网架制作

E. 混凝土灌注桩

29. 下列时间段中，全过程均属于夜间施工时段的有（   ）。

A. 20：00—次日4：00   B. 21：00—次日6：00

C. 22：00—次日4：00   D. 22：00—次日6：00

E. 22：00—次日7：00

30. 下列分部分项工程中，其专项方案必须进行专家论证的有（   ）。

A. 爆破拆除工程   B. 人工挖孔桩工程

C. 地下暗挖工程   D. 顶管工程

E. 水下作业工程

三、案例分析题（共4题，每题20分）

（一）

背景资料

某房屋建筑工程，建筑面积6 800m²。钢筋混凝土框架结构，外墙外保温节能体系。根据《建设工程施工合同（示范文本）》（GF－2013－0201）和《建设工程监理合同（示范文本）》（GF－2012－0202），建设单位分别与中标的施工单位和监理单位签订了施工合同和监理合同。

在合同履行过程中，发生了下列事件：

事件一：工程开工前，施工单位的项目技术负责人主持编制了施工组织设计，经项目负责人审核、施工单位技术负责人审批后，报项目监理机构审查。监理工程师认为该施工组织设计的编制，审核（批）手续不妥，要求改正；同时，要求补充建筑节能工程施工的内容。施工单位认为，在建筑节能工程施工前还要编制、报审建筑节能技术专项方案，施工组织设计中没有建筑节能工程施工内容并无不妥，不必补充。

事件二：建筑节能工程施工前，施工单位上报了建筑节能工程施工技术专项方案，其中包

括如下内容：（1）考虑到冬季施工气温较低，规定外墙外保温层只能在每日气温高于5℃的11：00～17：00之间进行施工，其他气温低于5℃的时段均不施工；（2）工程竣工验收后，施工单位项目经理组织建筑节能分部工程验收。

事件三：施工单位提交了室内装饰装修工期进度计划网络图（如下图所示），经监理工程师确认后按此图组织施工。

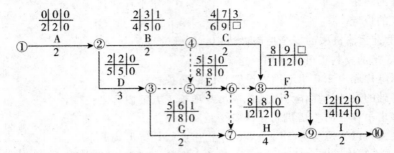

事件四：在室内装饰装修工程施工过程中，因涉及变更导致工作C的持续为36天，施工单位以设计变更影响施工进度为由提出22天的工期索赔。

问题：

1. 分别指出事件一中施工组织设计编制，审批程序的不妥之处。并写出正确的做法，施工单位关于建筑节能工程的说法是否正确？说明理由。

2. 分别指出事件二中建筑节能工程施工安排的不妥之处，并说明理由。

3. 针对事件三的进度计划网络图，列式计算工作C和工作F时间参数，并确定该网络图的计算工期（单位：周）和关键线路（用工作表示）。

4. 事件四中，施工单位提出的工期索赔是否成立？说明理由。

（二）

背景资料：

某新建工业厂区，地处大山脚下，总建筑面积 16 000m²，其中包含一栋六层办公楼工程，摩擦型预应力管桩，钢筋混凝土框架结构。

在施工过程中，发生了下列事件：

事件一：在预应力管桩锤击沉桩施工过程中，某一根管桩端标高接近设计标高时难以下沉；此时，贯入度已达到设计要求，施工单位认为该桩承载力已经能够满足设计要求，提出终止沉桩。经组织勘察、设计、施工等各方参建人员和专家会商后同意终止沉桩，监理工程签字认可。

事件二：连续几天的大雨引发山体滑坡，导致材料库房垮塌，造成 1 人当场死亡，7 人重伤。施工单位负责人接到事故报告后，立即组织相关人员召开紧急会议，要求迅速查明事故原因和责任，严格按照"四不放过"原则处理；4 小时后向相关部门递交了 1 人死亡的事故报告，事故发生后第 7 天和第 32 天分别有 1 人在医院抢救无效死亡，其余 5 人康复出院。

事件三：办公楼一楼大厅支模高度为 9m，施工单位编制了模架施工专项方案并经审批后，及时进行专项方案专家论证。论证会由总监理工程师组织，在行业协会专家库中抽出 5 名专家，其中 1 名专家是该工程设计单位的总工程师，建设单位没有参加论证会。

事件四：监理工程师对现场安全文明施工进行检查时，发现只有公司级、分公司级、项目级安全教育记录，开工前的安全技术交底记录中交底人为专职安全员，监理工程师要求整改。

问题：

1. 事件一中 监理工程师同意终止沉桩是否正确？预应力管桩的沉桩方法通常有那几种？

2. 事件二中，施工单位负责人报告事故的做法是否正确？应该补报死亡人数几人？事故处理的"四不放过"原则是什么？

3. 分别指出事件三中的错误做法，并说明理由。

4. 分别指出时间四中的错误做法，并指出正确做法。

（三）

背景资料：

某建筑集团公司承担一栋20层智能化办公楼工程的施工总承包任务，层高3.3m，其中智能化安装工程分包给某科技公司施工。在工程主体结构施工至第18层、填充墙施工至第8层时，该集团公司对项目经理部组织了一次工程质量、安全生产检查。部分检查情况如下：

（1）现场安全标志设置部位有：现场出入口、办公室门口、安全通道口、施工电梯吊笼内；

（2）杂工班外运的垃圾中混有废弃的有害垃圾；

（3）第15层外脚手架上有工人在进行电焊作业，动火证是由电焊班组申请，项目责任工程师审批；

（4）第5层砖墙砌体发现梁底位置出现水平裂缝；

（5）科技公司工人在第3层后置埋件施工时，打凿砖墙导致墙体开裂。

问题：

1. 指出施工现场安全标志设置部位中的不妥之处。

2. 对施工现场有毒有害的废弃物应如何处置？

3. 案例中电焊作业属几级动火作业？指出办理动火证的不妥之处，写出正确做法。

4. 分析墙体出现水平裂缝的原因并提出防治措施。

5. 针对打凿引起墙体开裂事件，项目经理部应采取哪些纠正和预防措施？

（四）

背景资料：

某建设单位投资兴建一大型商场，地下二层，地上九层，钢筋混凝土框架结构，建筑面积为 715 000m²。经过公开招标，某施工单位中标，中标造价 25 025.00 万元。双方按照《建设工程施工合同（示范文本）》（GF－2013－0201）签订了施工总承包合同。合同中约定工程预付款比例为 10%，并从未完施工工程尚需的主要材料款相当于工程预付款时起扣，主要材料所占比重按 60% 计。

在合同履行过程中，发生下列事件：

事件一：施工总承包单位为加快施工进度，土方采用机械一次开挖至设计标高；

租赁了 30 辆特种渣土运输汽车外运土方，在城市道路路面遗撒了大量渣土；用于垫层的2：8灰土提前 2 天搅拌好备用。

事件二：中标造价费用组成为：人工费 3 000 万元，材料费 17 505，机械费 995 万元，管理费 450 万元，措施费用 760 万元，利润 940 万元，规费 525 万元，税金 850 万元。施工总承包单位据此进行了项目施工承包核算等工作。

事件三：在基坑施工过程中，发现古化石，造成停工 2 个月。施工总承包单位提出了索赔报告，索赔工期 2 个月，索赔费用 34.55 万元。索赔费用经项目监理机构核实，人工窝工费 18 万元，机械租赁费用 3 万元，管理费 2 万元，保函手续费 0.1 万元，资金利息 0.3 万元，利润 0.69 万元，专业分包停工损失费 9 万元，规费 0.47 万元，税金 0.99 万元。经审查，建设单位同意延长工期 2 个月；除同意支付人员窝工费、机械租赁费用外，不同意支付其他索赔费用。

问题：

1. 分别列示计算机本工程项目预付款和预付款的起扣点是多少万元（保留两位小数）？

2. 分别指出事件一中施工单位做法的错误之处，并说明正确做法。

3. 事件二中，除了施工成本核算、施工成本预测属于成本管理任务外，成本管理任务还包括哪些工作？分别列示计算本工程的直接成本和间接成本各是多少万元？

4. 列示计算事件三中建设单位应该支付的索赔费用是多少万元。（保留两位小数）

2014 年全国二级建造师执业资格考试
《建筑工程管理与实务》真题
参考答案及解析

一、单项选择题

1. A【解析】地下室、半地下室作为主要用房使用时，应符合安全、卫生的要求，并应符合下列要求：严禁将幼儿、老年人生活用房设在地下室或半地下室；居住建筑中的居室不应布置在地下室内；当布置在半地下室时，必须对采光、通风、日照、防潮、排水及安全防护采取措施；建筑物内的歌舞、娱乐、放映、游艺场所不应设置在地下二层及以下；当设置在地下一层时，地下一层地面与室外出入口地坪的高差不应大于 10m。

2. C【解析】结构杆件的基本受力形式按其变形特点可归纳为以下五种：拉伸、压缩、弯曲、剪切和扭转，分别见下图：

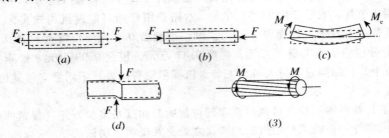

图　杆件的受力形式示意

（ *a* ）拉伸；（ *b* ）压缩；（ *c* ）弯曲；（ *d* ）剪切；（ *e* ）扭转

3. B【解析】我国《建筑结构可靠度设计统一标准》 GB 50068 - 2001 给出了建筑结构的设计使用年限，见下表：

类别	设计使用年限（年）	示例
1	5	临时性结构
2	25	易于替换的结构构件
3	50	普通房屋和构筑物
4	100	纪念性建筑和特别重要的建筑结构

4. C【解析】常用水泥的技术要求包括：凝结时间、体积安定性、强度及强度等级、其他技术要求。

5. D【解析】硬聚氯乙烯（PVC - U）管抗老化性能好、难燃，可采用橡胶圈柔性接口安装。主要用于给水管道（非饮用水）、排水管道、雨水管道。

6. D【解析】砂浆强度，由边长为 7.07cm 的正方体试件，经过 28d 标准养护，测得一组三块试件的抗压强度值来评定。

7. A【解析】基坑工程施工前，应由建设方委托具备相应资质第三方对基坑工程实施现场检测。监测单位应编制监测方案，经建设方、设计方、监理方等认可后方可实施。

8. D【解析】目前最常见、采用最多的方式是钢筋剥肋滚压直螺纹套筒连接。直接承受动力荷载的结构构件中，纵向钢筋不宜采用焊接接头；轴心受拉及小偏心受拉杆件（如桁架和拱架的拉杆等）的纵向受力钢筋和直接承受动力荷载结构中的纵向受力钢筋均不得采用绑扎搭接接头。

9. C【解析】砌筑砂浆宜用过筛中砂，砂中不得含有有害杂物。当采用人工砂、山砂及特细砂时，应经试配能满足砌筑砂浆技术条件要求。

10. D【解析】防火涂料按涂层厚度可分B、H两类：①B类：薄涂型钢结构防火涂料，又称钢结构膨胀防火涂料；H类：厚涂型钢结构防火涂料，又称钢结构防火隔热涂料。

11. C【解析】单位工程完工后，施工单位应自行组织有关人员进行检查评定，评定结果合格后向建设单位提交工程验收报告。

12. D【解析】住宅建筑按层数分类：一～三层为低层住宅，四～六层为多层住宅，七～九层为中高层住宅，十层及十层以上为高层住宅。

13. A【解析】金属门窗安装应采用预留洞口的方法施工，不得采用边安装边砌口或先安装后砌口的方法施工。金属门窗的固定方法应符合设计要求，在砌体上安装金属门窗严禁用射钉固定。

14. C【解析】选项A、B，锚板宜采用Q235级钢，锚筋应采用HPB300、HRB335或HRB400级热轧钢筋，严禁使用冷加工钢筋；选项C，直锚筋与锚板应采用T形焊；选项D，不允许把锚筋弯成Ⅱ形或L形与锚板焊接。

15. C【解析】招标人采用邀请招标方式的，应当向三个以上具备承担招标项目的能力、资信良好的特定的法人或者其他组织发出投标邀请书。

16. C【解析】选项A，现场临时用水包括生产用水、机械用水、生活用水和消防用水；选项B，自行设计，消防干管直径应不小于100mm；选项C、D，高度超过24m的建筑工程，应安装临时消防竖管，管径不得小于75mm，严禁消防竖管作为施工用水管线。

17. D【解析】安全标志分为禁止标志、警告标志、指令标志和提示标志四大类型。

18. A【解析】建设单位应按国家有关法规和标准规定向城建档案管理部门移交工程档案，并办理相关手续。有条件时，向城建档案管理部门移交的工程档案应为原件。

19. B【解析】在正常使用条件下，保温工程的最低保修期限为5年。保温工程的保修期，自竣工验收合格之日起计算。

20. B【解析】施工项目安全生产的第一责任人是项目经理。

二、多项选择题

21. BCD【解析】安全性、适用性和耐久性概括称为结构的可靠性。

22. ABC【解析】根据基础深度宜分段分层连续浇筑混凝土，一般不留施工缝。各段层间应相互衔接，每段间浇筑长度控制在2 000～3 000mm距离，做到逐段逐层呈阶梯形向前推进。

23. BC【解析】对跨度不小于4m的现浇钢筋混凝土梁、板，其模板应按设计要求起拱；当设计无具体要求时，起拱高度宜为跨度的1/1 000～3/1 000。本题跨度为6m，所以起拱高度在6～18mm。

24. ABCD【解析】雨天施焊应采取遮蔽措施，焊接后未冷却的接头应避免遇雨急速降温。

25. ABCE【解析】影响模板钢管支架整体稳定性的主要因素有：立杆间距、水平杆的步距、立杆的接长、连墙件的连接、扣件的紧固程度。

26. CD【解析】选项A，为保证物料提升机整体稳定采用缆风绳时，高度在20m以下可设1组（不少于4根），高度在30m以下不少于2组；选项B，外用电梯底笼周围2.5m范围内必须设置牢固的防护栏杆，进出口处的上部应根据电梯高度搭设足够尺寸和强度的防护棚；选项E，遇六级及六级以上大风等恶劣天气，应停止作业，将吊钩升起。

27. ADE【解析】施工安全检查评定等级包括：优良、合格和不合格。

28．AC【解析】分部工程的划分应按专业性质、建筑部位确定。当分部工程较大或较复杂时，可按材料种类、施工特点、施工程序、专业系统及类别等划分为若干子分部工程。选项A、C为主体结构分部工程；选项E不属于主体结构。

29．CD【解析】夜间是指22：00至次日6：00之间的时间段。

30．ACDE【解析】选项B，开挖深度超过16m的人工挖孔桩工程，其专项方案必须进行专家论证。

三、案例分析题

（一）

1．（1）不妥之处一：施工单位的项目技术负责人主持编制了施工组织设计。

正确的做法：单位工程施工组织设计由项目负责人主持编制。

不妥之处二：项目负责人审核、施工单位技术负责人审批。

正确的做法：施工单位主管部门审核，施工单位技术负责人或其授权的技术人员审批。

不妥之处三：报项目监理机构审查。

正确的做法是：报项目监理机构审查，由总监签字审核后报送建设单位。

（2）不正确。理由：单位工程的施工组织设计应包括建筑节能工程施工内容。

2．不妥一：规定外墙外保温层只在每日气温高于5℃的11：00～17：00之间进行施工，其他气温低于5℃的时段均不施工。

理由：按照冬季施工规范规定，建筑外墙外保温冬季施工最低温度不应低于−5℃。

不妥之处二：工程竣工验收后进行节能验收。

理由：按照验收规范规定，建筑节能分部工程应在工程竣工前进行验收。

不妥之处三：项目经理组织节能分部节能验收。

理由：节能分部工程验收应由总监理工程师（建设单位项目负责人）主持。

3（1）C自由时差＝ESF−EFC＝8−6＝2（周）；F总时差＝LSF−ESF＝9−8＝1

（2）计算工期为14周。

（3）关键线路①→②→③→⑤→⑥→⑦→⑨→⑩。

4（1）施工单位提出的工期索赔成立，因为设计变更是非承包商原因。但是不能索赔22天。C工作总时差为3周（21天），则由于设计变更产生的工期索赔应＝22−21＝1（天）。

（二）

1．事件一：（1）正确。摩擦桩以控制设计标高为主，贯入度为辅，相关各方会商并同意后，可以终止。

（2）预应力管桩的沉桩方法通常有：锤击沉桩法、静力压桩法、振动压桩法、水冲沉桩法等。

2．事件二：（1）不正确，

正确做法是：立即启动应急预案，抢救伤员，采取措施防止事故的再次发生和此生事故的发生，并应在事故发生后一个小时内报告给事故发生地县级以上人民政府建设主管部门和有关部门。

（2）补报1人

理由：按照有关规定事故发生之日起30日内伤亡人数发生变化的，应当及时补报。

（3）"四不放过"原则是：①事故原因不清楚不放过；②事故责任者和人员没有受到教育不放过；③事故责任者没有处理不放过；④没有制定纠正和预防措施不放过。

3．事件三：

错误之处一：论证会由总监理工程师组织。

理由：按照有关规定论证会应由施工单位组织召开。

错误之处二：其中1名专家是该项工程设计单位的总工程师。

理由：按照有关规定设计单位总工不能作为专家成员。

错误之处三：建设单位没有参加论证会。

理由：按照有关规定建设单位负责人或技术负责人应参加。

4. 事件四：

错误之处一：只有公司级、分公司级、项目级的安全教育记录。

正确做法是：组织应建立分级职业健康安全生产教育制度，实施公司、项目经理部和作业队三级教育，未经教育的人员不得上岗作业。

错误之处二：由专职安全员进行技术交底。

正确做法是：交底人应为项目技术负责人。

（三）

1. 安全标志设置部位中不妥之处有：办公室门口，施工电梯吊笼内。

2. 对有毒有害的废弃物应分类送到专门的有毒有害废弃物中心消纳。

3. （1）电焊作业属于二级动火作业。

（2）不妥之处：动火证由电焊班组申请，由项目责任工程师审批。

正确做法：二级动火作业由项目责任工程师组织拟定防火安全技术措施，填写动火申请表，报项目安全管理部门和项目负责人审查批准。

4. 原因分析：

（1）砖墙砌筑时一次到顶；

（2）砌筑砂浆饱满度不够；

（3）砂浆质量不符合要求；

（4）砌筑方法不当。

防治措施：

（1）墙体砌至接近梁底时应留一定空隙，待全部砌完后至少隔7d（或静置）后，再补砌挤紧；

（2）提高砌筑砂浆的饱满度；

（3）确保砂浆质量符合要求；

（4）砌筑方法正确；

（5）轻微裂缝可挂钢丝网或采用膨胀剂填塞；

（6）严重裂缝拆除重砌。

5. 针对打凿引起墙体开裂事件，项目经理部应采取的纠正和预防措施：

（1）立即停止打砸行为，采取加固或拆除等措施处理开裂墙体；

（2）对后置埋件的墙体采取无损影响不大的措施；

（3）对分包单位及相关人员进行批评、教育，严格实施奖罚制度；

（4）加强工序交接检查；

（5）加强作业班组的技术交底和教育工作；

（6）尽量采用预制埋件。

（四）

1. （1）预付款 = 25 025 × 10% = 2 502.5（万元）。

（2）起扣点 = 25 025 - 2 502.5/60% = 20 854.17（万元）。

2. 事件一：

错误之处一：一次开挖至设计标高。

正确做法：在接近设计坑底设计高程时应预留 20~30cm 厚的土层。

错误之处二：在城市道路上遗撒了大量的渣土。

正确做法：渣土在外运时，一定做好必要的覆盖，防止出现渣土遗撒的现象。

错误之处三：2：8 灰土提前 2 天搅拌好备用。

正确做法：灰土要随伴随用，不能提前预拌。

3.（1）成本管理任务还包括：成本计划、成本控制、成本分析和成本考核。

（2）直接成本 = 人工费 + 材料费 + 机械费 + 措施费 = 3 000 + 17 505 + 995 + 760 = 22 260（万元）。

间接成本 = 企业管理费 + 规费 = 450 + 525 = 975（万元）。

4. 发现古化石，造成停工属于不可抗力事件。

索赔的费用应包括：人员窝工费 18 万元，机械租赁费用 3 万元，专业分包停工损失费 9 万元。

故索赔费用 = 18 + 3 + 9 = 30（万元）。

亲爱的读者：

感谢您选择了"宏章出版"的图书。为了更好地了解您的需求，以便我们有机会向您提供更优质的图书，请您拿出10分钟的休息时间来填写一下这份反馈表，留下您宝贵的意见。我们将选出意见中肯的热心读者，赠送本社出版的其他相关书籍作为奖励。同时，我们会认真考虑您的意见和建议，以完善我们在相关领域的图书策划和出版方面所进行的工作，使之更好地满足您的需求。

本表填好后，请寄至：

北京市朝阳区八里庄西里61号楼远洋商务大厦2504室

邮　　编：*100025*

联系人：李老师

联系电话/反馈热线：*010-65505810*

邮购热线：*010-65505813*

如不方便邮寄，您也可以采用网络提交的方式：

登录宏章教育网(www. hozoo. com. cn)，将页面滑动至首页最底端，点击"图书反馈"，填写相关信息，也可直接输入网址 **www. hozoo. com. cn/help/feedback/book** 进入。填写结束后，提交页面，您的填写结果会直接发送至我们的图书反馈邮箱(service@hozoo. com. cn)。为确保与您及时沟通，个人信息需填写完整。如果您有其他需求，可将需求信息直接发送至邮箱(service@hozoo. com. cn)，我们会及时给予回复。

您的个人资料

姓名： _____　性别： _____　年龄： _____

学历： _____　所学专业： _____

联系电话： _____　电子邮箱： _____

通信地址： _____

邮编： _____　您的个人网站或博客： _____

购书信息

考试类型： _____

购书科目明细： _____

您的购书信息

□朋友推荐 □自己选择 □考试中心推荐 □书店推荐 □其他

您决定购买本书的原因是

□封面、版式独具特色 □内容新颖，结构合理 □考试分析详细、准确、重难点突出

□知识全面，真题最新 □权威编写团队专业打造 □强大网络教育平台，超值赠送培训课程

□业界口碑 □权威出版社 □价格优势 □其他

考试调查

· 您通过什么途径获取本次考试的信息？

· 本次考试笔试的时间是？（针对你所在地方的考试）

· 本次考试笔试的科目是？（针对你所在地方的考试）

· 本次考试的招考人数是多少？（针对你所在地方的考试）

读者满意程度调查

您对本书封面的满意程度	□很满意	□比较满意	□一般	□不满意
您对本书版式的满意程度	□很满意	□比较满意	□一般	□不满意
您对本书印装的满意程度	□很满意	□比较满意	□一般	□不满意
您对本书预测性的满意程度	□很满意	□比较满意	□一般	□不满意
您对本书内容及其结构的满意程度	□很满意	□比较满意	□一般	□不满意
您对本书试题难易度的满意程度	□很满意	□比较满意	□一般	□不满意
您对本书价格的满意程度	□很满意	□比较满意	□一般	□不满意

您的意见

您还使用过哪些出版社出版的图书？与我社同类图书相比，有哪些优缺点？

✿意见和建议（可另附纸）